中文版
Illustrator CS6
标准教程

李东博　编著

中国电力出版社
CHINA ELECTRIC POWER PRESS

内 容 提 要

Illustrator 是 Adobe 公司著名的矢量图形制作软件,可用于插图绘制、印刷排版、多媒体及 Web 图形的制作和处理,在全球拥有大量用户,备受矢量图设计师的青睐。本书共分 22 章,全面介绍了 Illustrator CS6 的基础知识,并通过大量的实例帮助读者掌握 Illustrator 的使用方法和操作技巧,使读者能够通过阅读本书快速入门并精通 Illustrator 使用,进而创作出更加富有创意的作品。每章后面精心设计的巩固练习可以帮助读者检测所学知识,配套光盘中的例子可用于边阅读边实践,光盘中同时还提供了作者精心制作的教学视频,可以帮助读者快速熟悉 Illustrator CS6 的基本操作。

本书内容全面,实例丰富,非常适合初级和中级读者自学,也是大中专院校相关专业和社会各类初级、中级培训班理想的培训教材。

图书在版编目(CIP)数据

中文版Illustrator CS6标准教程/李东博编著. —北京:
中国电力出版社,2014.2(2017.1 重印)
ISBN 978-7-5123-5294-0

Ⅰ.①中… Ⅱ.①李… Ⅲ.①图形软件-教材 Ⅳ.①TP391.41

中国版本图书馆CIP数据核字(2013)第288609号

中国电力出版社出版、发行
(北京市东城区北京站西街19号 100005 http://www.cepp.sgcc.com.cn)
航远印刷有限公司印刷
各地新华书店经售

*

2014 年 2 月第一版 2017 年 1 月北京第三次印刷
787 毫米×1092 毫米 16 开本 22.75 印张 554 千字 4 彩页
印数 6001—7500 册 定价45.00 元(含 1DVD)

敬 告 读 者

本书封底贴有防伪标签,刮开涂层可查询真伪
本书如有印装质量问题,我社发行部负责退换

版权专有 翻印必究

前言

Illustrator 是 Adobe 公司著名的专业矢量图形制作软件，自 20 世纪问世以来就备受世界各地平面设计人员的青睐。它可以应用于印刷排版、图形绘制、Web 图片的制作和处理、移动设备图形处理等领域。Illustrator 能够与几乎所有平面、网页、动画软件完美结合，其中包括 Photoshop、InDesign、Flash、Dreamweaver、Fireworks、After Effects、Premiere、QuarkXPress、PageMaker、3DS Max、Maya 等，是平面、动画、三维等领域的设计师们不可或缺的重要工具和得力助手。

新版的 Illustrator CS6 在 CS5 的基础上新增了一些更为强大的功能，并且增加了许多用户翘首以待的新特性。例如，新增了强大的性能系统，可以提高处理大型、复杂文件的精确度、速度和稳定性；可轻松创建无缝拼贴的矢量图案；全新的描摹引擎可轻松将栅格图像转换为可编辑的矢量图；高效、灵活的新界面可以帮助减少完成日常任务所需步骤。此外，还有描边渐变、对面板的内联编辑、高斯模糊增强功能、颜色面板和变换面板增强功能、类型面板的改进等。这些改进使得设计师可以使用更加强大而精准的工具直观而快速地工作，体验与其他设计软件紧密集成的优势，掌握这些新功能，可以提升自己在所属行业的技术水平，更快、更好地设计出符合时代需求的新作品。

本书作者具有多年的 Illustrator 使用与培训经验，深知初学者在掌握一门软件时容易遇到的问题，因此在写作时尽量采用读者容易接受的方式，结合大量实例讲解软件的使用方法与操作技巧，全面而细致地向读者展现了 Illustrator CS6 的功能。读者在看书的同时，结合使用配套光盘中提供的大量源文件与例子图片，边阅读边练习，可以快速入门并精通 Illustrator CS6。配套光盘中还提供了作者精心制作的教学视频，能够帮助读者快速熟悉 Illustrator CS6 的基本操作。

本书各章都包括基础知识讲解、实例演练、疑难与技巧和巩固练习四大部分。其中，基础知识讲解部分对软件相关操作知识进行了详细介绍，读者可以从中掌握各种工具的使用和操作方法。读者在掌握了基本的操作方法后，可以参考实例演练中相关的操作步骤，制作出精美的作品。在此过程中，读者的综合应用能力会得到极大提升。疑难与技巧部分针对读者经常遇到的问题进行了解答，并介绍了与本章知识相关的技巧，让读者做到事半功倍。

在使用本书之前，读者应该具备一定的计算机使用基础，熟悉 Windows 操作系统，能够熟练使用鼠标和键盘进行操作，并了解如何打开、保存或关闭文件。本书介绍的实例全部都是在 Windows 7 操作系统环境中完成的，如果读者使用的是 Mac OS 操作系统，则书中的 Alt 键要相应地换成 Option 键，Ctrl 键换成 Command 键。如果您对本书有什么意见和建议，请发邮件至 ldbbook@gmail.com。

李东博
2013 年 9 月

本书实例欣赏

对齐与分布练习

用套索选择多个对象

练习描边

练习填充渐变

练习填充图案

练习填充颜色　　　　　　　　　　WOW! 网页图标

弯曲的标题文字　　　　　　　　　　DJ

本书实例欣赏

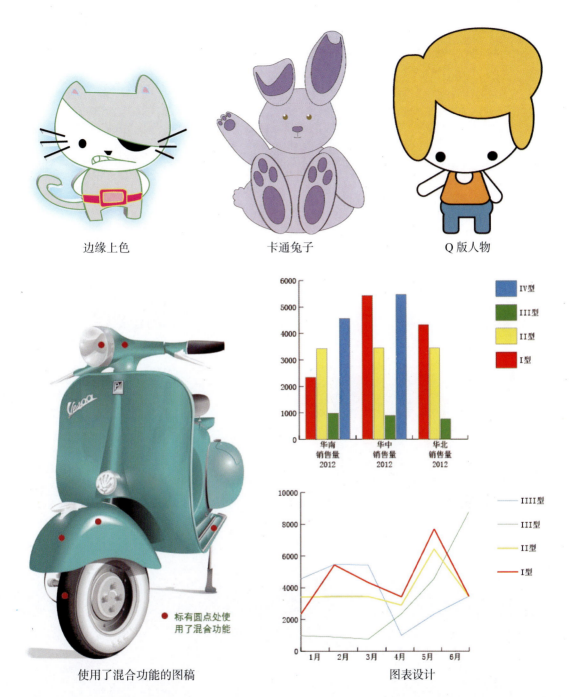

3D 凸出和斜角

3D 凸出和斜角 2

中文版 Illustrator CS6 标准教程

Web 按钮示例

路径效果

苹果

图形样式示例　　　　　　　　外观练习

文字特效 1

本书实例欣赏

文字特效 2

符号练习

三折页

DVD 盒封面封底设计

DVD 盘面设计

中文版 Illustrator CS6 标准教程

城市景观透视图设计

绿叶文化传播标志设计

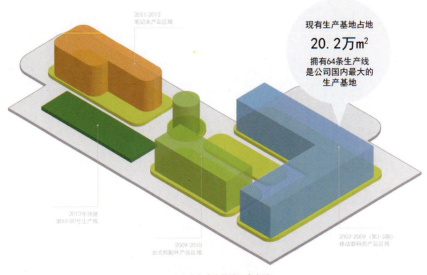

三维厂房鸟瞰图设计

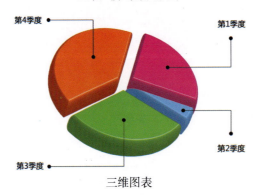

三维图表

佳作赏析

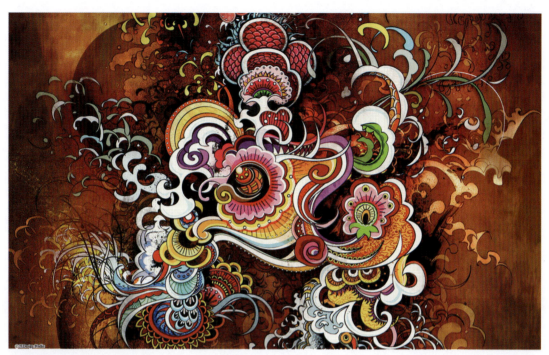

作品名称：Abstract Peacock
作　　者：Nick La
简　　评：色彩绚丽华美，线条流畅自然，画面构图层次感强烈，很好的一幅抽象插画。

作品名称：Abstract Phoenix
作　　者：Nick La
简　　评：背景色彩与渐变的运用恰到好处，营造出如仙如幻的虚无境界，Phoenix造型华丽线条如行云流水，虽是刻意雕琢却有如神工天成般的美轮美奂。

作品名称：Earthquake
作　　者：Nick La
简　　评：天崩地裂海啸山摇，抽象而华丽的画面中隐藏着末日将近的恐怖凄惨。

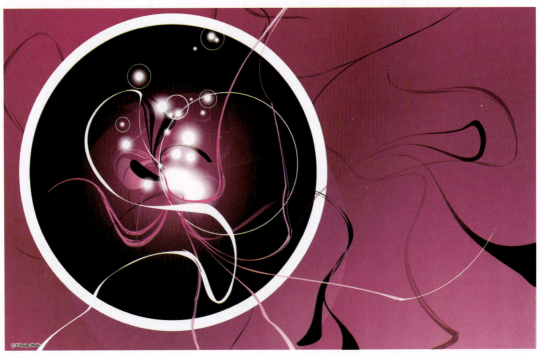

作品名称：Virus
作　　者：Nick La
简　　评：简洁而不简单的构图，节省却不乏绚美的用色，即使是病毒，有时也会以如此曼妙的身姿出现。

目 录

前言

第1章 Illustrator CS6 快速入门 ········· 1
1.1 Adobe Illustrator CS6 简介 ········· 2
1.2 Illustrator CS6 的系统需求 ········· 2
1.3 Illustrator CS6 的启动 ········· 3
1.4 为 Illustrator CS6 创建桌面快捷方式 ········· 3
1.5 将 Illustrator CS6 锁定到任务栏 ········· 4
1.6 认识 Illustrator CS6 的工作界面 ········· 4
1.7 切换屏幕模式 ········· 5
1.8 工具箱的应用方法 ········· 5
1.9 面板 ········· 8
1.10 实例演练 ········· 9
   1.10.1 体验——快速制作公司名片 ········· 9
   1.10.2 将 Illustrator CS6 附到"开始"菜单 ········· 13
   1.10.3 使用快捷键快速选取工具 ········· 14
1.11 疑难与技巧 ········· 14
   1.11.1 面板找不到了，怎样才能再次打开它们？ ········· 14
   1.11.2 能一次性显示与隐藏所有面板吗？ ········· 14
   1.11.3 怎样才能显示出隐藏的工具？ ········· 14
   1.11.4 怎样才能让隐藏的工具变为浮动工具栏以方便选取？ ········· 14
   1.11.5 能够自定义某些工具的快捷键吗？ ········· 15
   1.11.6 在使用 Illustrator 过程中如何获取帮助？ ········· 15
   1.11.7 Photoshop、Illustrator、CorelDraw、Flash 这几个软件有什么区别和联系？ ········· 15
1.12 巩固练习 ········· 16

第2章 文档与视图操作 ········· 17
2.1 文档基本操作 ········· 18
   2.1.1 新建文档 ········· 18
   2.1.2 置入文件 ········· 19
   2.1.3 打开文档 ········· 20
   2.1.4 关闭文档 ········· 20
   2.1.5 存储文档 ········· 21
   2.1.6 输出文档 ········· 21
   2.1.7 使用多个画板 ········· 22
2.2 视图相关操作 ········· 23
   2.2.1 视图操作 ········· 23
   2.2.2 导航文档 ········· 24
   2.2.3 用不同模式查看作品 ········· 24
   2.2.4 使用多窗口或视图查看图稿 ········· 25
   2.2.5 选择最终输出方式 ········· 25
2.3 其他基础操作与设置 ········· 26
   2.3.1 存储自定义工作区 ········· 26
   2.3.2 设置首选项 ········· 26
   2.3.3 页面设置 ········· 27
2.4 实例演练 ········· 28
   2.4.1 使用 Illustrator 模板新建文档 ········· 28
   2.4.2 排列与重叠多个文档窗口 ········· 29
   2.4.3 使用 Adobe Bridge 程序查看文档 ········· 30
2.5 疑难与技巧 ········· 30
   2.5.1 如何在多个文档窗口之间切换？ ········· 30
   2.5.2 在不同的工作区之间切换 ········· 31
   2.5.3 删除多余的工作区 ········· 31
   2.5.4 恢复工作区的默认设置 ········· 31
   2.5.5 为当前文档设置多个画板 ········· 32
   2.5.6 显示与隐藏画板的边界 ········· 32
   2.5.7 窗口左下角的状态栏有什么用途？ ········· 32
   2.5.8 打开文件时预览缩略图 ········· 33
   2.5.9 双击扩展名为 ai 的文件启动 Illustrator 将其打开 ········· 33
2.6 巩固练习 ········· 33

第3章 绘制基本图形 ········· 34
3.1 绘制矩形 ········· 35
3.2 绘制圆角矩形 ········· 35
3.3 绘制椭圆 ········· 36
3.4 绘制多边形 ········· 36
3.5 绘制星形 ········· 37
3.6 绘制光晕 ········· 37
3.7 绘制直线段 ········· 39
3.8 绘制弧线 ········· 39

3.9 绘制螺旋线 40
3.10 绘制矩形网格和极坐标网格 41
3.11 使用铅笔工具 42
3.12 使用平滑工具和路径橡皮擦工具 43
  3.12.1 使用平滑工具 43
  3.12.2 使用路径橡皮擦工具 43
3.13 实例演练 44
  3.13.1 练习使用控制面板 44
  3.13.2 练习使用标尺 44
  3.13.3 练习使用网格 45
  3.13.4 练习使用参考线 46
  3.13.5 为基本图形设置填色 47
  3.13.6 为照片添加边框和光晕 47
  3.13.7 设计小学生课程表 48
3.14 疑难与技巧 50
  3.14.1 绘制基本图形时的快捷键
     技巧汇总 50
  3.14.2 如何控制圆角矩形的圆角
     大小？ 51
  3.14.3 怎样才能绘制出一个扇形？ 51
  3.14.4 使用平滑工具时，怎样才能
     增大平滑程度？ 51
  3.14.5 如何绘制指定尺寸的图形？ 51
3.15 巩固练习 51

第 4 章 对象的基本操作 52
4.1 认识路径和锚点 53
4.2 对象的基本选择方法 53
  4.2.1 使用选择工具 53
  4.2.2 使用直接选择工具 54
  4.2.3 使用套索工具 54
4.3 对象的移动与复制 54
  4.3.1 对象的移动 54
  4.3.2 对象的复制 55
4.4 对象的编组 55
4.5 对象的对齐与分布 56
  4.5.1 对象的对齐 56
  4.5.2 对象的分布 57
  4.5.3 按指定间距分布对象 57
4.6 实例演练 58
  4.6.1 排列网站首页按钮 58
  4.6.2 查看"图层"面板中的编组 58
4.7 疑难与技巧 59
  4.7.1 快速切换不同的选择工具 59
  4.7.2 取消关键对象 59
4.8 巩固练习 59

第 5 章 填色、描边与色彩管理 60
5.1 熟悉各种颜色模式 61
  5.1.1 RGB 颜色模式 61
  5.1.2 CMYK 颜色模式 61
  5.1.3 HSB 颜色模式 61
  5.1.4 Lab 颜色模式 62
  5.1.5 灰度模式 62
  5.1.6 更改文档的颜色模式 62
5.2 填色 62
  5.2.1 填充颜色 62
  5.2.2 填充图案 64
  5.2.3 填充渐变 65
5.3 练习描边 67
5.4 填色与描边相关的面板和对话框 70
  5.4.1 工具箱中的填色与描边控制 70
  5.4.2 色板面板 71
  5.4.3 颜色面板 71
  5.4.4 颜色参考面板 72
  5.4.5 "拾色器"对话框 72
  5.4.6 "描边"面板 73
  5.4.7 渐变面板 75
5.5 渐变详解 75
  5.5.1 创建或修改渐变 75
  5.5.2 对单个对象应用渐变 76
  5.5.3 对多个对象应用渐变 77
  5.5.4 调整渐变的方向、半径或原点 78
  5.5.5 创建椭圆渐变 79
5.6 使用 Kuler 面板 80
  5.6.1 Kuler 面板概述 80
  5.6.2 打开 Kuler 面板 80
  5.6.3 搜索在线 Kuler 主题 80
5.7 调整对象的颜色 81
  5.7.1 将超出色域的颜色转为可打印
     颜色 81
  5.7.2 使用 Web 安全颜色 81
  5.7.3 混合颜色 81
  5.7.4 使用反色或补色 82
  5.7.5 更改颜色色调 82
  5.7.6 调整色彩平衡 83
  5.7.7 使用 Lab 值显示并输出专色 83
  5.7.8 转换为灰度 84
  5.7.9 转换为 CMYK 84
  5.7.10 转换为 RGB 84
  5.7.11 调整饱和度 84
  5.7.12 实色混合与透明混合 85
5.8 实例演练 85
  5.8.1 设计企业 LOGO 85
  5.8.2 使用实时颜色调整 LOGO 颜色 86
5.9 疑难与技巧 88
  5.9.1 重置为默认的填色与描边 88

| 5.9.2 使用吸管从电脑桌面吸取颜色 …… 88
| 5.9.3 设置虚线描边的若干技巧 ………… 88
| 5.9.4 轮廓化虚线描边 …………………… 89
| 5.10 巩固练习 ……………………………… 89

第6章 对象的各种变换操作 ……………… 90
| 6.1 锁定、隐藏与删除对象 ………………… 91
| 6.2 缩放对象 ………………………………… 92
| 6.2.1 使用定界框缩放对象 ……………… 93
| 6.2.2 使用"比例缩放工具"缩放
| 对象 ………………………………… 93
| 6.2.3 使用"变换"面板缩放对象 ……… 94
| 6.2.4 使用控制面板中的"变换"
| 控件缩放对象 ……………………… 94
| 6.2.5 使用"缩放"命令缩放对象 ……… 95
| 6.2.6 使用"分别变换"命令缩放
| 对象 ………………………………… 95
| 6.3 旋转对象 ………………………………… 95
| 6.3.1 使用定界框旋转对象 ……………… 96
| 6.3.2 使用"旋转工具"旋转对象 ……… 96
| 6.3.3 使用旋转命令旋转对象 …………… 96
| 6.3.4 使用"变换"面板旋转对象 ……… 97
| 6.3.5 使用分别变换命令旋转对象 ……… 97
| 6.4 镜像对象 ………………………………… 97
| 6.4.1 使用自由变换工具 ………………… 98
| 6.4.2 使用镜像工具 ……………………… 98
| 6.4.3 使用镜像（对称）命令 …………… 98
| 6.5 扭曲对象 ………………………………… 99
| 6.5.1 使用自由变换工具 ………………… 99
| 6.5.2 使用液化工具 …………………… 100
| 6.5.3 使用封套命令 …………………… 101
| 6.6 倾斜对象 ………………………………… 104
| 6.6.1 使用倾斜工具倾斜对象 ………… 104
| 6.6.2 使用倾斜命令倾斜对象 ………… 106
| 6.6.3 使用自由变换工具倾斜对象 …… 106
| 6.6.4 使用变换面板倾斜对象 ………… 107
| 6.7 实例演练——WOW!网页图标 ……… 107
| 6.8 疑难与技巧 ……………………………… 109
| 6.8.1 使用再次变换 …………………… 109
| 6.8.2 变换面板的使用技巧 …………… 109
| 6.8.3 如何将对象缩放到精确尺寸？ … 110
| 6.9 巩固练习 ………………………………… 110

第7章 灵活使用钢笔工具 ………………… 111
| 7.1 绘制直线 ………………………………… 112
| 7.2 绘制曲线 ………………………………… 113
| 7.3 绘制直线与曲线混合路径 …………… 113
| 7.4 绘制由角点连接的曲线 ……………… 114

| 7.5 实例演练 ………………………………… 115
| 7.5.1 绘制小老鼠 ……………………… 115
| 7.5.2 绘制苹果 ………………………… 116
| 7.6 疑难与技巧 ……………………………… 117
| 7.6.1 用钢笔工具画完路径后，怎么
| 移动其中的单个锚点？ ………… 117
| 7.6.2 如何清除钢笔工具意外绘制的
| 游离点？ ………………………… 118
| 7.7 巩固练习 ………………………………… 118

第8章 路径的编辑方法与技巧 ………… 120
| 8.1 改变路径的形状 ………………………… 121
| 8.1.1 认识方向线和方向点 …………… 121
| 8.1.2 使用"直接选择工具" ………… 121
| 8.1.3 使用"套索工具" ……………… 123
| 8.1.4 使用键盘移动锚点 ……………… 124
| 8.1.5 使用"整形"工具 ……………… 124
| 8.2 添加、删除与转换锚点 ……………… 124
| 8.2.1 将锚点添加到路径 ……………… 125
| 8.2.2 从路径中删除锚点 ……………… 125
| 8.2.3 清除游离点 ……………………… 126
| 8.2.4 使用"转换锚点工具"转换
| 锚点 ……………………………… 126
| 8.2.5 使用控制面板转换锚点 ………… 127
| 8.3 简化路径 ………………………………… 127
| 8.3.1 使用"简化"命令简化路径 …… 128
| 8.3.2 平均锚点的位置 ………………… 128
| 8.4 分割与连接路径 ………………………… 129
| 8.4.1 分割路径 ………………………… 129
| 8.4.2 连接路径 ………………………… 129
| 8.5 路径的偏移 ……………………………… 130
| 8.6 实例演练——蜜蜂宝宝 ……………… 130
| 8.7 疑难与技巧 ……………………………… 131
| 8.7.1 如何自动在两个相邻的锚点中间
| 添加锚点？ ……………………… 131
| 8.7.2 怎样快速实现角点和平滑点的
| 转换？ …………………………… 131
| 8.8 巩固练习 ………………………………… 131

第9章 处理文字 …………………………… 132
| 9.1 使用文字工具 …………………………… 133
| 9.1.1 文字工具 ………………………… 133
| 9.1.2 直排文字工具 …………………… 135
| 9.1.3 区域文字工具 …………………… 135
| 9.1.4 直排区域文字工具 ……………… 136
| 9.1.5 路径文字工具 …………………… 137
| 9.1.6 直排路径文字工具 ……………… 137
| 9.2 编辑区域文字 …………………………… 138

9.2.1 调整文字区域大小和形状 ········ 138
9.2.2 更改文字区域边距 ············ 139
9.2.3 调整首行基线偏移 ············ 139
9.2.4 创建文本行和文本列 ·········· 140
9.2.5 文本串接 ··················· 141
9.2.6 文本绕排 ··················· 142
9.3 设置文字格式 ······················· 144
9.3.1 选择文字 ··················· 144
9.3.2 使用字体 ··················· 145
9.3.3 使用字符面板 ··············· 147
9.3.4 更改文字的颜色和外观 ······· 147
9.4 设置段落格式 ······················· 149
9.4.1 使用段落面板 ··············· 149
9.4.2 设置文本对齐方式 ··········· 150
9.4.3 设置文本缩进 ··············· 150
9.4.4 调整段落间距 ··············· 151
9.5 导入与导出文字 ···················· 152
9.5.1 导入文本 ··················· 152
9.5.2 导出文本 ··················· 153
9.6 创建文字轮廓 ······················· 153
9.7 使用制表符面板 ···················· 154
9.8 文字的其他操作 ···················· 156
9.8.1 拼写检查 ··················· 156
9.8.2 查找与替换文本 ············· 157
9.8.3 更改大小写 ················· 159
9.9 实例演练——制作弯曲的标题文字 · 160
9.10 巩固练习 ·························· 163

第 10 章 图像描摹 ···················· 164
10.1 图像描摹概述 ····················· 165
10.2 自动描摹图像 ····················· 165
10.3 使用预设描摹图像 ················ 166
10.4 改变描摹对象的显示状态 ········· 167
10.5 控制描摹色彩 ····················· 168
10.6 描摹选项设置 ····················· 169
10.6.1 预设 ······················· 169
10.6.2 阈值、颜色或灰度 ········· 170
10.6.3 高级 ······················· 170
10.7 存储、删除与重命名描摹预设 ···· 171
10.7.1 存储预设 ··················· 171
10.7.2 删除预设 ··················· 171
10.7.3 重命名预设 ················· 171
10.8 释放描摹对象 ····················· 171
10.9 实例演练 ·························· 172
10.9.1 将剪纸快速转为矢量图形 ··· 172
10.9.2 将手写文字转为矢量图形 ··· 172
10.10 疑难与技巧 ······················ 173
10.10.1 可以直接将位图转为路径进行编辑吗？ ··········· 173

10.10.2 能不能将一段人物视频转为矢量图形的动画？ ········· 173

第 11 章 实时上色 ···················· 174
11.1 实时上色概述 ····················· 175
11.2 创建实时上色组 ··················· 175
11.3 为表面实时上色 ··················· 176
11.4 为边缘实时上色 ··················· 177
11.5 将对象转换为实时上色组 ········· 178
11.6 扩展与释放实时上色组 ············ 178
11.6.1 扩展实时上色组 ············· 179
11.6.2 释放实时上色组 ············· 179
11.7 设置实时上色间隙选项 ············ 179
11.8 实例演练 ·························· 180
11.8.1 卡通兔子 ··················· 180
11.8.2 图像描摹与实时上色的综合运用 ··················· 181
11.9 疑难与技巧 ······················· 183
11.9.1 实时上色组有哪些局限性？ ····· 183
11.9.2 可以向已有的实时上色组中添加路径吗？ ················ 183
11.9.3 为表面和边缘实时上色时，有哪些技巧可以使上色更加省时省力？ ······················ 184
11.10 巩固练习 ························ 185

第 12 章 画笔 ························· 186
12.1 画笔概述 ·························· 187
12.2 选择画笔 ·························· 187
12.2.1 使用"画笔"面板 ··········· 187
12.2.2 使用控制面板中的画笔选项 ····· 188
12.2.3 使用画笔库 ················· 188
12.3 画笔描边应用详解 ················ 189
12.3.1 应用画笔描边 ··············· 189
12.3.2 使用画笔工具 ··············· 189
12.3.3 删除画笔描边 ··············· 190
12.3.4 创建与修改画笔 ············· 190
12.4 实例演练 ·························· 192
12.5 疑难与技巧 ······················· 194
12.5.1 如何将画笔描边转为轮廓 ··· 194
12.5.2 如何使用毛刷画笔？ ········ 194
12.6 巩固练习 ·························· 194

第 13 章 图层使用详解 ················ 195
13.1 认识图层面板 ····················· 196
13.2 创建新图层 ······················· 196
13.3 设置图层选项 ····················· 197
13.4 在图层间移动对象 ················ 198

13.5	将项目释放到图层	198
13.6	合并图层和拼合图稿	199
13.7	巩固练习	200

第 14 章 对象的高级操作 201

14.1	快速定位对象	202
14.2	使用路径查找器	202
	14.2.1 路径查找器实例体验	202
	14.2.2 路径查找器效果全面介绍	204
14.3	使用混合对象功能创建特殊效果	207
	14.3.1 实例1——基本的颜色混合	208
	14.3.2 实例2——渐变色的混合	210
	14.3.3 实例3——巧用混合功能制作立体字	211
	14.3.4 实例4——制作鼠标线效果	212
14.4	剪切、分割与裁切对象	212
	14.4.1 分割下方对象实例——制作标志	213
	14.4.2 分割为网格	215
	14.4.3 使用美工刀	215
14.5	复合路径	216
	14.5.1 创建复合路径	216
	14.5.2 释放复合路径	216
14.6	使用剪切蒙版	217
	14.6.1 创建剪切蒙版	217
	14.6.2 编辑剪切蒙版	218
	14.6.3 向被蒙版图稿中添加对象	219
14.7	实例演练	219
	14.7.1 混合直线段	219
	14.7.2 使用混合功能制作花朵图案	221
	14.7.3 使用混合功能制作高光效果	222
14.8	疑难与技巧	223
	14.8.1 怎样才能正确掌握剪切蒙版的用法？	223
	14.8.2 混合对象的堆叠顺序可以更改吗？	223
14.9	巩固练习	223

第 15 章 透明度和混合模式 225

15.1	设置对象的不透明度	226
15.2	创建不透明度蒙版	227
15.3	编辑不透明蒙版	228
15.4	改变混合模式	229
15.5	实例演练	230
	15.5.1 水晶按钮	230
	15.5.2 甜点	232
15.6	疑难与技巧	234
	15.6.1 如何才能为对象应用透明渐变？	234
	15.6.2 包含了透明度和渐变的文档为何不能正常输出菲林？	234
15.7	巩固练习	234

第 16 章 网格对象与图案 235

16.1	创建网格对象	236
	16.1.1 创建规则渐变网格	236
	16.1.2 创建不规则渐变网格	237
	16.1.3 编辑网格对象	238
	16.1.4 将渐变填充对象转为网格对象	238
	16.1.5 从网格对象中获取原路径	239
16.2	创建图案	239
	16.2.1 图案概述	239
	16.2.2 创建图案的准则	240
16.3	实例演练	241
	16.3.1 绘制蝴蝶	241
	16.3.2 制作砖墙图案	241
16.4	巩固练习	243

第 17 章 使用图表 244

17.1	各种图表工具的基本用法	245
	17.1.1 柱形图工具	245
	17.1.2 堆积柱形图工具	247
	17.1.3 条形图工具	247
	17.1.4 堆积条形图工具	247
	17.1.5 折线图工具	248
	17.1.6 面积图工具	248
	17.1.7 散点图工具	248
	17.1.8 饼图工具	248
	17.1.9 雷达图工具	249
17.2	添加与设置图表标签	249
17.3	更改图表的格式与外观	249
	17.3.1 设置图表轴格式	250
	17.3.2 改变图表外观	251
	17.3.3 设置饼图格式	252
	17.3.4 组合显示图表类型	254
17.4	使用图表设计	254
	17.4.1 创建柱形设计	255
	17.4.2 为柱形设计添加数目显示	256
	17.4.3 创建标记设计	256
	17.4.4 图表设计的再利用	257
17.5	巩固练习	257

第 18 章 创建特殊效果 258

18.1	使用外观面板	259
18.2	复制外观属性	261
18.3	使用图形样式	262

18.4 使用效果 265
  18.4.1 应用 3D 效果 266
  18.4.2 应用 SVG 滤镜 271
  18.4.3 应用变形效果 272
  18.4.4 应用扭曲和变换效果 273
  18.4.5 栅格化 277
  18.4.6 应用路径效果 278
  18.4.7 应用转换为形状效果 280
  18.4.8 应用风格化效果 280
18.5 创建对象马赛克 282
18.6 巩固练习 283

第 19 章 使用符号 285

19.1 符号概述 286
19.2 创建与删除符号实例 286
  19.2.1 创建符号实例 286
  19.2.2 添加与删除符号实例 288
19.3 符号实例基本操作 288
  19.3.1 移动符号实例的位置 288
  19.3.2 改变符号实例的分布情况 289
  19.3.3 改变符号实例的大小 290
  19.3.4 改变符号实例的方向 290
  19.3.5 改变符号实例的颜色 291
  19.3.6 改变符号实例的透明度 291
  19.3.7 为符号实例应用图形样式 292
19.4 创建自己的符号和符号库 293
  19.4.1 创建符号 293
  19.4.2 创建符号库 294
19.5 巩固练习 294

第 20 章 Illustrator 与其他程序协作 295

20.1 Illustrator 与其他程序 296
20.2 Illustrator 与 Adobe Photoshop 协作 296
  20.2.1 向 Illustrator 中置入 Photoshop 文件 296
  20.2.2 调整置入到 Photoshop 中的图像 299
  20.2.3 在 Photoshop CS6 中置入 Illustrator 文件 299
  20.2.4 将 Illustrator 图形粘贴到 Photoshop 中 300
20.3 Illustrator 与 Adobe Flash 的高度集成 302
  20.3.1 从 Illustrator 中导出 SWF 文件 302
  20.3.2 将 Illustrator 文件导入到 Flash 304
  20.3.3 在 Illustrator 与 Flash 之间复制和粘贴 306
  20.3.4 在 Illustrator 中创建 Flash 动画 307
20.4 Illustrator 与 PDF 文件 309
  20.4.1 在 Illustrator 中导入 PDF 文件 309
  20.4.2 在 Illustrator 中创建 PDF 文件 310
20.5 巩固练习 311

第 21 章 作品的输入和输出 312

21.1 置入文件 313
  21.1.1 使用"置入"命令置入文件 313
  21.1.2 关于链接和嵌入 314
21.2 使用"链接"面板 314
  21.2.1 "链接"面板概述 314
  21.2.2 查看文件的链接信息 315
21.3 存储作品 315
  21.3.1 存储作品概述 315
  21.3.2 以 Illustrator 本机格式存储文件 316
  21.3.3 存储为 EPS 格式 317
21.4 导出作品 318
21.5 与印刷有关的知识 319
  21.5.1 出片前的注意事项 319
  21.5.2 印刷的种类 320
  21.5.3 打印机分辨率 321
  21.5.4 网频 321
21.6 打印作品与制作分色 322
  21.6.1 颜色管理 322
  21.6.2 打印黑白校样 322
  21.6.3 校样颜色 322
  21.6.4 查看文档信息 323
  21.6.5 使用"打印"对话框 323
  21.6.6 创建分色 324
21.7 巩固练习 328

第 22 章 综合实例 329

22.1 绿叶文化传播标志设计 330
22.2 DVD 盒封面与封底设计 334
22.3 DVD 盘面设计 338
22.4 三维图表设计 342
22.5 三维厂房鸟瞰图设计 344
22.6 城市景观透视图设计 347

第 1 章

Illustrator CS6 快速入门

在开始学习 Illustrator 之前，首先一起来了解一下用 Illustrator 能做什么、熟练掌握 Illustrator 的相关技术对将来的就业有哪些帮助。Illustrator 的安装有一定的系统需求，目前流行的计算机配置大多都能流畅地运行 Illustrator。Illustrator 的启动和退出跟其他 Windows 应用程序类似，在安装完成后可以试着操作一下。Illustrator 程序的界面与其他 Adobe 公司软件的界面有着许多类似的元素，如工具箱、面板等，熟悉程序的界面对于以后的熟练操作是非常有帮助的。本章还介绍了 Illustrator CS6 的几个非常棒的新功能，可以帮助快速了解其最新的特性。

- Illustrator CS6 的系统需求
- 为 Illustrator CS6 创建桌面快捷方式
- 将 Illustrator CS6 锁定到任务栏
- 认识 Illustrator CS6 的工作界面
- 了解 Illustrator CS6 的新增功能
- 切换屏幕模式的方法
- 工具箱的使用方法
- 面板的使用

1.1 Adobe Illustrator CS6 简介

美国 Adobe 公司是著名的图形图像软件制造商,其代表性产品有业界闻名的 Photoshop、Illustrator 等,此外,像 After Effects、Golive、Premiere、Acrobat、PageMaker、InDesign、Dreamweaver 等软件也出自 Adobe 公司,这些软件广泛地应用于图形图像设计、影视后期制作、网页设计、印刷排版等领域,在全世界有着为数众多的用户。

2005 年 4 月,Adobe 公司斥巨资收购以出品网页设计软件闻名于世的 Macromedia 公司,从而将 Adobe 缔造为全球软件巨擘。自此,Dreamweaver、Flash、Fireworks(简称"网页三剑客")也收归于 Adobe 门下,并且随着新版本的开发与完善,"网页三剑客"与 Adobe 的其他软件也实现了更加紧密的集成与协作,为广大设计人员和开发人员提供了极大的方便。

Illustrator 作为一款专业的矢量图像处理软件,自 20 世纪问世以来便备受世界各地平面设计人员的青睐,在许多方面有着广泛的应用。Illustrator 的应用领域主要有以下几种:

- 平面设计。
- 平面印刷排版。
- 矢量图形绘制。
- 网页图形制作和处理。
- 移动设备图形处理。
- 网页设计。
- 插图绘制。

Illustrator 能够与几乎所有平面、网页、排版、三维动画软件完美结合,包括 Photoshop、InDesign、Flash、Dreamweaver、Fireworks、QuarkXPress、PageMaker、3DS Max、Maya 等,是平面、动画、三维等领域的设计师们不可或缺的重要工具和得力助手。

Illustrator CS6 是 Adobe 公司于 2012 年 4 月底推出的 Illustrator 最新版本,是 Adobe Creative Suite 6 套装的一个重要组成部分。如果希望了解更多 Adobe CS6 软件套装的相关信息,可以访问 Adobe 中文官网 http://www.adobe.com/cn。

1.2 Illustrator CS6 的系统需求

在安装与使用 Illustrator CS6 之前,首先要了解一下 Illustrator CS6 对系统的基本要求。Adobe 官方提供的系统需求如表 1-1 所示。

表 1-1 Illustrator CS6 的系统需求

Windows	Macintosh
Intel Pentium 4 或 AMD Athlon 64 处理器	Intel 多核处理器(支持 64 位)
Microsoft Windows XP(装有 Service Pack 3)或 Windows 7(装有 Service Pack 1)	Mac OS X 10.6.8 或 10.7 版
32 位需要 1GB 内存(推荐 3GB);64 位需要 2GB 内存(推荐 8GB)	2GB 内存(推荐 8GB)

续表

Windows	Macintosh
2GB 可用硬盘空间,在安装过程中需要更多可用空间(无法安装在基于闪存的设备上)	2GB 可用硬盘空间用于安装；安装过程中需要额外的可用空间（无法安装在使用区分大小写的文件系统的卷或基于闪存的设备上）
1024×768 显示器分辨率（推荐 1280×800），16 位显卡	1024×768 屏幕（推荐 1280×800），16 位显卡
DVD-ROM 驱动器	DVD-ROM 驱动器
在线服务需要宽带 Internet 连接	在线服务需要宽带 Internet 连接

1.3 Illustrator CS6 的启动

Illustrator CS6 安装与激活完成后，可以立即启动而不必重新启动计算机。启动的方法有如下几种，可以任选其一进行操作。

- 使用"开始"菜单：选择"所有程序"|"Adobe Illustrator CS6"菜单项。

提示 安装的版本不同，"Adobe Illustrator CS6"菜单项出现的位置可能也不同，如还可能出现在"程序"|"Adobe Design Premium"程序组中。此外，以上指的是经典开始菜单状态下的运行方式。

- 使用"运行"命令：按住 Windows 键的同时按 R 键，打开"运行"对话框，然后在"打开"右侧框中输入"illustrator"（图 1-1），输入完成后单击"确定"按钮，或按 Enter 键。
- 使用"资源管理器"：在 Illustrator CS6 的安装文件夹中找到"Adobe Illustrator CS6"快捷方式（图 1-2）并双击。

图 1-1 "运行"对话框

图 1-2 双击"Adobe Illustrator CS6"快捷方式

1.4 为 Illustrator CS6 创建桌面快捷方式

为了以后启动方便，在找到上述文件后，可以在文件上面右击，然后从弹出的菜单中选

择"发送到"|"桌面快捷方式"命令,即可在桌面创建快捷方式。这样以后就可以直接双击桌面上的快捷方式来启动 Illustrator CS6 了。也可以按下面介绍的方法创建桌面快捷方式。

(1) 单击"开始"按钮,打开"开始"菜单。

(2) 指向"所有程序",当看到"Adobe Illustrator CS6"菜单项时,右击"Adobe Illustrator CS6"菜单项,然后选择"发送到"|"桌面快捷方式"命令。

1.5 将 Illustrator CS6 锁定到任务栏

在 Windows 7 操作系统中,有一个非常好用的功能,即将常用程序"锁定到任务栏"。可以将 Illustrator CS6 也锁定到任务栏,方便以后启动,具体操作步骤如下。

① 右击 Illustrator CS6 的安装文件夹中的"Adobe Illustrator CS6"快捷方式。

② 从弹出的菜单中选择"锁定到任务栏"命令,此时 Adobe Illustrator CS6 程序图标就会出现在任务栏中,以后只需要单击该图标即可启动 Illustrator CS6。

1.6 认识 Illustrator CS6 的工作界面

Illustrator CS6 的工作界面如图 1-3 所示,包括菜单栏、插图窗口、工具箱、各种面板图标、控制面板和状态栏。

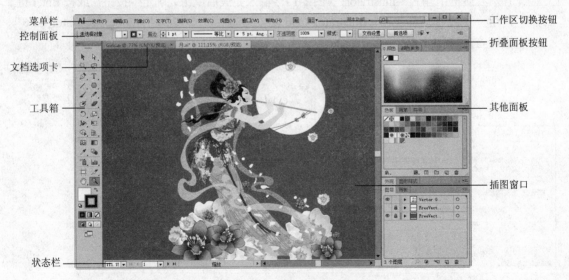

图 1-3 工作区概览

各组成部分的作用简介如下。

- 菜单栏:包含了 Illustrator CS6 的所有菜单命令。
- 插图窗口:插图窗口是设计与绘制图稿的地方。
- 工具箱:也叫"工具"面板,包含各种用于绘制和编辑图稿的工具。
- 其他面板:这些面板可用于调整颜色与笔画、控制和修改图稿等操作。

- 控制面板：用于快速访问与所选对象相关的选项。
- 状态栏：用于显示当前缩放级别和其他信息，这些信息包括 Version Cue 状态、当前工具、日期和时间、还原次数、文档颜色配置文件。
- 折叠面板按钮：单击该按钮可以折叠显示的面板，折叠后的面板如图 1-4 所示。展开面板后可以方便地进行各种相关操作，而折叠面板后可显示较大的插图区域。

图 1-4　折叠后的面板

1.7　切换屏幕模式

Illustrator CS6 可以通过单击工具箱底部的"更改屏幕模式"按钮 来切换不同的屏幕模式，从而改变工作区域中工具箱与面板的显示状态。单击该按钮后会弹出屏幕模式选择菜单，可以从该菜单三种屏幕模式中任选一种。

- 正常屏幕模式：文档窗口位于工具箱、控制面板、其他面板图标及状态栏所包围的区域内，以标准窗口显示图稿。
- 带有菜单栏的全屏模式：在全屏中显示图稿，没有标题栏和滚动条。
- 全屏模式：在全屏窗口中显示图稿，只显示状态栏。

提示　　按快捷键 F 可以在 3 种屏幕模式之间快速切换。

1.8　工具箱的应用方法

工具箱中包含了大量用于创建、选择和处理对象的工具。工具箱一般情况下会出现在屏幕的左侧。拖动工具箱上方的标题栏可以任意拖动其位置，单击工具箱上方的双箭头 即可切换工具箱的显示方式（单列或双列）。如果要显示或隐藏工具箱，可以选择"窗口"｜"工具"命令。工具箱全部工具及快捷键如表 1-2 所示。

表 1-2 工具箱全部工具及快捷键一览

工具名称	所属工具组	对应快捷键
选择工具		V
直接选择工具	直接选择工具	A
编组选择工具	直接选择工具	
魔棒工具		Y
套索工具		Q
钢笔工具	钢笔工具	P
添加锚点工具	钢笔工具	+
删除锚点工具	钢笔工具	−
转换锚点工具	钢笔工具	Shift+C
文字工具	文字工具	T
区域文字工具	文字工具	
路径文字工具	文字工具	
直排文字工具	文字工具	
直排区域文字工具	文字工具	
直排路径文字工具	文字工具	
直线段工具	直线段工具	\（反斜线）
弧形工具	直线段工具	
螺旋线工具	直线段工具	
矩形网格工具	直线段工具	
极坐标网格工具	直线段工具	
矩形工具	矩形工具	M
圆角矩形工具	矩形工具	
椭圆工具	矩形工具	L
多边形工具	矩形工具	
星形工具	矩形工具	
光晕工具	矩形工具	
画笔工具		B
铅笔工具	铅笔工具	N
平滑工具	铅笔工具	
路径橡皮擦工具	铅笔工具	
斑点画笔工具		Shift+B
橡皮擦工具	橡皮擦工具	Shift+E
剪刀工具	橡皮擦工具	C
刻刀	橡皮擦工具	
旋转工具	旋转工具	R
镜像工具	旋转工具	O
比例缩放工具	比例缩放工具	S
倾斜工具	比例缩放工具	
整形工具	比例缩放工具	

续表

工具名称	所属工具组	对应快捷键
宽度工具	宽度工具	Shift+W
变形工具	宽度工具	Shift+R
旋转扭曲工具	宽度工具	
缩拢工具	宽度工具	
膨胀工具	宽度工具	
扇贝工具	宽度工具	
晶格化工具	宽度工具	
皱褶工具	宽度工具	
自由变换工具		E
形状生成器工具	形状生成器工具	Shift+M
实时上色工具	形状生成器工具	K
实时上色选择工具	形状生成器工具	Shift+L
透视网格工具	透视网格工具	Shift+P
透视选区工具	透视网格工具	Shift+V
网格工具		U
渐变工具		G
吸管工具	吸管工具	I
度量工具	吸管工具	
混合工具		W
符号喷枪工具	符号喷枪工具	Shift+S
符号移位器工具	符号喷枪工具	
符号紧缩器工具	符号喷枪工具	
符号缩放器工具	符号喷枪工具	
符号旋转器工具	符号喷枪工具	
符号滤色器工具	符号喷枪工具	
符号着色器工具	符号喷枪工具	
符号样式器工具	符号喷枪工具	
柱形图工具	柱形图工具	J
堆积柱形图工具	柱形图工具	
条形图工具	柱形图工具	
堆积条形图工具	柱形图工具	
折线图工具	柱形图工具	
面积图工具	柱形图工具	
散点图工具	柱形图工具	
饼图工具	柱形图工具	
雷达图工具	柱形图工具	
画板工具		Shift+O
切片工具	切片工具	Shift+K
切片选择工具	切片工具	

续表

工具名称	所属工具组	对应快捷键
抓手工具	抓手工具	H
打印拼贴工具	抓手工具	
缩放工具		Z
默认填色与描边		X
颜色		<
渐变		>
无		/
正常绘图		Shift+D（切换模式）
背面绘图		Shift+D（切换模式）
内部绘图		Shift+D（切换模式）
屏幕模式（正常屏幕模式、带有菜单栏的全屏模式、全屏模式）		F

如果要使用某种工具，可以通过单击工具箱中的工具图标来进行选择，也可以使用键盘快捷键。当鼠标指针指向某工具时，就会显示该工具的名称和相应的键盘快捷键。

有些工具是隐藏的，单击并按住右下角带有小箭头的工具，可以让这些工具显示出来。显示出隐藏工具后，如果要选中它，可以继续按住鼠标左键，移动到要选择的工具上方，然后释放鼠标左键。也可以将隐藏的工具拖出到单独的面板中，得到一个浮动的工具面板，如图 1-5 所示，方法是将指针拖移到工具右侧的箭头（拖出按钮）上并释放鼠标左键。单击面板标题栏上的"关闭"按钮可以将单独的面板关闭，以使工具返回工具箱。

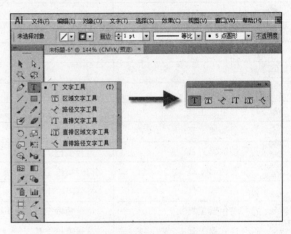

图 1-5　得到浮动的工具面板

1.9　面板

不同的面板可以帮助我们方便快捷地完成许多工作，如选择填充颜色、设置描边、选择笔刷、控制图层等。

Illustrator CS6 提供了 20 余种面板，在"窗口"菜单中可以看到它们的名称。在默认情况下，只有少数常用面板的图标堆叠在屏幕的右侧，单击某个面板图标可以展开相应的面板。如果要隐藏或显示某个面板，可以在"窗口"菜单中单击该面板名称。也可以用快捷键方便快速地打开面板，在"窗口"菜单的面板名称右侧列出了相应的快捷键。例如，要打开"路径查找器"面板，可以按快捷键 Ctrl+Shift+F9。处于打开状态的面板，会在"窗口"菜单面板名称左侧显示一个对勾。

提示 按 Tab 键可以一次性隐藏或显示所有面板（包括控制面板和工具面板），按 Shift+Tab 键则隐藏除了工具箱、"控制面板"之外的所有面板。

Illustrator CS6 中的面板图标默认被放在窗口的右侧，可以单击其上方的"展开面板"按钮将图标展开为面板，如果希望折叠回图标形式，则单击"折叠为图标"按钮。面板的位置可以通过拖动标题栏的方式来移动，也可以通过拖动面板的任一角调整大小（少数面板不能调整大小）。单击标题栏也可以折叠或展开面板。

通常几个面板组成一个面板组，要使用某个面板，直接单击其选项卡即可。也可以拖动面板的选项卡，将其拖放到其他组，或者将其拖离面板组，成为单独的浮动面板。将面板成组放置可以节省屏幕空间。

如果面板的大小和位置过于混乱，可以随时恢复到默认的大小和位置，方法是选择"窗口"|"工作区"|"重置基本功能（或其他预设的工作区配置）"命令。

1.10 实例演练

1.10.1 体验——快速制作公司名片

下面通过一个实例来快速体验使用 Illustrator CS6 的模板制作公司名片（图 1-6）的过程，其中会用到后面章节中的知识，不过没关系，重在体验。只要跟着步骤认真地做练习，完全可以在刚接触 Illustrator CS6 的第一天就能够进行创作。

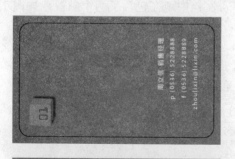

图 1-6 公司名片最终效果

提示 如果是第一次使用 Illustrator CS6，在以下操作中难免会遇到一些问题，此时可以根据步骤多尝试几次，出错也没关系。也可以参考后续章节中的相关知识，以完成练习。如果实在遇到问题不能继续，也可以先按顺序阅读后面的内容，学会其他知识之后再次尝试。

从模板新建文档

① 启动 Illustrator CS6，选择"文件"|"从模板新建"命令，打开"从模板新建"对话框如图 1-7 所示。在"从模板新建"对话框中，默认会打开 Illustrator CS6 模板所在文件夹。

② 双击"技术"文件夹图标，打开该文件夹，然后选中 Illustrator 模板文件"名片.ait"如图 1-8 所示。这时可以在下方看到该文件的缩览图。

图 1-7 "从模板新建"对话框

图 1-8 选中 Illustrator 模板文件"名片.ait"

③ 单击"新建"按钮，完成文档的新建，文档中现在包含了两个画板，如图 1-9 所示，分左右两侧。

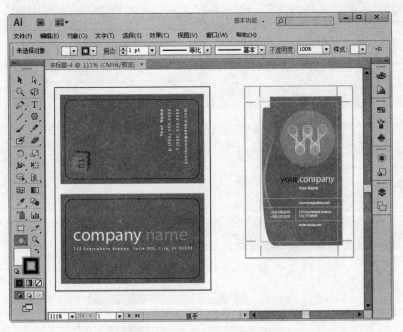
图 1-9 文档中包含了两个画板

第 1 章 Illustrator CS6 快速入门

　　如果 Illustrator CS6 窗口中的面板不是按上图中所示的方式出现的，在操作上可能会略有不同，这时可以单击应用程序栏中的"工作区切换器"按钮，然后单击列表中的"基本功能"命令，将工作区配置改为与上图中相同。如果文档窗口的视图与上图也不同，可以单击工具箱中的"抓手工具" ，然后在文档窗口中按住左键以移动视图。

　　观察此时的文档选项卡，可以看到 未标题-4 @ 167.62% (CMYK/预览) × 字样。这是因为文档还没有保存。新建文档之后，可以立即保存文档，以免将来修改时遭遇意外断电或死机导致数据丢失。

保存文档

④ 选择"文件"|"存储为"命令，打开"存储为"对话框，并在"文件名"框中输入"名片.ai"，如图 1-10 所示。在该对话框中也可以选择其他要保存文件的位置，此处保存在"我的文档"。

⑤ 单击"保存"按钮，此时会出现"Illustrator 选项"对话框，如图 1-11 所示。

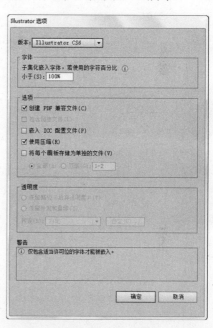

图 1-10　在"文件名"框中输入"名片.ai"　　　图 1-11　"Illustrator 选项"对话框

⑥ 保持默认的选项，单击"确定"按钮，完成文件的存储。

修改左下方名片的文本

⑦ 单击左侧工具箱中的"选择工具" ，然后移动到文档窗口中左下方文本"company name"上方并双击，这时鼠标指针会变为" "形状，表示可以输入文字，并且可以看到工具箱中目前选中的是"文字工具" 。

⑧ 从文字的左侧按住左键拖动到右侧，选中文本"company name"，此时的文本如图 1-12 所示。

⑨ 切换一种中文输入法，输入文字"立信数码科技"，如图 1-13 所示。

图 1-12　选中文本"company name"　　　　　图 1-13　输入文字"立信数码科技"

(10) 选中文本"立信数码科技"并在上面右击,然后指向弹出的菜单中"字体"菜单,这时在子菜单中会列出系统中安装的字体,并且可以预览到字体的外观。

(11) 从中选择一种字体,如"微软雅黑",如图 1-14 所示。设置字体后的文字如图 1-15 所示。

图 1-14　选择一种字体　　　　　　　　　图 1-15　设置字体后的文字

提示　此处出现的字体即为 Windows 操作系统中安装的字体,如果没有"微软雅黑"这种字体,也可以选择其他字体。

(12) 用同样的方法修改下面的文字"123 Everywhere Avenue, Suite 000, City, St 00000",将其修改为如图 1-16 所示的文本。

(13) 观察文字与背景,可以看到并未对齐,下面我们将文本与灰色的背景对齐。单击工具箱中的"选择工具",单击文字"立信数码科技",然后在按住 Shift 键的同时单击文字底部的灰色背景,将文字与背景同时选中。

图 1-16　修改下面的文字

(14) 再次单击一次灰色背景,将其设置为"关键对象"(用作文本对齐的参考对象),此时会看到灰色背景周围出现较粗的红色矩形边框,表示已经设置成功。

(15) 单击"控制"面板中的"对齐所选对象"按钮,从列表中选择"对齐关键对象"命令(如果看不到该按钮,可能需要将窗口最大化)。

(16) 单击"控制"面板中的"水平居中对齐"按钮,将文本与背景矩形水平居中对齐,结果如图 1-17 所示。

⑰ 用同样的方法将下面较小的文字与背景矩形水平居中对齐。
⑱ 单击工具箱中的"选择工具" ，在文档的空白处单击，取消对文字和矩形的选择，可以看到名片的效果如图 1-18 所示。

图 1-17　将文本与灰色背景水平居中对齐

图 1-18　名片的效果

修改名片的其他文本

⑲ 用同样的方法可以修改名片其他面的文本，并改变文本的字体，结果如图 1-19 所示。

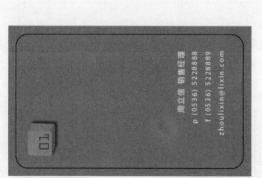

图 1-19　修改名片其他面的文本

1.10.2　将 Illustrator CS6 附到"开始"菜单

在 Windows 7 操作系统中，有一个非常实用的功能，可以将常用的程序附到"开始"菜单，方便以后启动，具体操作步骤如下。

① 右击"开始"菜单，选择"所有程序"中的 Illustrator CS6 菜单项，或右击 Illustrator CS6 安装文件夹中的 Illustrator CS6 快捷方式。

② 选择"附到'开始'菜单"命令。

此时 Illustrator CS6 应用程序图标就会出现在"开始"菜单中，以后只需要单击"开始"

菜单，然后单击常用程序列表中的该图标即可启动 Illustrator CS6。

也可以将 Illustrator CS6 的快捷方式锁定到任务栏，方法是在右击以上选项后，从弹出的菜单中选择"锁定到任务栏"命令。

1.10.3 使用快捷键快速选取工具

在 Illustrator CS6 中，每种工具都有自己相应的快捷键，将鼠标指针指向工具箱中的某一工具，就会出现该工具对应的快捷键。如果要使用该工具，使用快捷键既方便又省时。

例如，如果要使用"选择工具"，则可以按快捷键 V；而如果要使用"画笔工具"，则可以按快捷键 B。可以试着将鼠标指针移向其他工具图标，并尝试使用其对应的快捷键。

1.11 疑难与技巧

1.11.1 面板找不到了，怎样才能再次打开它们？

Illustrator CS6 提供了 20 多种面板，如果某一个面板找不到了，则可以打开"窗口"菜单，在菜单中单击该面板的名称即可。此外，按相应的快捷键也可以打开相应的面板。

1.11.2 能一次性显示与隐藏所有面板吗？

在插图窗口中绘制图形或进行其他操作时，工具面板和其他的一些面板图标会显示在窗口的两侧，可能会给操作带来不便。此时如果按 Tab 键，可以一次性隐藏所有面板。这样窗口就会只剩下菜单栏和工作区域，窗口的空间增大，从而更便于操作。如果要对对象进行移动或其他操作，可以使用相应的快捷键来选择相应工具，如按空格键临时切换为"抓手工具"，按 M 键可以切换为"矩形工具"等。当操作完成后，再次按下 Tab 键，可以恢复显示所有的面板。

1.11.3 怎样才能显示出隐藏的工具？

在对窗口进行某一项操作时，如果发现工具箱找不到了，可以选择"窗口"|"工具"命令，将隐藏的工具箱重新显示出来。单击工具箱上方的图标，使工具箱一列显示。再次单击图标，可恢复为两列显示。

1.11.4 怎样才能让隐藏的工具变为浮动工具栏以方便选取？

将鼠标指针移动到包含隐藏工具的按钮上（这种按钮的右下角有一个黑色的箭头，如"矩形工具"），并按住鼠标左键不放，这时会在一侧显示出在该工具中隐藏的其他工具。此时指向右侧的"拖出"按钮（图 1-20），并释放鼠标左键，即可用浮动工具栏的形式显示隐藏的工具，如图 1-21 所示。

图 1-20　指向右侧的"拖出"按钮

图 1-21　浮动工具栏

1.11.5　能够自定义某些工具的快捷键吗？

在 Illustrator CS6 中，可以自定义某些工具的快捷键，其方法是选择"编辑"｜"键盘快捷键"命令。在随后弹出的"键盘快捷键"对话框中，单击某工具对应的快捷键，然后输入一个新的快捷键即可，如图 1-22 所示。

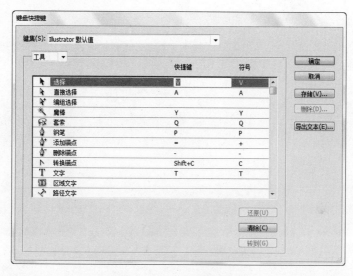
图 1-22　输入一个新的快捷键

1.11.6　在使用 Illustrator 过程中如何获取帮助？

在 Illustrator CS6 程序运行时，选择"帮助"｜"Illustrator 帮助"命令，即可使用浏览器打开 Adobe Illustrator 在线帮助。此时可以浏览或搜索 Illustrator CS6 的相关帮助。不过要注意的是，这是在线帮助，需要连接到 Internet 才能查看。

1.11.7　Photoshop、Illustrator、CorelDraw、Flash 这几个软件有什么区别和联系？

Photoshop、Flash、Illustrator 这三款软件都是出自同一个公司——美国 Adobe 公司，所以它们三个经常配合使用，不存在什么兼容性的问题。而 CorelDraw 是加拿大 Corel 软件公司的产品，它是另一个基于矢量图的绘图与排版软件，其功能与 Illustrator 类似。

这些软件之间有联系也有区别。Photoshop 最主要的用途就是处理位图，其功能十分强大，是平面图像处理领域最好用的、普及率最高的软件。而 CorelDraw 和 Illustrator 有一定的相似性，它们都是用来绘制矢量图形的。Flash 是专门用于制作 Web 动画的一种软件，也是基于矢量图形的。设计师们经常将 Illustrator 中设计的一些图形作为素材导入到 Flash 中，以供设计动画时使用。

1.12 巩固练习

1. 练习 Illustrator CS6 中文版的安装、启动、退出及卸载。
2. 为 Illustrator CS6 创建一个桌面快捷方式，以便于以后快速启动。
3. 练习从模板创建一个新文档。如果不知道该从何入手，可以搜索一下帮助。
4. 大体了解工具箱中各个工具的用法，以便于今后使用。
5. 使用 Adobe Community Help 查看 Illustrator CS6 的新功能，了解最新版本的 Illustrator 有哪些优势。

第 2 章

文档与视图操作

　　本章主要讲解如何在 Photoshop 中使用不同的工具制作不同类别的选择区域，以及如何对已经存在的选区进行编辑与调整操作，如何变换选区或选区中的图像。

　　虽然本章讲述的知识比较简单，但就功能而言，本章所讲述的知识非常重要，因为在 Photoshop 中正确地选区是操作成功的开始。

学 习 重 点

- 熟练掌握文档的基本操作
- 掌握视图相关操作
- 知道如何存储自定义工作区
- 掌握通过设置首选项提高性能的方法
- 知道如何进行页面设置

2.1 文档基本操作

要开始使用 Illustrator CS6 进行工作，必须要熟练文档的基本操作。文档操作包括新建文档、置入文件、打开与关闭文档、存储文档、输出文档等。文档的操作关系到将来工作成果的维护与交付，所以应该首先掌握。

2.1.1 新建文档

在使用 Illustrator CS6 绘制图稿之前，首先需要新建一个文档。新建一个文档的具体操作步骤如下。

① 执行下列操作之一。
- 选择"文件"|"新建"命令。
- 使用快捷键 Ctrl+N。

② 不管采用以上哪种方法，都会弹出"新建文档"对话框（图 2-1）。

在该对话框中，可以设置新文档的以下选项。

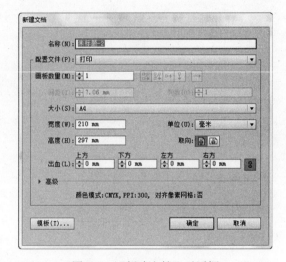

图 2-1 "新建文档"对话框

- 名称：在右侧文本框中可以输入新建文档的名称。
- 配置文件：在右侧列表中可以选择预设的文档配置文件，包括打印、Web、设备、视频和胶片、基本 RGB、Flash Builder 等。
- 画板数量：指定文档的画板数，以及它们在屏幕上的排列顺序。当画板数为 2 以上时，才能在右侧及下方设定画板的其他选项。
- 间距：指定画板之间的默认间距。此设置同时应用于水平间距和垂直间距。
- 列数/行数：指定画板排列的行数/列数。
- 大小：在右侧列表中选择画板的大小，如 A4、B5、Letter 等。
- 单位：在右侧列表中设置度量单位，如毫米、厘米、英寸、像素等。
- 宽度和高度：这两个文本框用于设置画板的宽度与高度。当选择自定义画板大小时，可以在其中直接输入数值，采用"单位"中设置的单位。也可以连同单位一起输入，如 8cm，输入后会自动转换为"单位"中设置的单位。
- 取向：设置画板的方向。画板的取向有两种选择：纵向和横向。
- 出血：指定画板每一侧的出血位置。如果要对不同的侧面使用相同的值，则需要单击"锁定"图标 。

③ 如果要设置新文档的更多选项，可以单击"高级"左侧的小箭头，显示出以下高级选项（图 2-2）。

- 颜色模式：选择颜色模式，有"CMYK"颜色和"RGB"颜色两种。通过更改颜色模式，可以将选定的新建文档配置文件的默认内容（色板、画笔、符号、图形样式）转换为新的颜色模式，从而导致颜色发生变化。在进行更改时，需要注意警告图标。
- 栅格效果：为文档中的栅格效果指定分辨率。准备以较高分辨率输出到高端打印机时，需要将此选项设置为"高（300ppi）"。默认情况下，"打印"配置文件将此选项设置为"高"。
- 预览模式：为文档设置默认预览模式（默认值、像素、叠印 3 种），也可以随时使用"视图"菜单更改此选项。

④ 设置完毕，单击"确定"按钮即可新建一个文档。

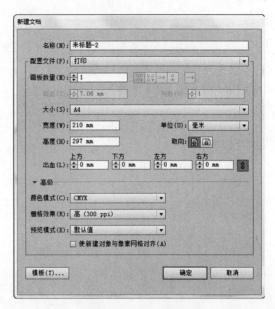

图 2-2　显示高级选项

2.1.2　置入文件

在 Illustrator CS6 中，用户可以将其他应用程序创建的文件置入到 Illustrator CS6 中进行编辑修改。置入文件的操作步骤如下。

① 选择"文件"|"置入"命令。
② 打开"置入"对话框（图 2-3），查找并选中要置入的文件。

图 2-3　"置入"对话框

③ 单击"置入"按钮，完成文件的置入。

提示

选中"链接"复选框可创建文件的链接,取消选择"链接"复选框可将图稿嵌入 Illustrator 文档。置入不同的文件,单击"置入"按钮后可能会出现不同的对话框。例如,如果置入的是 PDF 文件,则可能出现一个选择要置入的页面或裁剪图稿的方式的对话框。

2.1.3 打开文档

在 Illustrator CS6 中可以打开 Illustrator 中创建的文件(扩展名为".ai"),以及在其他应用程序中创建的兼容文件(如.psd、.jpg 等)。如果要打开文档,可以按照以下步骤进行操作。

① 选择"文件"|"打开"命令,此时会弹出"打开"对话框,如图 2-4 所示。

② 在"打开"对话框中找到并选中要打开的文件,然后单击"打开"按钮,此时文件在 Illustrator 程序窗口中出现,如图 2-5 所示。

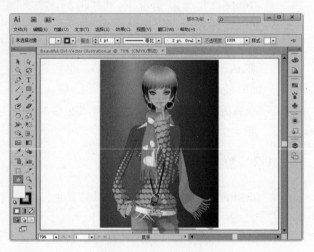

图 2-4 "打开"对话框   图 2-5 打开文件

2.1.4 关闭文档

如果要关闭文档,可执行下列操作之一。

- 选择"文件"|"关闭"命令。
- 单击文档选项卡右侧的"关闭"按钮 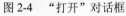。
- 按快捷键 Ctrl+W。

此外,以下方法在关闭文档的同时,也会关闭 Illustrator CS6 程序。

- 选择"文件"|"退出"命令。
- 单击"应用程序栏"右侧的"关闭"按钮 ✕ 。
- 按快捷键 Ctr+Q。
- 按快捷键 Alt+F4。

 提示

关闭文档之前应该先存储文档,在未存储文档的情况下关闭文档,则会出现关闭提示对话框,如图 2-6 所示。

如果要存储对文档所做的更改,则单击"是"按钮。如果不想存储对文档所做的更改,则单击"否"按钮。如果文档还未修改好,希望继续保持打开状态并修改,则单击"取消"按钮返回 Illustrator CS6 程序窗口继续进行修改。

第 2 章 | 文档与视图操作

图 2-6 关闭提示对话框

2.1.5 存储文档

在新建一个文档后,应及时地对其进行存储,以便于今后查找或进行其他的一些操作。如果要存储文档,可以按照以下步骤进行操作。

① 选择"文件"|"存储"命令,此时会打开"存储为"对话框,如图 2-7 所示。
② 在对话框中选择要保存文件的位置,并在"文件名"右侧的文本框中输入文件名。
③ 单击"保存"按钮,此时会弹出"Illustrator 选项"对话框,如图 2-8 所示。

图 2-7 "存储为"对话框　　　　　　图 2-8 "Illustrator 选项"对话框

④ 根据需要设置各选项,然后单击"确定"按钮,即可完成文件的存储。

提示　　在设计图稿的过程中,设计者最好养成随时保存文档的习惯,以免因意外断电或死机造成损失,方法是选择"文件"|"存储"命令,或按快捷键 Ctrl+S。

2.1.6 输出文档

可以将 Illustrator CS6 文件输出为其他格式,以便于在其他应用程序中使用。在实际应用时,应先以 Illustrator 的 .ai 格式存储文档,直到创建完成后,再将文档导出为所需格式。导出文档的具体操作步骤如下。

① 选择"文件"|"导出"命令,打开"导出"对话框,如图 2-9 所示。

图 2-9 "导出"对话框

② 在"导出"对话框中选择导出文件的位置、输入文件名称并选择一种保存类型。
③ 设置完成后,单击"保存"按钮,完成导出文档的操作。

2.1.7 使用多个画板

画板是包含可打印图稿的区域。可以将画板作为裁剪区域以满足打印或置入的需要。根据大小的不同,每个文档可以有 1~100 个画板。可以在最初创建文档时指定文档的画板数,在处理文档的过程中可以随时添加和删除画板。可以创建大小不同的画板,使用画板工具调整画板大小,并且可以将画板放在屏幕上的任何位置,甚至可以让它们彼此重叠。例如,可以一次使用 4 个画板,在每个画板中创建不同的图稿,如图 2-10 所示。

图 2-10 使用多个画板

除了在"新建文档"对话框中可以指定画板的数目之外,还可以使用工具面板中的"画板工具"田手动添加或删除画板。方法是选择工具箱中的"画板工具"田，然后在工作区域内拖动，直到得到合适大小、形状和位置的画板。

也可以从预设画板中进行选择，方法是双击工具面板中的"画板工具"田，打开"画板选项"对话框，然后从"预设"列表中选择一种画板，如图 2-11 所示。

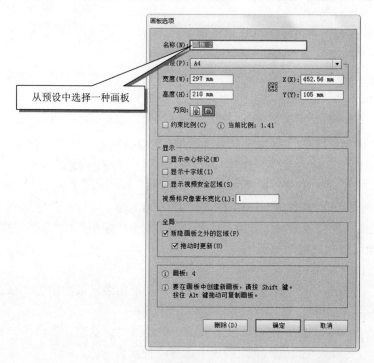

图 2-11　"画板选项"对话框

2.2　视图相关操作

在新建或打开 Illustrator 文档后，即可自如地进行创作。这中间会时常对视图进行一些调整，以适应设计与修改的需要，如移动视图和缩放视图等。电脑屏幕上的画板不同于实际生活中的画板，实际的画板可以用双手随意移动，而屏幕上的画板则要依赖鼠标或键盘等输入设备进行控制。

2.2.1　视图操作

在设计图稿的过程中，许多情况下需要对视图进行操作，如放大或缩小某个特定区域、移动视图等。如果要缩放视图，可以使用下列方法之一。

- 选择工具箱中的"缩放工具"，此时指针会变为放大镜形状。如果要放大视图，则单击需要放大的区域中心；如果要缩小视图，则按住 Alt 键单击要缩小的区域的中心。
- 如果要放大某个区域，则可以在选择"缩放工具"后，在要放大的区域拖动出一个选框。

- 选择"视图"|"放大"或"视图"|"缩小"命令。每次视图放大或缩小到下一个预设百分比。
- 在主窗口左下角或"导航器"面板中选择一个缩放级别。
- 如果要以 100%比例显示文件,则可以选择"视图"|"实际大小"命令,或者双击"缩放工具"。
- 如果要使用所需画板填充窗口,则可以选择"视图"|"画板适合窗口大小",或者双击"抓手工具"。
- 如果要查看窗口中的所有内容,则可以选择"视图"|"全部适合窗口大小"命令。

2.2.2 导航文档

使用"导航器"面板(用"窗口"|"导航器"命令打开)可以快速更改图稿的视图。"导航器"中的彩色框(称为"代理查看区域")与插图窗口中当前可查看的区域相对应。"导航器"面板如图 2-12 所示。

"导航器"面板的左下角有一个与状态栏中类似的缩放级别输入框,可以在其中输入一个百分比并按 Enter 键来改变视图的缩放级别。在其右侧有缩放滑块和"缩小"与"放大"按钮,使用滑块和按钮可以方便地调整视图的缩放级别。

此外,还可以用以下方法之一来自定义"导航器"面板。

- 如果要在"导航器"面板中的画板边界以外显示图稿,则单击面板菜单中的"仅查看画板内容"命令,取消其左侧的对勾。
- 如果要更改代理查看区域的颜色,则可以从面板菜单中选择"面板选项"命令,打开"面板选项"对话框,然后从"颜色"下拉列表中选择一种预设颜色,或者双击颜色框以选择一种自定颜色,如图 2-13 所示。

图 2-12 "导航器"面板

图 2-13 "面板选项"对话框

- 如果要在"导航器"面板中将文档中的虚线显示为实线,则在"面板选项"对话框中选中将虚线绘制为实线复选框。

2.2.3 用不同模式查看作品

在默认情况下,图稿以彩色预览方式显示在文档窗口中,除此以外在 Illustrator CS6 中还可以以轮廓方式查看图稿。其方法是选择"视图"|"轮廓"命令或按快捷键 Ctrl+Y,效果如图 2-14 所示。

提示   在处理复杂图稿时,使用轮廓方式查看图稿可以减少用于重绘屏幕的时间,从而提高工作效率。

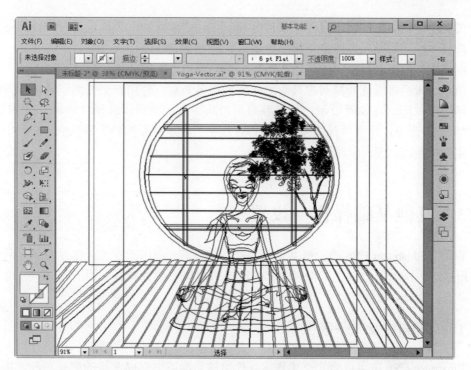

图 2-14 以轮廓方式查看

如果要切换回预览模式，则选择"视图"|"预览"命令，或者快捷键 Ctrl+Y。

2.2.4 使用多窗口或视图查看图稿

在设计图稿时，可以同时打开同一文档的多个窗口，每个窗口可以使用不同的视图设置。例如，可以在一个窗口中放大某些对象，在另一个窗口中以正常大小显示这些对象。可以根据需要使用"窗口"菜单中的以下选项来排列多个打开的窗口。

- 层叠：以堆叠的方式显示窗口，从屏幕左上方向下排列到右下方。
- 平铺：以边对边的方式显示窗口。
- 排列图标：在程序窗口内组织最小化的窗口。

除了可以创建多个窗口之外，还可以创建多个视图。在 Illustrator CS6 中可以为每个文档创建和存储多达 25 个视图。

多个窗口和多个视图是存在区别的。例如，可以在文档中存储多个视图，但不会存储多个窗口，可以同时查看多个窗口，只有当打开多个窗口并在其中显示视图时，才能同时显示多个视图。更改视图时将改变当前窗口，但不会打开新的窗口。

2.2.5 选择最终输出方式

图稿最终要输出至其他媒体，Illustrator 提供了多种方式预览最终的输出效果。

- 叠印预览模式：提供了"油墨预览"模式，可以模拟混合、透明以及叠印在分色输出中如何显示。切换到该模式的操作方法是：选择"视图"|"叠印预览"命令。
- 像素预览模式：可以模拟在 Web 浏览器中栅格化和查看图稿时如何显示文档。切换到该模式的操作方法是：选择"视图"|"像素预览"命令。

- 拼合器预览面板：突出显示图稿的区域，在存储或打印时该图稿符合拼合的标准。切换到该模式的操作方法是：选择"窗口"|"拼合器预览"命令。
- 电子校样：可以模拟文档颜色在特定类型的输出设备中会如何显示。
- 消除锯齿：可以让矢量对象具有更平滑的屏幕外观，使用户更好地了解矢量图稿在打印机上打印时将如何显示。如果要启用消除锯齿，则可以选择"编辑"|"首选项"|"常规"命令，弹出"首选项"对话框，选中"消除锯齿图稿"复选框，然后单击"确定"按钮。

2.3 其他基础操作与设置

本节介绍 Illustrator CS6 的一些其他常用操作与设置，都属于在实际绘制图稿前所必须掌握的实用技巧。例如，自定义工作区的存储可以节省每次调整屏幕布局的时间；合理地设置暂存盘可以提高计算机的性能，从而提高工作效率。

2.3.1 存储自定义工作区

在 Illustrator CS6 中可以自定义工作区，使用该功能可以存储常用的屏幕布局，并且可以在不同的工作区之间进行快速切换，对于不再需要的工作区则可以将其删除。如果要自定义工作区，可以按照以下步骤进行操作。

① 根据需要重新排列文档窗口、各种面板、处理各种面板组，调整所需面板的大小等。

② 选择"窗口"|"工作区"|"新建工作区"命令，打开"新建工作区"对话框，如图 2-15 所示。

③ 在"新建工作区"对话框中的"名称"右侧的文本框中，输入工作区的名称。

④ 单击"确定"按钮，存储自定义工作区。

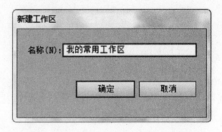

图 2-15 "新建工作区"对话框

提示　　如果以后要使用已经存储的自定义工作区，如上例中的"我的常用工作区"，则可以选择"窗口"|"工作区"|"我的常用工作区"命令，打开该工作区。

2.3.2 设置首选项

首选项是与 Illustrator 工作和运行密切相关的一些选项设置，其中包括显示、工具、标尺单位、导出信息、增效工具和暂存盘等选项。

如果要打开"首选项"对话框，可以选择"编辑"|"首选项"|"常规"命令（快捷键为 Ctrl+K，也可以选择该子菜单中的其他命令），也可以在不选择任何对象的状态下，单击控制面板中的"首选项"按钮。"首选项"对话框如图 2-16 所示。

首选项的设置在许多时候非常有用。例如，如果要提高 Illustrator CS6 的性能，可以按照以下步骤设置一下 Illustrator CS6 暂存盘的位置。

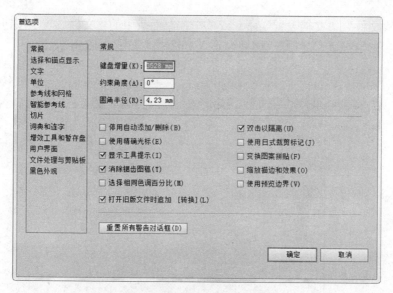

图 2-16 "首选项"对话框

① 选择"编辑"|"首选项"|"增效工具和暂存盘"命令,打开"首选项"对话框,如图 2-17 所示。

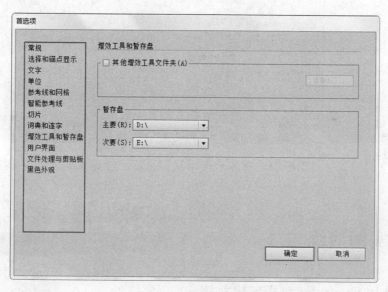

图 2-17 暂存盘选项

② 将主要暂存盘设置为非系统启动盘,次要暂存盘设置为另一个非系统启动盘。例如,如果 Windows 操作系统安装在 C 盘,则可以将主要暂存盘设置为 D 盘,次要暂存盘设置为 E 盘。
③ 单击"确定"按钮,重新启动 Illustrator CS6,以使设置生效。

2.3.3 页面设置

可以随时更改文档的默认页面设置选项,如度量单位、透明度网格显示、背景颜色和文字设置。其操作步骤如下。

① 选择"文件"|"文档设置"命令或单击控制面板中的"文档设置"按钮（在不选择任何对象的情况下），打开"文档设置"对话框，如图 2-18 所示。

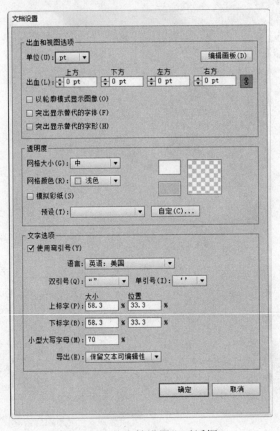

图 2-18 "文档设置"对话框

② 在"文档设置"对话框中，对各个选项进行设置，然后单击"确定"按钮。

2.4 实例演练

2.4.1 使用 Illustrator 模板新建文档

使用模板可以创建共享通用设置和设计元素的新文档。Illustrator 提供了许多模板，包括信纸、名片、信封、小册子、标签、证书、明信片、贺卡和网站等模板。使用 Illustrator 模板新建文档的操作步骤如下。

① 选择"文件"|"从模板新建"命令，打开"从模板新建"对话框，如图 2-19 所示。默认会打开"模板"文件夹。

② 在"从模板新建"对话框中，选择一种模板的大类。例如，可以双击"技术"文件夹，打开该文件夹，并选择一种模板，此处选择"联机和显示项目.ait"，如图 2-20 所示。

图 2-19　"从模板新建"对话框　　　　　图 2-20　选择一种模板

③ 单击"新建"按钮,完成从模板新建文档。从模板新建的文档如图 2-21 所示。

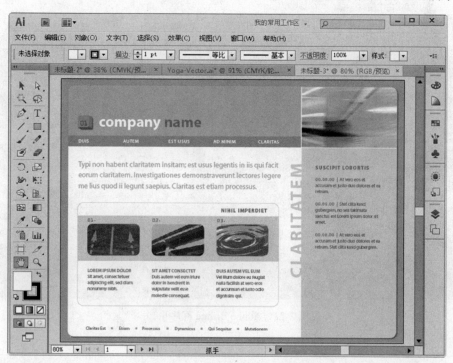

图 2-21　从模板新建的文档

从模板新建文档后,即可在这个基础上进行修改,从而快速得到自己想要的设计图稿。

2.4.2 排列与重叠多个文档窗口

当在 Illustrator CS6 程序中打开多个文档时,这些文档会以选项卡的形式同时显示在文档窗口中,操作起来非常方便。例如,要显示某一个文档,只需要单击该文档的选项卡,即可显示该文档。如果有的文档暂时用不到，可以单击该文档的选项卡，再单击该文档选项卡上的"关闭"按钮×，将其关闭。

当窗口中同时打开多个文档时，还可以对它们进行排列或重叠。选择"窗口"|"排列"|"层叠"/"平铺"命令，或单击"应用程序栏"中的"排列文档"下拉按钮，从列表中选择一种文档排列形式，即可实现多个窗口的排列与重叠。

2.4.3 使用 Adobe Bridge 程序查看文档

Adobe Bridge 是 Adobe Creative Suite 6 组件中包含的一个跨平台应用程序，它可帮助设计师查找、组织和浏览用于创建打印、Web、视频以及音频内容所需的资源。

要打开 Adobe Bridge，可以在 Illustrator 中执行以下操作之一。
- 选择"文件"|"在 Bridge 中浏览"命令。
- 单击菜单栏上方（或右侧）的"转到 Bridge"按钮 Br 。
- 从状态栏中选择"选择"|"在 Bridge 中显示"命令。

Adobe Bridge 程序窗口如图 2-22 所示。

图 2-22 Adobe Bridge 程序窗口

2.5 疑难与技巧

2.5.1 如何在多个文档窗口之间切换？

在 Illustrator CS6 程序中打开多个文档时，文档会以选项卡的形式排列显示，操作起来非常方便。单击位于控制面板下方的文档选项卡，可以轻松地在多个文档窗口之间进行快速切换，也可使用快捷键 Ctrl+Tab 按顺序快速切换。

2.5.2 在不同的工作区之间切换

如果要在不同的工作区之间切换,可以单击"应用程序栏"中的"工作区切换器"按钮 基本功能▼,然后从下拉菜单中选择一个要切换到的工作区,如图2-23所示。

图 2-23 工作区切换器

此外,也可以选择"窗口"|"工作区"命令,然后从子菜单中选择一个要切换到的工作区。

2.5.3 删除多余的工作区

多余的工作区不再需要使用时,可以将其删除。以下任一方法都可将多余的工作区删除。

- 单击"应用程序栏"中的"工作区切换器"按钮 基本功能▼,选择下拉菜单中的"管理工作区"命令,打开"管理工作区"对话框(图2-24),然后选择要删除的工作区,并单击"删除"按钮 。
- 选择"窗口"|"工作区"|"管理工作区"命令,打开"管理工作区"对话框,然后选择要删除的工作区,并单击"删除"按钮 。

图 2-24 "管理工作区"对话框

2.5.4 恢复工作区的默认设置

在使用 Illustrator CS6 的过程中,如果将某个工作区的面板设置打乱了,下次启动时仍会是打乱的工作区。如果要恢复某工作区的默认设置,可以重置该工作区。例如,如果要恢复"基本功能"工作区的设置,可以单击工作区选择菜单中的"重置基本功能"命令,见图2-25。

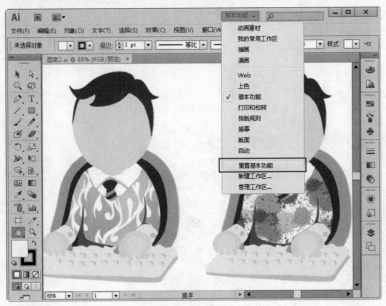

图 2-25　重置基本功能

2.5.5　为当前文档设置多个画板

① 选择"文件"|"文档设置"命令，或单击窗口中的"文档设置"按钮，弹出"文档设置"对话框。

② 在对话框中，单击"编辑画板"按钮，此时窗口菜单栏的下方出现画板的各个选项。

③ 在窗口中拖动鼠标，直到适合的大小，释放鼠标，即可绘制出画板。

提示
　　如果单击控制面板中的"新建"按钮 ，则绘制的面板和当前面板一样大小。

2.5.6　显示与隐藏画板的边界

暂存区域是指在将图稿的元素移动到画板上之前，可以创建、编辑和存储它们的空间。放置在暂存区域上的对象在屏幕上是可见的，但是它们不能打印出来。画板由实线定界，并表示最大可打印区域。

要显示或隐藏画板边界，选择"视图"|"显示/隐藏画板"命令，即可实现。

2.5.7　窗口左下角的状态栏有什么用途？

状态栏位于 Illustrator CS6 程序窗口的最下方，它可以显示当前缩放级别和其他信息，如图 2-26 所示。状态栏主要显示以下内容。

- 当前缩放级别。
- 当前正在使用的工具。
- 当前正在使用的画板。
- 用于多个画板的导航控件。
- 日期和时间。
- 可用的还原和重做次数。

图 2-26　状态栏

- 文档颜色配置文件。
- 受管理文件的状态。

2.5.8 打开文件时预览缩略图

在选择打开文件时，预览缩略图可以帮助我们快速了解该文件的内容，以便于更快速地打开所需文件。打开文件不能预览缩略图时，可以从网上下载 AI 缩略图补丁。只要安装了补丁，就可以看到缩略图。

2.5.9 双击扩展名为 ai 的文件启动 Illustrator 将其打开

要打开扩展名为 ai 的文件，通常情况下，双击即可在 Illustrator CS6 程序中打开。但有时也会因文件关联错误导致双击打不开的情况出现，这时可以右击该文件，在弹出的菜单中选择"打开方式"命令，然后在打开的对话框中浏览到 Illustrator 安装目录下的 Illustrator 主程序，再单击"确定"按钮即可恢复文件的正确关联，以后再双击这种文件即可用 Illustrator 打开。

2.6 巩固练习

1. 从 Illustrator CS6 示例文件中选择一个模板打开，练习视图操作。
2. 创建一个新的文档，画板大小设置为 A4，方向为横向，栅格效果为 300dpi，并将其保存到"我的文档"文件夹中。
3. 导出文档与保存文档的类型是否相同？如果不同，有哪些区别？
4. 练习视图操作的相应快捷键。

第 3 章

绘制基本图形

在 Illustrator CS6 中可以直接绘制大量基本图形,包括矩形、椭圆、多边形、星形、光晕、直线、弧线、螺旋线、矩形网格、多边形网格等,将基本图形进行编辑、组合,就能得到复杂的图形。除此之外,还可以使用徒手绘制工具自由绘制复杂图形。

学 习 重 点

- 熟悉各种基本绘图工具的使用
- 熟悉铅笔工具的使用方法
- 了解如何使用平滑工具和路径橡皮擦工具
- 学会使用控制面板
- 学会使用标尺、网格和参考线

3.1 绘制矩形

矩形是最基本的图形之一,使用工具箱中的"矩形工具" 可以方便快捷地绘制矩形。具体操作步骤如下。

① 单击工具箱中的"矩形工具" (或按快捷键 M),此时鼠标指针变成"+"形状,表示可以开始绘图。

② 使用以下任一方法都可绘制矩形。

- 在插图窗口中按住鼠标左键并拖动,当矩形达到适合的大小时,释放鼠标左键,可以得到一个矩形,如图 3-1 所示。
- 在插图窗口中的任意位置单击,此时会弹出"矩形"对话框,在文本框中输入矩形的"宽度"和"高度"的数值,如图 3-2 所示。单击"约束宽度和高度比例"按钮 ,可以在输入数值时自动保持高宽比不变。输入完毕,单击"确定"按钮,完成矩形的绘制。

图 3-1 绘制矩形

图 3-2 "矩形"对话框

提示　按住鼠标左键拖动的同时按住 Shift 键,可以得到正方形。按住鼠标左键拖动的同时按住 Alt 键,则从中心开始绘制矩形。如果同时按住 Shift 和 Alt 两个键,则从中心开始绘制正方形。

3.2 绘制圆角矩形

将鼠标指针放在工具箱中的"矩形工具" 上,按住鼠标左键不放,从弹出的面板中可以找到"圆角矩形工具" 。绘制圆角矩形的方法与绘制矩形的方法基本一致,只不过"圆角矩形"对话框比"矩形"对话框多出"圆角半径"选项,如图 3-3 所示绘制的圆角矩形如图 3-4 所示。

图 3-3 "圆角矩形"对话框

图 3-4 圆角矩形

提示　　选择"圆角矩形工具" 并在插图窗口按住鼠标左键拖动时，按键盘上的向上或向下方向键，可以增大或减小圆角的半径。如果按向左方向键，则得到方角矩形，按向右方向键，则能得到最圆的圆角矩形。

3.3　绘制椭圆

将鼠标指针放在工具箱中的"矩形工具" 上，按住鼠标左键不放，从弹出的面板中可以找到"椭圆工具" 。绘制椭圆的具体操作步骤如下。

① 单击工具箱中的"椭圆工具" ，鼠标指针变成+形状，表示可以开始绘制椭圆。

② 使用以下任一方法都可绘制椭圆。

- 在插图窗口中按住鼠标左键并拖动，当椭圆达到适合的大小时，释放鼠标左键，得到一个椭圆，如图3-5所示。
- 在插图窗口中的任意位置单击，弹出"椭圆"对话框，在文本框内输入椭圆的"宽度"和"高度"的数值，如图3-6所示。输入完毕，单击"确定"按钮，完成椭圆的绘制。

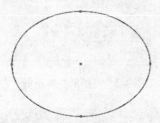
图3-5　绘制椭圆

图3-6　"椭圆"对话框

 提示　　选择"椭圆工具" 并在插图窗口按住鼠标左键拖动时，按住键盘上的 Shift 键，可以得到一个圆形。

3.4　绘制多边形

使用"多边形工具" 可以绘制各种多边形，绘制多边形比绘制椭圆的步骤稍微复杂一些。将鼠标指针放在工具箱中的"矩形工具" 上，按住鼠标左键不放，从弹出的面板中可以找到"多边形工具" 。绘制多边形的具体操作步骤如下。

① 单击工具箱中的"多边形工具" ，鼠标指针变成"+"形状，表示可以开始绘制多边形。

② 使用以下任一方法都可绘制多边形。

- 在插图窗口中按住鼠标左键并拖动，当多边形达到适合

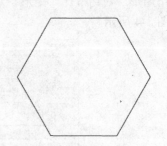
图3-7　绘制多边形

的大小时，释放鼠标左键，得到一个多边形，如图3-7所示。
- 在插图窗口中的任意位置单击，此时会弹出"多边形"对话框，在文本框内输入多边形的"半径"和"边数"的数值，如图3-8所示。输入完毕，单击"确定"按钮，完成多边形的绘制。

提示　　在拖动鼠标的同时按住向上方向键或向下方向键不放，可以增加或减少多边形的边数，边数最少为三条，即是三角形。在拖动鼠标的同时按住Shift键不放，可以绘出正多边形。在拖动鼠标的同时按住 Alt 键不放，可以从中心开始绘制多边形。在拖动鼠标时按住"～"键不放，可以绘制出多个多边形。例如，在按住"～"键的同时向外拖并旋转鼠标，可得到如图3-9所示的复杂图形。

图3-8　"多边形"对话框　　　　图3-9　按住"～"键绘制的复杂图形

3.5　绘制星形

绘制"星形"与绘制"多边形"的方法基本相同，只是"星形"对话框与"多边形"对话框略有不同，"星形"需要设置两个半径，如图3-10所示。

- 半径1：指从星形中心到星形最内点的距离。
- 半径2：指从星形中心到星形最外点的距离。这两个半径决定了星形的大小和形状。
- 角点数：决定了星形的角数。

图3-10　"星形"对话框

3.6　绘制光晕

将鼠标指针放在工具箱中的"矩形工具" 上，按住左键不放，从弹出的面板中可以找到"光晕工具" 。光晕对象共包括5个部分：中央手柄、末端手柄、射线、光晕和光环，如图3-11所示。

绘制光晕的具体操作步骤如下。

① 选择工具箱中的"光晕工具" 。

② 在插图窗口中按住鼠标左键并拖动，单击的位置就是中央手柄的位置，拖动时的距离就是射线的长度，拖动的方向决定了射线的角度。当中心、光晕、射线达到所需的效果时释放鼠标左键，如图 3-12 所示。

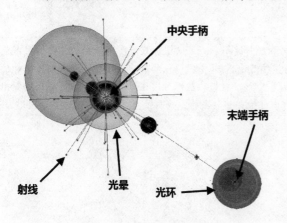

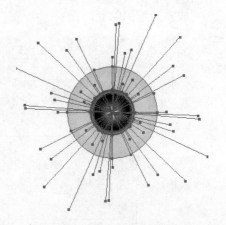

图 3-11 光晕对象的组成　　　　　　　图 3-12 中心、光晕、射线达到所需的效果

 提示　　绘制光晕时，按住 Shift 键的同时拖动鼠标，则射线会被限制在设置角度，如果按住 Alt 键的同时拖动鼠标，则光晕中心保持大小不变。在拖动鼠标的过程中，按向上方向键或向下方向键可以增加或减少射线的数量。

③ 再次在窗口其他位置按下鼠标左键并拖动，以确定末端手柄的位置，从而可以得到如图 3-13 所示的光晕图形。

此外，还可以在选择工具箱中的"光晕工具"后，单击插图窗口中的任意位置，此时会弹出"光晕工具选项"对话框，如图 3-14 所示。在对话框中依次设置好各个选项后，单击"确定"按钮，即可完成光晕的创建。

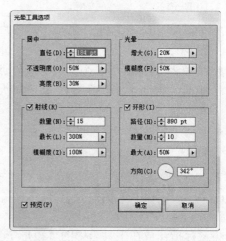

图 3-13 绘制的光晕　　　　　　　　　图 3-14 "光晕工具选项"对话框

"光晕工具选项"对话框中包括以下 4 个区域。
- 居中：用于指定光晕中心的直径、不透明度和亮度。
- 光晕："增大"用于指定整体大小的百分比；"模糊度"用于指定光晕的模糊度。

- 射线：用于指定射线的数量、长度和模糊度。
- 环形："路径"用于指定中央手柄和末端手柄的距离；"数量"用于指定光环的数量；"最大"用于指定最大光环的平均百分比；"方向"用于指定光环的角度和方向。

3.7 绘制直线段

直线段是设计图稿时经常需要绘制的基本图形之一。使用工具箱中的"直线段工具" 可以方便快速地绘制任意的直线段。绘制直线段的操作步骤如下。

① 单击工具箱中的"直线段工具" （快捷键为"\"），此时指针变成"+"形状，表示可以开始绘制。

② 使用以下任一方法都可绘制出直线段。

- 在插图窗口中按住鼠标左键并拖动，拖动到适合的位置，释放鼠标左键。
- 在插图窗口中单击，弹出"直线段工具选项"对话框，如图3-15所示。在对话框中的文本框中输入线段的长度和角度的数值。如果选中"线段填色"复选框，则会以当前的填充颜色为线段的填色。设置完成后单击"确定"按钮，即绘制出一条直线段。

> **提示** 绘制直线时，按住Shift键的同时拖动鼠标则直线段将以与水平方向成45°的整数倍速进行旋转。按住Alt键的同时拖动鼠标，则会以开始的位置为中心向两侧绘制。按住"~"键的同时拖动鼠标，则会以开始的位置为原点，绘制出多条直线段，如图3-16所示。

图3-15 "直线段工具选项"对话框

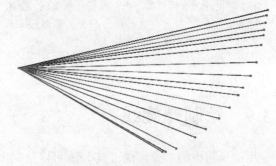

图3-16 绘制多条直线段

3.8 绘制弧线

使用工具箱中的"弧形工具"可以绘制出任意弧线。按住工具箱中的"直线段工具"不放，在弹出的面板中可以找到"弧形工具"。绘制弧线的具体制作步骤如下。

① 单击工具箱中的"弧形工具"，此时指针变成"+"形状，表示可以开始绘制弧线。

② 使用以下任一方法都可绘制出弧线。

- 在插图窗口中按住鼠标左键并拖动，拖动到适合的位置，释放鼠标，得到一条弧线，如图3-17所示。

- 在插图窗口中的任意位置单击，弹出"弧线段工具选项"对话框，如图 3-18 所示。在对话框中设置好各个选项后，单击"确定"按钮即可。

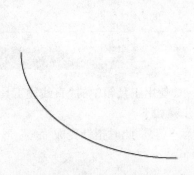

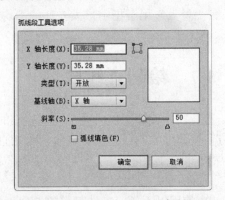

图 3-17　绘制弧线　　　　　　　　图 3-18　"弧线段工具选项"对话框

"弧线段工具选项"对话框中各个选项的作用简要介绍如下。
- X 轴长度：决定弧线水平方向的长度。
- Y 轴长度：决定弧线垂直方向的长度。
- 类型：分为开放路径和闭合路径。
- 基线轴：决定弧线的方向和弧线的斜率，当斜率为 0 时，得到的是直线。

 提示

绘制弧线时，在拖动鼠标的同时按住向上方向键或向下方向键，可以改变弧线的方向和角度。按住 Shift 键的同时拖动鼠标，可以得到水平和垂直方向长度相等的弧线。按住 Alt 键的同时拖动鼠标，则以开始点的位置为中心开始绘制弧线。按住"~"键的同时拖动鼠标，则可以绘制多条弧线段。拖动时按住 C 键则可以绘制出封闭的弧形（即扇形），按住 F 键可以得到与按住 C 键相反的封闭弧形。

3.9　绘制螺旋线

使用工具箱中的"螺旋线工具"可以绘制出任意的螺旋线。按住工具箱中的"直线段工具"不放，在弹出的面板中可以找到"螺旋线工具"。绘制螺旋线的操作方法与绘制弧线基本一致，只不过在插图窗口中单击后弹出的"螺旋线"对话框的设置有所不同，如图 3-19 所示。

"螺旋线"对话框中各个选项的作用简要介绍如下。
- 半径：从中心到螺旋线最外点的距离。
- 衰减：指定螺旋线的每一螺旋相对于上一螺旋应减少的量。
- 段数：指定螺旋线的线段数，螺旋线的每一完整螺旋由 4 条线段组成。
- 样式：用于指定螺旋线的方向。

图 3-19　"螺旋线"对话框

3.10 绘制矩形网格和极坐标网格

使用工具箱中的"矩形网格工具"▦和"极坐标网格工具"⊛可以方便快速地绘制矩形网格和极坐标网格。按住工具箱中的"直线段工具"╱不放，在弹出的面板中可以找到"矩形网格工具"▦和"极坐标网格工具"⊛。

绘制矩形网格的具体操作步骤如下。

① 单击工具箱中的"矩形网格工具"▦，当鼠标变成+形状时，表示可以开始绘制矩形网络。

② 使用以下任一方法都可绘制出矩形网格。

- 在插图窗口中按住鼠标左键并拖动，拖动到适合的位置，释放鼠标左键，即可得到一个矩形网格，如图3-20所示。
- 在插图窗口中的任意位置单击，会弹出"矩形网格工具选项"对话框，如图3-21所示。在对话框中设置好各个选项，单击"确定"按钮即可。

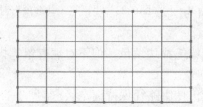
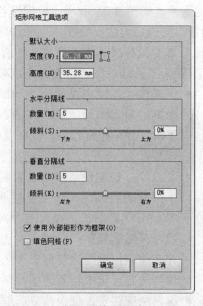

图3-20 绘制矩形网格　　　图3-21 "矩形网格工具选项"对话框

对话框中各个选项的作用如下。

- **默认大小**：决定整个网格的宽度和高度。
- **水平分隔线**：决定在网格顶部和底部之间出现的水平分隔线的数量，倾斜决定水平分隔线从网格顶部或底部倾向于左侧或者是右侧的方式。
- **垂直分隔线**：决定在网格左侧和右侧之间出现的垂直分隔线的数量，倾斜决定垂直分隔线倾向于左侧或者是右侧的方式。
- **使用外部矩形作为框架**：选中此复选框则会以单独矩形对象替换顶部、底部、左侧和右侧线段。
- **填色网格**：选中此复选框则会以当前填充颜色填充网格。

绘制极坐标网格与绘制矩形网格的操作方法基本一致。绘制出的极坐标网格如图3-22所示。

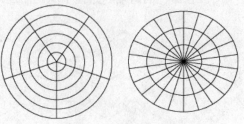

图3-22 绘制极坐标网格

3.11 使用铅笔工具

使用"铅笔工具" 可以手工绘制出开放路径和闭合路径,就像现实生活中用铅笔在纸上自由自在地描绘图形一样,绘制出的路径可以根据需要随时进行修改。

在使用"铅笔工具" 进行绘图的过程中,不能对锚点进行控制。等绘制完成后,可以通过调整锚点来改变图形的外观和形状。锚点的数量是由路径的长度、"铅笔工具选项"对话框中的容差设置及复杂程度决定的。

在进行绘制之前,可以先双击工具箱中的"铅笔工具" ,打开"铅笔工具选项"对话框,设置铅笔工具的选项,如图 3-23 所示。设置好各个选项后,单击"确定"按钮后再进行绘制。这些选项可以控制"铅笔工具" 对鼠标或画板光笔移动的敏感度。

"铅笔工具选项"对话框各个选项的作用如下:

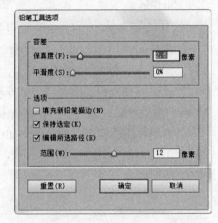

图 3-23 "铅笔工具选项"对话框

- 保真度:控制向路径添加新锚点前移动鼠标或光笔的最远距离。保真度的数值越大,路径越平滑,复杂程度越小。保真度的数值为 0.5~20 像素。
- 平滑度:控制使用铅笔工具时应该的平滑量。平滑度的数值越大,路径越平滑。它的数值为 0%~100%。
- 填充新铅笔描边:选中该复选框将对绘制的铅笔描边填色,但不对现有铅笔描边。因此在绘制铅笔描边前最好先选择一个填色。
- 保持选定:选中该复选框,则绘制完路径后仍使用路径保持选定状态。
- 编辑所选路径:选中该复选框,则可以使用铅笔工具更改现有路径。
- 范围:用于指定鼠标或光笔与现有路径必须达到的距离,才能使用铅笔工具编辑路径。该项只有在选中"编辑所选路径"的复选框后,才可使用。

使用"铅笔工具" 绘图的具体操作步骤如下:

① 单击工具箱中的"铅笔工具" ,当鼠标指针变为 形状时,表示可以开始绘制。

② 在插图窗口中按住鼠标左键进行拖动,绘制自由路径,释放鼠标完成路径的绘制。在绘制图形的时候,会看到一条点线出现在鼠标经过的地方,当绘制完成后,锚点出现在路径的两端和路径中间。图 3-24 所示为自由绘制的图形。

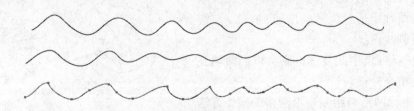

图 3-24 "铅笔工具"自由绘制的图形

如果要绘制闭合的路径,则在开始绘制后,按住 Alt 键不放,此时鼠标指针变成形状,表示正在绘制闭合路径。当图形达到适合的大小和形状时,释放鼠标左键,这时形状自动闭合。如果在"铅笔工具选项"对话框中选中了"编辑所选路径"复选框,还可以使用"铅笔工具"继续向现在的路径添加形状。如果先使用"选择工具"选中两条路径,然后使用"铅笔工具"从一条路径的端点向另一条路径的端点拖动,开始拖动后按住 Ctrl 键,鼠标指针变成形状时,表示正在连接两条路径,拖动到另一条路径的端点后,松开 Ctrl 键,即可连接两条路径的端点使之成为一条路径。

3.12 使用平滑工具和路径橡皮擦工具

3.12.1 使用平滑工具

按住工具箱中的"铅笔工具"不放,在弹出的面板中可以找到"平滑工具"。"平滑工具"可以使路径变得更加平滑。使用"平滑工具"平滑路径的操作方法如下。
① 使用"选择工具"选中要进行平滑的路径。
② 选择工具箱中的"平滑工具"。
③ 沿着要进行平滑的路径拖动鼠标,直到路径达到所需的平滑度才释放鼠标。

 双击工具面板中的"平滑工具",打开"平滑工具选项"对话框,如图 3-25 所示。保真度用于控制向路径添加新锚点前移动鼠标或光笔的最远距离。保真度在 0.5~20 像素,保真度的值越大,路径越平滑,复杂程度越小。平滑度用于控制使用"平滑工具"时应用的平滑量,平滑度为 0%~100%,数值越大,路径越平滑。

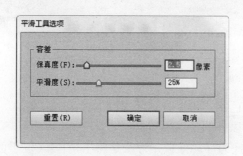

图 3-25 "平滑工具选项"对话框

3.12.2 使用路径橡皮擦工具

按住工具箱中的"铅笔工具"不放,在弹出的面板中可以找到"路径橡皮擦工具",它用于擦除部分路径。使用"路径橡皮擦工具"擦除部分路径的操作步骤如下。
① 选择要进行擦除的路径。
② 单击工具箱中的"路径橡皮擦工具",沿着要擦除的路径线段长度拖动工具(注意不是在路径间)。

 网格和文本是不能使用"路径橡皮擦工具"进行擦除的。

3.13 实例演练

3.13.1 练习使用控制面板

默认情况下，控制面板停放在工作区顶部，未选择对象时，控制面板如图3-26所示。

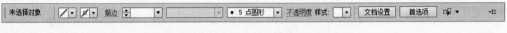

图 3-26　未选择对象时的控制面板

控制面板可以用于快速访问与所选对象相关联的一些信息和选项。例如，当选择了文本对象时，控制面板则会变成如图3-27所示效果。

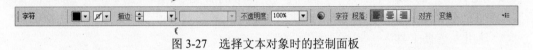

图 3-27　选择文本对象时的控制面板

而当选择路径时，控制面板则会变成如图3-28所示效果。

图 3-28　选择路径时的控制面板

又如，如果选择的是符号实例，则控制面板则会变成如图3-29所示效果。

图 3-29　选择符号实例时的控制面板

从以上例子可以看到，当选择不同对象时，控制面板中会显示出不同的选项或控件。从控制面板中还可以打开和关闭面板或对话框，方法如下。

- 单击带下划线的蓝色文字可以打开其关联面板或对话框。
- 单击面板或对话框以外的任何位置可以将其关闭。

还可以将控制面板转换为浮动面板，方法是将手柄栏（位于面板左边缘）从其当前位置拖走。

3.13.2 练习使用标尺

标尺可以帮助准确定位和度量插图窗口或画板中的对象。在每个标尺上，显示0的位置称为"标尺原点"。Illustrator CS6 为文档和画板分别提供了单独的标尺。文档标尺（也称为"全局标尺"）显示在插图窗口的顶部和左侧，默认的文档标尺原点位于插图窗口的左上角，如图3-30所示。

画板标尺显示在当前所用画板的顶部和左侧，默认画板标尺原点位于画板的左上角，如图3-31所示。

图 3-30　文档标尺

图 3-31　画板标尺

如果要显示或隐藏文档标尺，选择"视图"|"标尺"|"显示标尺"命令或"视图"|"标尺"|"隐藏标尺"命令。如果要显示或隐藏画板标尺，选择"视图"|"标尺"|"显示视频标尺"命令或"视图"|"标尺"|"隐藏视频标尺"命令。

3.13.3　练习使用网格

网格显示在插图窗口中的图稿后面，用于辅助绘图，它是打印不出来的，如图 3-32 所示。如果要使用网格，可以选择"视图"|"显示网格"命令；如果要隐藏网格，则选择"视图"|"隐藏网格"命令。显示与隐藏网格的快捷键是 Ctrl+"。

如果要将对象对齐到网格线，可以选择"视图"|"对齐网格"命令，然后选择要移动的对象，并拖移到所需位置。

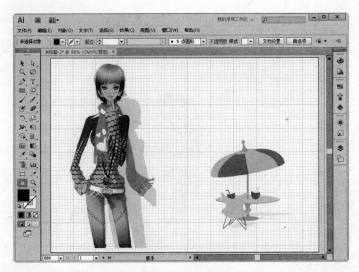

图 3-32　显示网格

3.13.4　练习使用参考线

参考线用于对齐文本和图形对象，是设计者们设计图稿时经常要用到的辅助工具之一。可以创建标尺参考线和参考线对象。和网格一样，参考线也打印不出来。如果要显示或隐藏参考线，可以选择"视图"|"参考线"|"显示/隐藏参考线"命令。如果要锁定参考线，选择"视图"|"参考线"|"锁定参考线"命令。参考线如图 3-33 所示。

图 3-33　使用参考线帮助对齐对象

创建参考线的方法有以下两种。

- 建立标尺参考线：如果未显示标尺，选择"视图"|"标尺"|"显示标尺"命令，然后将指针放在左边标尺上按下并拖动以建立垂直参考线，或者放在顶部标尺上按下并拖动以建立水平参考线。
- 建立参考线对象：在窗口中的路径上右击，从弹出的菜单中选择"建立参考线"命令。如果要删除参考线，可以按 Backspace 键（Windows）或 Delete（Mac OS）键，或者选

择"编辑"|"剪切"命令，或者选择"编辑"|"清除"命令。此外，还可以通过选择"视图"|"参考线"|"清除参考线"命令，删除所有参考线。通过选择参考线并选择"视图"|"参考线"|"释放参考线"命令可以释放参考线，将其恢复为常规的图形对象。

3.13.5 为基本图形设置填色

创建图形后，要对其进行填色，才能使图形更加美观。设置填色的方法也很简单，具体操作如下。

① 使用"选择工具" ，选择要填充的对象，如本例中选择一个椭圆，如图 3-34 所示。
② 单击工具箱底部"填色与描边"控件中的"填色"按钮，如图 3-35 所示。
③ 在随后弹出的"颜色"面板中设置颜色值，如将 CMYK 值分别设置为 0、0、100、0，结果如图 3-36 所示。

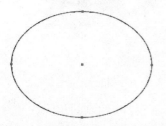

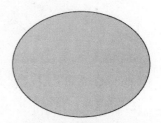

图 3-34　选择对象　　　　　图 3-35　"填色"按钮　　　　　图 3-36　填充效果

3.13.6 为照片添加边框和光晕

下面通过实例"为照片添加边框和光晕"，学习使用"矩形"工具 、"渐变"面板 及"光晕工具" 为照片添加外观效果，具体操作步骤如下。

① 打开照片素材"照片相框及光晕.jpg"，如图 3-37 所示。
② 使用"矩形"工具 绘制一个矩形，比照片稍微大一点。
③ 单击窗口右侧的"渐变"面板图标 ，在弹出的"渐变"面板中将渐变滑块的 CMYK 值分别设置为：100、0、0、0；0、100、0、0；0、0、100、0；64.71、0、100、0，结果如图 3-38 所示。

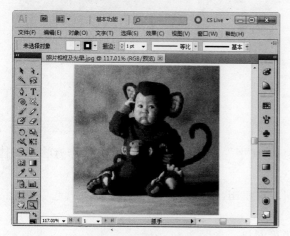

图 3-37　照片素材"照片相框及光晕.jpg"　　　　图 3-38　绘制矩形并填充

> **提示** 有关渐变滑块的颜色设置方法请参考后续章节中有关渐变设置的内容。

④ 右击选中的矩形，然后选择快捷菜单中的"排列"|"置于底层"命令，如图3-39所示。

⑤ 选择工具箱中的"光晕"工具，在窗口中绘制多个光晕，结果如图3-40所示。

图 3-39　将矩形置于底层　　　　　　　　　图 3-40　绘制光晕

⑥ 再次选择"矩形"工具，在工作区绘制一个矩形，大小和第2步绘制的相同。

⑦ 用"选择工具"选择所有对象，或按快捷键Ctrl+A，结果如图3-41所示。

⑧ 右击选中的对象，在弹出菜单中选择"建立剪切蒙版"命令，最终效果如图3-42所示。

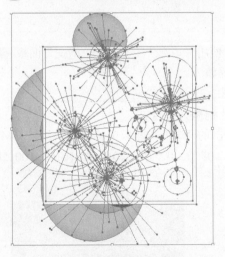 

图 3-41　绘制矩形并选中所有对象　　　　　图 3-42　最终效果

3.13.7　设计小学生课程表

通过本例练习使用"矩形网格工具"、"文字"和"模糊"命令的操作方法。具体操作步骤如下。

① 选择"矩形网格工具"，在插图窗口中单击，在弹出的"矩形网格工具选项"对话框中进行如图3-43所示的设置。

② 单击"确定"按钮，此时窗口出现矩形网格，如图3-44所示。

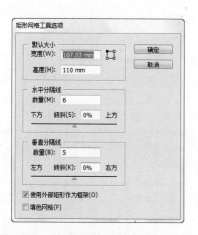

图 3-43　"矩形网格工具选项"对话框　　　　　图 3-44　矩形网格

③ 确定矩形网格处于选中状态。在工具箱下方的"填色与描边"控件中，单击"描边"控件，然后在弹出的"颜色面板"中设置 CMYK 的值分别为 100、0、100、0，在"描边"面板中设置描边粗细为 5pt，结果如图 3-45 所示。

④ 选择"直线段工具" ∕ ，在左上角的第一个网格内画一条直线段。颜色、描边的值与第 3 步一致，结果如图 3-46 所示。

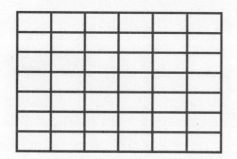
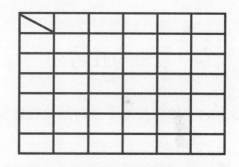

图 3-45　设置描边　　　　　　　　　　　　图 3-46　绘制直线段

⑤ 在窗口中输入文字并调整其位置和颜色，结果如图 3-47 所示。

⑥ 置入背景图片，然后右击置入的图片，在弹出菜单中选择"排列"|"置于底层"命令，将其置于底层并调整其位置，结果如图 3-48 所示。

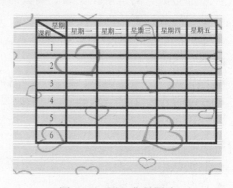

图 3-47　输入文字　　　　　　　　　　　　图 3-48　置入背景图片

⑦ 选择"星形工具" ☆，在窗口中画一个星形，填充颜色，选择"效果"|"模糊"|"高斯模糊"命令，设置半径为 5.0 像素。依照同样的方法，再绘制两个星形。

⑧ 输入文字"课程表"将其调整至适当的位置，结果如图 3-49 所示。

⑨ 在窗口中输入文字"好学乐思 健康成长"，调整其颜色、大小及位置，最终效果如图 3-50 所示。

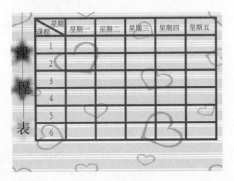

图 3-49　绘制星形

图 3-50　最终效果

提示

> 本例中用到一些后面的知识，如描边、文字输入、滤镜等，可查阅后续章节的具体操作方法。

3.14　疑难与技巧

3.14.1　绘制基本图形时的快捷键技巧汇总

基本图形是设计师们最常用的图形，为了更加快速地绘制基本图形，可以使用 Illustrator CS6 提供的默认快捷键进行操作，下面列出常用的快捷键。

- 直线段：\。
- 矩形、圆角矩形工具：M。
- 椭圆、多边形、星形、螺旋形：L。
- 增加边数、倒角半径及螺旋圈数：↑。
- 减少边数、倒角半径及螺旋圈数：↓。

此外，在绘制时配合使用 Shift 键或 Alt 键可以达到特殊的绘制效果。

■ 按住 Shift 键拖动
- 用于矩形、圆角矩形、椭圆和网格的相等高度和宽度。
- 用于直线段和弧线段的 45°增量。
- 用于多边形、星形和光晕的原方向。

■ 按住 Alt 键拖动
- 从形状中央拖动（多边形、星形和光晕除外）。
- 保持星形边为直线。
- 增加螺旋线长度时，从螺旋线中添加或减少螺旋。

3.14.2 如何控制圆角矩形的圆角大小？

在绘制圆角矩形时，可以根据需要改变圆角矩形圆角的大小。拖动圆角矩形时，按住向左方向键或向右方向键，即可轻松控制圆角矩形的圆角大小。
- 在拖动时按住向上方向键不放，圆角矩形的圆角会增大，直至变成最圆的圆角矩形。
- 在拖动时按住向下方向键不放，圆角矩形的圆角会缩小，直至变成直角矩形。
- 在拖动时按一下向左方向键，圆角矩形立即变成直角矩形；按一下向右方向键，立即变成最圆的圆角矩形。

3.14.3 怎样才能绘制出一个扇形？

在 Illustrator CS6 中没有直接绘制扇形的工具，怎么才能绘制出扇形呢？可以借助于"弧线工具" 和键盘按键组合来完成扇形的绘制。方法是：选择"弧线工具" ，在窗口按住鼠标左键拖动的同时，按下 C 键，此时弧线路径闭合，拖动到合适的大小，释放鼠标即可绘制出一个扇形。

3.14.4 使用平滑工具时，怎样才能增大平滑程度？

"平滑工具" 会使路径变得更加平滑、更有流线美。通过更改平滑工具的平滑度，可以增大或减小平滑程度。操作方法是：双击工具箱中的"平滑工具" ，打开如图 3-25 所示的"平滑工具选项"对话框。在对话框中设置"平滑度"的平滑值，值越大，路径越平滑。

3.14.5 如何绘制指定尺寸的图形？

在绘制图形时，有时可能要绘制一些指定尺寸的图形，其方法也很简单。选择要绘制的图形工具，单击窗口中的任意位置，在弹出的对话框中设置其高度和宽度、半径、边数等的值，然后单击"确定"按钮即可。

3.15 巩固练习

1. 使用本章所介绍的基本绘图工具进行图形绘制。
2. 使用矩形工具和星形工具绘制国旗，并填充颜色。如果要绘制指定大小的图形还需要哪些知识？
3. 练习使用螺旋线工具和其他工具绘制一只蜗牛。
4. 用基本绘图工具绘制如图 3-51 所示的主页图标和放大镜图标。

图 3-51 主页图标和放大镜图标

第 4 章

对象的基本操作

Illustrator CS6 中绘制的矢量图形都是基于路径和锚点的，所以可以通过编辑路径的锚点或曲线的方向线和方向点来改变路径，从而改变其图形的形状。每一个矢量对象都是由最基本的路径和锚点组成的，这些对象组合在一起，便构成了一幅幅生动的图稿。Illustrator CS6 提供了很多种方法来操作对象，包括移动和复制对象、对象的编组、对象的对齐与分布等。掌握这些方法和技巧，熟练操作各种对象，将有助于设计出更好的作品。

- 认识路径和锚点
- 掌握选择对象的基本方法
- 学会移动和复制对象
- 对象的编组
- 对象的对齐和分布
- 按指定间距分布对象

4.1 认识路径和锚点

路径是 Illustrator CS6 中非常重要的一部分,可以通过创建和编辑路径,绘制出令自己满意的矢量图形。路径由锚点、线段、方向线和方向点 4 部分组成,如图 4-1 所示。

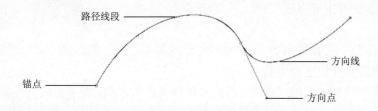

图 4-1 路径的组成

锚点指各个线段末端或中间的控制点,显示为一个空心的小方块,它决定着路径的起始位置与中间的位置。路径线段指两个锚点间的路径部分,所有的路径都是以锚点开始和结束的。路径线段有两种:直线段和曲线段。方向线是指在绘制曲线路径时在锚点两端出现的一条带有控制点(即方向点)的蓝色直线,通过拖动方向点可以调整曲线的弯曲程度和方向。

4.2 对象的基本选择方法

要对对象进行操作,首先应该学会如何选择对象。对象可以进行单一选择,也可以选择多个对象或选择所有对象。选择对象后,即可方便地对对象进行其他操作,如移动、旋转、缩放等。

4.2.1 使用选择工具

选择对象时最常用的工具就是"选择工具" ,使用选择工具的具体方法如下。

① 单击工具箱中的"选择工具" (或按快捷键 V)。
② 如果要选择的是一个对象,则单击该对象即可选中该对象,如图 4-2 所示。
③ 如果要选择的是多个对象,则按住鼠标左键在其周围拖动鼠标,形成一个选框(这叫作"框选"),圈住要选择的多个对象,如图 4-3 所示。

图 4-2 用"选择工具"选择单一对象

图 4-3 用"选择工具"选择多个对象

④ 如果要选择所有对象,则可以按快捷键 Ctrl+A 或选择"选择"|"全部"命令。

4.2.2 使用直接选择工具

"直接选择工具"主要用于选择对象内的锚点或路径线段,它可以选择一个锚点,也可以同时选择多个锚点。其操作方法与"选择工具"的操作方法类似,只是在选中对象的周围没有矩形方框,只显示对象的轮廓,如图 4-4 所示。

用"直接选择工具"选择锚点的具体方法如下。　图 4-4　用"直接选择工具"选择单一对象

① 单击工具箱中的"直接选择工具"。
② 将鼠标指针移动到有锚点的路径上,当鼠标指针变为形状,表示正好位于锚点上方,此时单击即可选中该锚点。选中的锚点由空心方块变为实心方块,锚点被选中后可以用鼠标或键盘上的方向键移动其位置,也可以按 Delete 键或退格键删除。

 提示　按住 Shift 键的同时单击其他锚点即可选择多个锚点,也可以用框选的方法选择多个锚点。

4.2.3 使用套索工具

"套索"就是一个封闭性的选区,最后起点和终点必须是闭合的。使用"套索工具"可以选择多个锚点或路径线段。套索工具的具体使用方法如下。

① 单击工具箱中的"套索工具"或按快捷键 Q。
② 围绕对象或穿越对象拖动鼠标,即可选择所围绕或穿越的对象,如图 4-5 所示。

图 4-5　围绕对象或穿越对象拖动鼠标

4.3　对象的移动与复制

4.3.1 对象的移动

在绘图时经常需要移动对象,以确定其位置,达到设计者构图的目的。如果要移动对象,可以选择下列方法之一。

- 普通移动：使用"选择工具" 或"直接选择工具" 等将要移动的对象选中，然后拖动鼠标或直接按键盘上的方向键即可移动对象。

 提示　如果在移动对象时按住 Shift 键，可限制对象的移动方向，即以 45°的倍数旋转对象。如果按住 Alt 键，可以在移动对象的过程中复制对象。使用键盘上的方向键移动对象时，如果同时按住 Shift 键，可一次移动 10 个像素。

- 精确移动：在选中对象后，双击"选择工具" 或选择"对象"|"变换"|"移动"命令，均可打开"移动"对话框，如图 4-6 所示。在对话框中设置好各个选项后，单击"确定"按钮，可实现精确移动。

图 4-6　"移动"对话框

4.3.2　对象的复制

在对对象进行操作时，可能会用到同样的对象。这时如果重新制作该对象不仅浪费时间，重新制作的对象还可能有偏差，这时可以通过复制对象来快速得到一个完全相同的对象。复制对象的具体操作步骤如下。

① 选中要复制的一个或多个对象。
② 选择"编辑"|"复制"命令或按快捷键 Ctrl+C，将对象复制到剪贴板（也就是系统内存的一块区域中）。
③ 选择"编辑"|"粘贴"命令或按快捷键 Ctrl+V，即可完成对对象的复制，复制得到的对象会出现在插图窗口的中央。

4.4　对象的编组

我们可以对两个或两个以上的对象进行编组，把这些对象作为一个单元同时进行处理，这样便可以同时移动或变换若干个对象，而不会影响其属性和原来的布局，编组的操作步骤如下。

① 选中要编组的多个对象。
② 在插图窗口中右击选中的对象，然后在弹出菜单中选择"编组"命令，如图 4-7 所示。也可以选择"对象"|"编组"命令或按快捷键 Ctrl+G。

图 4-7　选择"编组"命令

如果要取消对象编组，则可以按照以下步骤进行操作。

① 选中要取消编组的对象。
② 在插图窗口中右击选中的对象,然后在弹出的菜单中选择"取消编组"命令，如图 4-8 所示。

图 4-8　取消编组

 提示　也可以选择"对象"|"取消编组"命令或按快捷键 Shift+Ctrl+G 来取消编组。

4.5 对象的对齐与分布

在设计图稿时，经常会需要对图稿中的多个元素进行对齐与分布操作。例如，在制作一些网页按钮时，可能需要使其垂直居中对齐，然后使其间隔距离分布得相等，这样才能看上去整齐有序。

4.5.1 对象的对齐

使用"窗口"|"对齐"命令、"对齐"面板或"控制"面板中的对齐选项，可沿指定的轴对齐所选对象。可以打开光盘中本章的例子文档"对齐练习.ai"练习对象的对齐，如图 4-9 所示。文档中包含几个已经制作好的 Web 按钮，每个都是经过编组的图形，可以作为一个对象进行操作。

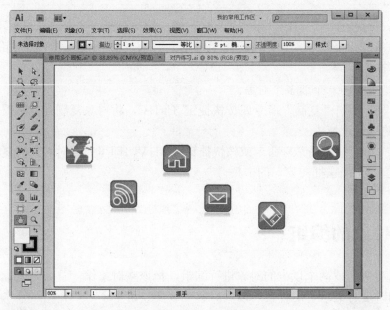

图 4-9 例子文档"对齐练习.ai"

① 选中所要对齐的对象，本例中按快捷键 Ctrl+A 选中所有 Web 按钮。
② 选择"窗口"|"对齐"命令（或按快捷键 Shift+F7，或单击控制面板中的"对齐"按钮），打开"对齐"面板，如图 4-10 所示。
③ 单击"对齐"面板中的"对齐对象"下方的"垂直居中对齐"按钮 ，则发现所选的对象沿垂直方向居中对齐，如图 4-11 所示。

图 4-10 "对齐"面板

图 4-11 垂直居中对齐

4.5.2 对象的分布

对象的分布是指调整多个对象之间的距离，可以沿水平、垂直或两个方向同时调整。上面的例子中，在经过了垂直居中对齐之后可以看到，6 个按钮之间的距离并不平均，下面调整一下它们之间的距离，使其沿水平方向平均分布。

① 选中要调整距离的多个对象，如此处选择经过对齐之后的 6 个 Web 按钮。
② 单击"对齐"面板中的"水平左分布"按钮 ，使 6 个按钮以最左边的按钮为基准，平均调整对象之间的距离，结果如图 4-12 所示。

图 4-12 水平左分布

 提示　在自己进行练习时，可以打乱按钮的位置，然后练习各种对齐和分布按钮的使用，以加深对不同按钮作用的认识。

4.5.3 按指定间距分布对象

如果要在调整分布距离时指定数值，可以单击"对齐"面板右上角的面板按钮，然后在弹出菜单中选择"显示选项"命令，此时在"对齐"面板下方会出现额外的选项，如图 4-13 所示。

接上节的例子，如果要以左起第 3 个 Web 按钮为基准，并指定水平间距为 20px，则可以按以下步骤进行操作。

① 选中要调整分布间距的对象，本例中选中 6 个 Web 按钮。
② 单击"对齐"面板下方出现的额外选项中最右侧的"对齐所选对象"按钮 ，然后在弹出菜单中选择"对齐关键对象"命令。此时按钮左边的文本框变为可用，并且"对齐所选对象"按钮 变为"对齐关键对象"按钮 ，在文本框中输入 20px，如图 4-14 所示。

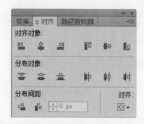　　　　　　

图 4-13 在"对齐"面板下方会出现额外的选项　　图 4-14 按钮左边的文本框变为可用

③ 单击第 3 个 Web 按钮，将其定为关键对象，此时第 3 个 Web 按钮会高亮显示，如图 4-15 所示。

图 4-15 第 3 个 Web 按钮高亮显示

④ 单击"对齐"面板"分布间距"下方的"水平分布间距"按钮，此时 6 个 Web 按钮会以左起第 3 个 Web 按钮为基准水平分布间距，并且将间距调整为指定的 20px，结果如图 4-16 所示。取消选择所有对象后的效果如图 4-17 所示。

图 4-16　按指定的水平分布间距分布对象　　　图 4-17　取消选择所有对象后的 Web 按钮效果

从以上例子可以看出，在对多个对象进行对齐和分布时，Illustrator CS6 提供的对齐和分布功能能够满足设计者所有的需求。灵活而熟练地运用对齐和分布功能，可以在设计时达到事半功倍的效果。

4.6　实例演练

4.6.1　排列网站首页按钮

以例子文档"对齐练习.ai"为例，练习对象的对齐与分布，分别达到以下效果，步骤不再详述。

① 水平左对齐，且以左起第 1 个 Web 按钮为基准，间距为 20px。
② 垂直居中对齐，且以右起第 1 个 Web 按钮为基准，间距为 40px。

4.6.2　查看"图层"面板中的编组

使用"图层"面板，可以方便地查看编组对象的组成。下面以例子文档"对齐练习.ai"为例，练习查看"图层"面板中的编组。

① 单击窗口右侧的"图层"面板图标，或选择"窗口"｜"图层"命令，打开"图层"面板。此时会看到其中只有一个图层 1，如图 4-18 所示。
② 单击"图层 1"左侧的小箭头，将图层 1 展开，可以看到文档中所包含的编组，每个编组对应一个 Web 按钮，如图 4-19 所示。
③ 如果要查看编组中包含的对象，则可以单击编组左侧的小箭头，将其展开，结果如图 4-20 所示。可以看到，编组中还可以包含编组，如果要查看其中包含的内容，可以再将其展开。

图 4-18　打开"图层"面板　　图 4-19　文档中所包含的编组　　图 4-20　查看编组中包含的对象

当创建大型图稿或包含多个对象的图稿时,使用图层和编组来组织对象是非常方便和实用的,特别是当图稿中包含的对象非常多时,使用图层和编组来组织和管理对象无疑是非常明智和有效的方法。

4.7 疑难与技巧

4.7.1 快速切换不同的选择工具

在对对象进行选择操作时,如果用鼠标在工具箱中选择某一种选择工具,会浪费一定的时间和精力,这时可以使用快捷键来快速选择某一种选择工具。例如,"选择工具" 可以通过按 V 键快速选择、"直接选择工具" 可以按 A 键快速选择、"套索工具" 按 Q 键快速选择等。

4.7.2 取消关键对象

在选择了关键对象并进行对齐或分布之后,如果要取消关键对象,可以单击"对齐"面板右上角的面板按钮,然后在弹出的菜单中选择"取消关键对象"命令。

4.8 巩固练习

1. 哪些工具可以用于选择对象?相对应的快捷键是什么?练习使用这些选择工具。
2. 为什么要对对象进行编组?怎样将对象进行编组或取消编组?
3. 对象的分布有哪几种?它们之间的区别是什么?

第 5 章

填色、描边与色彩管理

在 Illustrator CS6 中，使用绘图工具创建了图形对象后，便可以为图形对象进行填充、描边及艺术效果的处理，令图形对象更加生动形象，更加完美。本章将介绍颜色的基本知识，如何对矢量图形进行填色、描边等操作，如何创建与调整渐变，以及如何进行色彩管理等。

- 熟悉各种颜色模式
- 填色和描边
- 填色与描边相关的面板和对话框
- 掌握如何创建与调整渐变
- 使用 Kuler 面板
- 调整对象的颜色

5.1 熟悉各种颜色模式

通常情况下,我们看到的或用来描述颜色的模式有以下几种:RGB 模式、CMYK 模式、HSB 模式、Lab 模式及灰度模式等。下面对几种模式进行简单介绍。

5.1.1 RGB 颜色模式

自然界中的绝大多数光谱都可以表示为红、绿、蓝(即 RGB)三色光在不同比例和强度下的混合。这些颜色重叠,则会产生其他多种颜色。RGB 颜色也叫做加成色。它一般用于照明光、电视和显示器。

在 Illustrator CS6 中,可以使用基于 RGB 颜色模型的 RGB 颜色模式处理颜色值。在 RGB 颜色模式下,每种 RGB 颜色都可使用 0~255 的值。

提示: 在 Illustrator CS6 中还可以使用称为"Web 安全 RGB"的经修改的 RGB 颜色模式,这种模式仅包含适合在 Web 上使用的 RGB 颜色模式。

5.1.2 CMYK 颜色模式

RGB 颜色模式取决于光源来产生颜色,而 CMYK 颜色模式则基于纸张上打印的油墨的光吸收特性。当白色光线照射到透明的油墨上时,油墨会吸收一部分光谱,没有被吸收的颜色则反射回人的眼睛。

混合纯青色(C)、洋红色(M)和黄色(Y)色素可通过吸收产生黑色,或通过相减产生所有颜色。因此这些颜色称为"减色"。添加黑色油墨可以实现更好的阴影密度。这些油墨混合重现颜色的过程称为"四色印刷"。CMYK 是代表青、洋红、黄、黑四种打印专用的油墨颜色。

可以使用 CMYK 颜色模式处理颜色值。在 CMYK 模式下,每种 CMYK 四色油墨可使用 0%~100% 的值。

提示: 如果准备用印刷色油墨打印文档,则使用 CMYK 模式。

5.1.3 HSB 颜色模式

HSB 模型以人类对颜色的感觉为基础,描述了颜色的以下 3 种基本特性。

- 色相(H):反射自物体或投射自物体的颜色。在 0°~360°的标准色轮上,按位置度量色相。在通常情况下,色相以颜色名称来标识,如红色、橙色或绿色。
- 饱和度(S):指颜色的强度或纯度(有时称为色度)。饱和度表示色相中灰色分量所占的比例,它使用 0%(灰色)~100%(完全饱和)的百分比来度量。
- 亮度(B):颜色的相对明暗程度,它使用 0%(黑色)~100%(白色)的百分比来度量。

5.1.4 Lab 颜色模式

Lab 颜色模式基于人对颜色的感觉。Lab 中的数值描述正常视力的人所能看到的所有颜色。因为 Lab 描述的是颜色的显示方式，而不是设备生产颜色所需的特定色料的数量，所以 Lab 被视为与设备无关的颜色模式。色彩管理系统使用 Lab 作为色标，将颜色从一个色彩空间转换到另一个色彩空间。

提示 在 Illustrator CS6 中，可以使用 Lab 模型创建、显示和输出专色色板，但不能以 Lab 模式创建文档。

5.1.5 灰度模式

灰度使用黑色调表示物体。每个灰度对象都具有 0%（白色）～100%（黑色）的亮度值。使用黑白或灰度扫描仪的图像通常以灰度显示。使用灰度还可以将彩色图稿转换为高质量的黑白图稿，在这种情况下，Illustrator CS6 放弃原始图稿中的所有颜色信息；转换对象的灰色级别（阴影）表示原始对象的明度。将灰度对象转换为 RGB 对象时，每个对象的颜色值代表对象之前的灰度值。也可以将灰度对象转换为 CMYK 对象。

5.1.6 更改文档的颜色模式

在 Illustrator CS6 中新建文档时，可以选择 RGB 颜色模式或 CMYK 模式。此外，对于创建完毕的文档也可以在这两种颜色模式之间进行转换，方法是选择"文件"|"文档颜色模式"命令，然后在子菜单中选择一种颜色模式即可。

5.2 填色

填色是指为选中的图形填充颜色、图案或渐变，可以应用于开放或者封闭路径，也可以用于"实时上色"组的表面。下面通过实例介绍如何为图形填充颜色、图案或渐变。练习过程中涉及的对话框、面板等将在后续章节中详细介绍。

5.2.1 填充颜色

为图形填充颜色的方法有很多种，可以使用工具箱中的填色控制，或者使用"色板"面板，以及"颜色"面板等。下面通过实例来练习这几种方法。

打开光盘中本章的例子文档"填色.ai"，如图 5-1 所示，文档中已经包含两组图形，左边的是已经完成填色的图形，右边的是待填色的图形。我们可以对照左边的图形完成右边图形的填色，也可以自己挑选喜欢的颜色来填充图形。

(1) 单击工具箱中的"选择工具" ，然后选中如图 5-2 所示的形状。

注意 要单击路径线段（即黑色的路径）才能选中。选中后可以看到四周出现了边界及小的方形控点。在填色时用不到边界和控点，可以选择"视图"|"隐藏定界框"命令暂时将边界隐藏。定界框是用于移动和调整对象大小的边框，此处暂时用不到。

第 5 章 | 填色、描边与色彩管理

图 5-1 例子文档"填色.ai"

图 5-2 选中图形

② 选择"窗口"|"颜色"命令，或者单击窗口右侧的"颜色"面板图标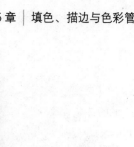，打开"颜色"面板。

③ 在"颜色"面板中为选中的图形选择一种颜色，如图 5-3 所示。

 提示　单击"颜色"面板中的颜色值文本框可以直接输入颜色值。

④ 下面换一种方法进行填色。使用"选择工具"选中如图 5-4 所示的形状。双击工具箱底部的"填色"图标（图 5-5），打开"拾色器"对话框。

图 5-3 在"颜色"面板中选择一种颜色

图 5-4 选中形状

图 5-5 双击填色图标

⑤ 在"拾色器"对话框设置颜色的 CMYK 值分别为 3、17、57、0，如图 5-6 所示。设置完毕，单击"确定"按钮，此时该形状的填色效果如图 5-7 所示。

63

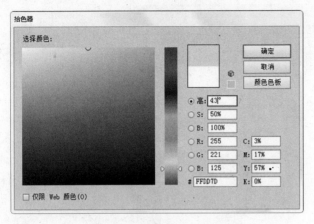
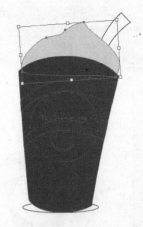

图 5-6 "拾色器"对话框　　　　　　图 5-7 形状的填色效果

⑥ 下面再练习用另外一种方法填色。使用"选择工具"选中如图 5-8 所示的形状。

⑦ 选择"窗口"|"色板"命令，或者单击窗口右侧的"色板"面板图标，打开"色板"面板。

⑧ 单击"色板"面板中的一种青色色板，如图 5-9 所示。

⑨ 用类似的方法可以为其余的形状着色，并且可以根据需要选择自己最习惯使用的方法和最喜爱的颜色。完成填色后，按 Ctrl+A 键选中所有对象，单击工具箱中的"描边"按钮，然后单击"无"按钮，将所有对象的描边设置为无，如图 5-10 所示。完成填色后的效果如图 5-11 所示。

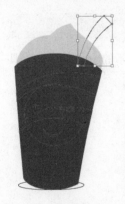 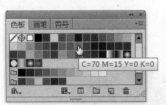 

图 5-8 选中该形状　　图 5-9 "颜色"面板　　图 5-10 将描边设置为无　　图 5-11 完成填色后的效果

5.2.2 填充图案

使用"色板"面板可以为图形填充图案。下面通过实例介绍具体操作方法。

打开光盘中本章的例子文档"图案.ai"，如图 5-12 所示。文档中包含一个人物图形，其中除了毛衣其余部分都已经锁定，我们将使用毛衣图形练习图案填充。

① 使用"选择工具"单击毛衣图形将其选中。确认工具箱底部的填色与描边控制区内"填色"按钮在上，"描边"按钮在下。

② 选择"窗口"|"色板"命令，或者单击窗口右侧的"色板"面板图标■，打开"色板"面板。

③ 单击"色板"面板右上角的面板图标■，打开面板菜单，然后选择"打开色板库"|"图案"|"装饰"|"Vonster 图案"命令，打开"Vonster 图案"色板库面板。

④ 单击"Vonster 图案"色板库面板中的图案"植物"，结果如图 5-13 所示。

图 5-12　例子文档"图案.ai"

图 5-13　单击图案"植物"

⑤ 试着更换其他图案，可以得到不同的外观，效果如图 5-14 所示。

图 5-14　更换其他图案得到不同的外观

5.2.3　填充渐变

使用"渐变"面板可以创建或修改渐变，结合"渐变工具"■、"颜色"面板，或者使用"色板"面板，可以为图形填充渐变颜色。下面通过实例介绍具体操作方法。

打开光盘中本章的例子文档"渐变.ai"，如图 5-15 所示，文档中包含油漆和滚筒图形，都已经填色。我们的目标是将涂在墙面上的油漆由纯色改为。渐变色，除了纯油漆色块之外的对象都已经锁定。

① 使用"选择工具"■选中青色的油漆色块。

② 确认工具箱底部的填色与描边控制区内填色在上，描边在下。

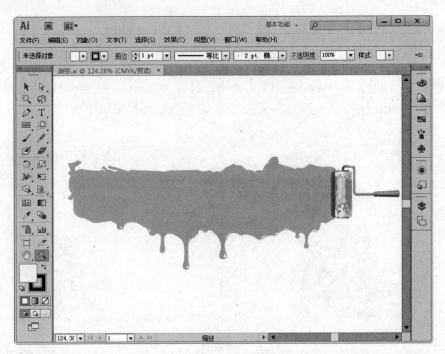

图 5-15　例子文档"渐变.ai"

(3) 选择"窗口"｜"渐变"命令，或者单击窗口右侧的"渐变"面板图标，打开"渐变"面板。

(4) 双击"渐变"面板中渐变滑块的最左端，此时会在左右两侧各出现一个色标，并弹出渐变颜色选项对话框。

(5) 在渐变颜色选项对话框中输入颜色值，如图 5-16 所示。

(6) 双击最右侧的色标，并输入颜色值，如图 5-17 所示。

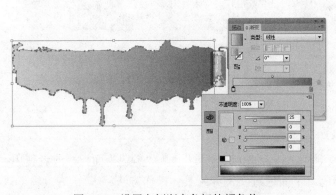

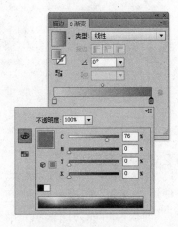

图 5-16　设置左侧渐变色标的颜色值　　　　图 5-17　双击最右侧的色标并输入颜色值

(7) 单击渐变滑块上方的中点（空心菱形），选中后会变为实心，然后在位置中输入值 23.4%，如图 5-18 所示。

(8) 修改完毕，单击工具箱中的"选择工具"，然后在画板的空白处单击以取消选择对象，可以看到填充渐变色后的油漆色块如图 5-19 所示。

第 5 章 | 填色、描边与色彩管理

图 5-18　修改中点位置

图 5-19　填充渐变色后的油漆色块

5.3　练习描边

"描边"是指图形对象的可见轮廓或"实时上色"组的边。在 Illustrator CS6 中可以控制描边的宽度和颜色，也可以使用虚线来描边，或者使用画笔来创建风格各异的描边。下面通过实例介绍具体操作方法。

打开光盘中本章的例子文档"描边.ai"，如图 5-20 所示。这是一个备忘录图形，文档中已经有一个图形轮廓，我们将为这个轮廓设置描边。

① 使用"选择工具"单击备忘录外部的路径将其选中，如图 5-21 所示。

图 5-20　例子文档"描边.ai"

图 5-21　选中路径

② 选择"窗口"|"描边"命令，或者单击窗口右侧的"描边"面板图标，打开"描边"面板。

③ 单击"粗细"右侧的下拉按钮，将粗细改为 10pt，限制改为 4 倍，如图 5-22 所示。现在轮廓变为如图 5-23 所示的效果。

提示　　如果"描边"面板中没有显示下方更多的选项，则单击"描边"面板右上角的面板按钮，然后从弹出菜单中选择"显示选项"命令。

67

图 5-22　设置描边粗细

图 5-23　改变描边粗细后的效果

④ 保持图形的选中状态，分别单击"边角"右侧的三个按钮　，并观察图形中路径角点连接处的变化，效果如图 5-24 所示。

图 5-24　观察图形中路径角点连接处的变化

⑤ 选中"虚线"复选框，则图形的描边变成如图 5-25 所示效果。

⑥ 在第二个输入框"间隙"中输入数值 25，并查看描边的变化，发现虚线间的间隙增大了。

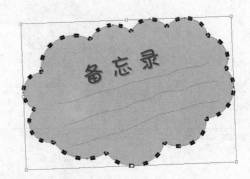

图 5-25　设置为虚线描边及增大虚线间隙效果

⑦ 单击"虚线"复选框取消虚线效果，下面练习为描边应用画笔样式。选择"窗口"|"画笔"命令，或者单击窗口右侧的"画笔"面板图标　，打开"画笔"面板，如图 5-26 所示。

⑧ 单击一种画笔样式，应用到所选的路径。例如，此处单击"16 点星形"，可以得到如图 5-27 所示的描边效果。

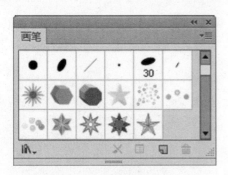

图 5-26 "画笔"面板

图 5-27 应用"16 点星形"画笔样式

⑨ 下面再尝试应用其他的画笔样式。单击"画笔"面板左下角的"画笔库菜单"按钮 ，从弹出的菜单中选择"装饰"|"装饰_散布"命令，然后从新打开的面板中找一种边框样式并单击，如"气泡"，如图 5-28 所示。应用边框样式后的备忘录图形如图 5-29 所示。

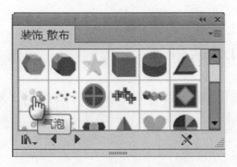

图 5-28 "装饰_散布"面板

图 5-29 边框效果

⑩ 保持路径的选中状态，单击控制面板中的画笔样式右侧下拉按钮，然后单击弹出的浮动面板下方的"所选对象的选项"按钮 ，如图 5-30 所示。

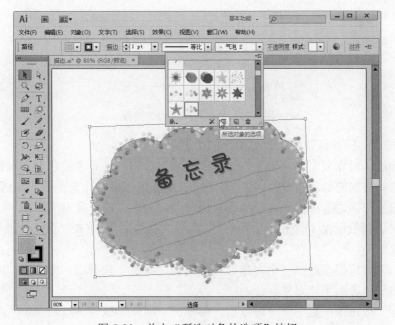

图 5-30 单击"所选对象的选项"按钮

⑪ 在随后弹出的"描边选项"对话框中可以设置有关使用图案画笔描边的多个选项,这里做如图 5-31 所示的设置,并单击"确定"按钮,得到如图 5-32 所示的描边效果。

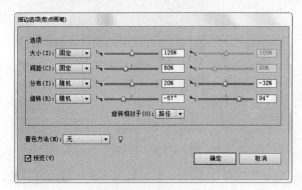

图 5-31　设置描边选项

图 5-32　最终效果

5.4　填色与描边相关的面板和对话框

上节通过实例讲解了在 Illustrator CS6 中如何对图形进行填色和描边,其中涉及一些填色与描边相关的面板和对话框,为了能够更熟练地掌握这些面板和对话框的使用方法,下面将对其进行一一介绍。

5.4.1　工具箱中的填色与描边控制

工具箱的底部有"填色"与"描边"按钮,如图 5-33 所示。使用这些控件可以方便地设置填色、描边的各种属性。

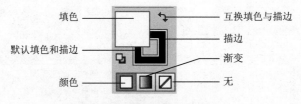

图 5-33　"填色与描边"控件

"填色与描边"控制按钮的具体使用方法如下:

- 选择颜色:可以双击"填色"按钮或"描边"按钮,打开"拾色器"对话框,在对话框中选择喜欢的颜色。"拾色器"对话框的用法将在后面相关小节中详细介绍。
- 切换填色与描边:单击"互换填色与描边"按钮,或按快捷键 X。
- 返回默认颜色设置(即白色为填充色、黑色为描边色):单击"默认填色和描边"按钮或快捷键 D。
- "颜色"按钮▇:选中一个对象后,再单击"颜色"按钮▇,则会将"颜色"按钮中现有的颜色应用于该对象。
- "渐变"按钮▇:选中一个对象后,再单击"渐变"按钮▇,则会将"渐变"按钮中现有的渐变颜色应用于该对象。

- "无"按钮：单击此按钮，则会取消当前选中对象的描边或填色。

5.4.2 色板面板

使用"色板"面板可以控制所有文档的颜色、渐变以及图案，用它可以方便快速地为对象应用色板、管理色板和打开来自其他 Illustrator CS6 文档和各种颜色系统的色板库。

① 选择"窗口"|"色板"命令，即可打开"色板"面板（也可以直接单击窗口右侧的"色板"面板图标），如图 5-34 所示。

② 如果要使用某一色板，则直接单击该色板即可。

③ 如果要切换面板的视图方式，则单击"色板"面板右上角的面板按钮，打开面板菜单，然后选择一种视图方式。在面板菜单中共有 5 种视图方式可供选择：小缩览图视图、中缩览图视图、大缩览图视图、小列表视图和大列表视图，这些视图下的"色板"面板如图 5-35 所示。

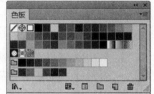

图 5-34 "色板"面板

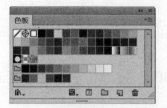

小缩览图视图

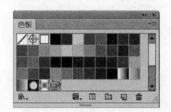

中缩览图视图

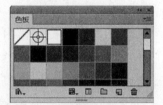

大缩览图视图

小列表视图

大列表视图

图 5-35 "色板"面板中的视图方式

5.4.3 颜色面板

使用"颜色"面板可以将颜色应用于对象的填充和描边，当然还可以编辑和混合颜色。"颜色"面板可使用不同颜色模型来显示颜色值。通常情况下，"颜色"面板中只显示最常用的选项。

选择"窗口"|"颜色"命令，弹出"颜色"面板，如图 5-36 所示。

单击"颜色"面板右上角的面板按钮，可弹出面板菜单，如图 5-37 所示。

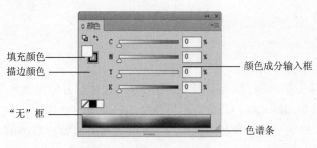

图 5-36 "颜色"面板   图 5-37 "颜色面板"菜单

"面板"菜单具体作用如下。

- 选择颜色模式:在面板菜单中可以选择要使用的颜色模式。选择颜色模式后,可以在"颜色"面板中拖动滑块或在颜色文本框中输入颜色值,也可以在颜色滑块上直接单击以选择一种颜色。如果单击"无"框 ,则不会选择任何颜色。

> **提示**　在这里选择的颜色模式只影响"颜色"面板中的颜色显示,跟文档的颜色模式无关,所以不会更改文档的颜色模式。

- 反相:反相是将颜色的每种成分,更改为颜色标度上的相反值。例如,RGB 颜色的 R 值为 150,反相命令将把 R 更改为 105(255-150)。
- 补色:将颜色的每种成分更改为基于所选颜色的最高 RGB 和最低 RGB 值总和的新值。

5.4.4 颜色参考面板

创建图稿时,可以使用"颜色参考"面板协调图稿中的颜色,继而激发创作灵感。"颜色参考"面板会基于工具箱中的当前颜色建议协调颜色。单击窗口右侧的"颜色参考"面板图标 或选择"窗口"|"颜色参考"命令,弹出"颜色参考"面板,如图 5-38 所示。

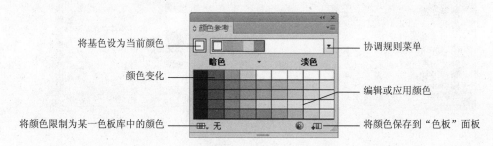

图 5-38 "颜色参考"面板

5.4.5 "拾色器"对话框

在"拾色器"对话框中,可以通过选择色域和色谱、定义颜色值或单击色板的方式,选择对象的填充颜色或描边颜色。双击工具箱底部的"填色"或"描边"按钮,均可弹出如图 5-39 所示的"拾色器"对话框。

在"拾色器"对话框中,可以通过在色域中单击、拖动色谱滑块,或在右侧的文本框中输入颜色值选择颜色。如果要使用 Web 安全颜色,则需要选中"拾色器"对话框左下方的复选框,此时色域中会显示如图 5-40 所示的 Web 安全颜色。

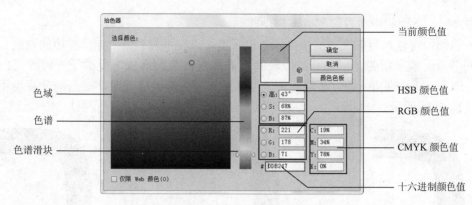

图 5-39 "拾色器"对话框

单击"拾色器"对话框中的"颜色色板"按钮,则会出现如图 5-41 所示的"颜色色板"对话框。在对话框中可以根据需要选取一种色板。单击"颜色模型"按钮,则会返回如图 5-39 所示的"拾色器"对话框。

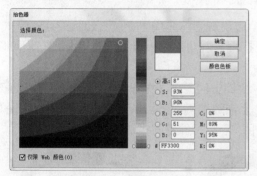

图 5-40 Web 安全颜色

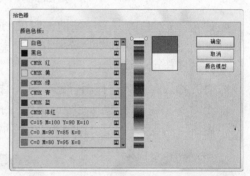

图 5-41 "颜色色板"区域

5.4.6 "描边"面板

"描边"面板决定线段是实线还是虚线、描边的粗细、斜接限制、线段连接和线段端点的样式以及虚线的次序等。通过在"描边"面板中进行一些选项设置,可以得到许多不同的描边效果。单击窗口右侧的"描边"面板图标 或选择"窗口"|"描边"命令,可以打开"描边"面板,如图 5-42 所示。

通常情况下,"描边"面板只显示以上选项,单击"描边"面板右上角的面板按钮 ,在弹出的面板菜单中选择"显示选项"命令,将其他选项显示出来,如图 5-43 所示。

图 5-42 "描边"面板

图 5-43 显示出其他选项

在"描边"面板中可以设置以下选项。
- 粗细：可以在粗细文本框中输入数值，也可以在下拉列表中选择描边的宽度。
- 端点：端点指的是一条开放线段两端的端点。在此面板中提供了三种样式：平头端点、圆头端点和方头端点。当选择不同的端点样式时，端点的外观也不同，如图 5-44 所示。

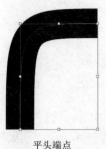  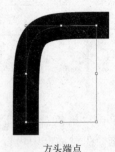

平头端点　　　　　　　　　圆头端点　　　　　　　　　方头端点

图 5-44　三种端点样式的不同外观

- 边角：直线段改变方向的地方叫做"连接"，边角右侧的选项用于改变边角的连接方式。在斜接限制的右侧有三个按钮，即斜接连接、圆角连接和斜角连接，它们可以控制线段的连接样式。
- 对齐描边：只有选择闭合路径时，"描边"面板中的三个"对齐"按钮才是可见的。三个对齐按钮分别是：使描边居中对齐、使描边内侧对齐以及使描边外侧对齐。图 5-45 所示为同一个粗细为 20pt 的圆角矩形应用三种不同描边对齐方式时的外观。

使描边居中对齐　　　　　　　使描边内侧对齐　　　　　　　使描边外侧对齐

图 5-45　三种不同描边对齐方式的外观

- 虚线：选择一条路径后，单击"虚线"复选框可以创建虚线。图 5-46 所示为选择路径和"虚线"复选框后的效果。

选择"虚线"复选框前　　　　　　　　　　选择"虚线"复选框后

图 5-46　使用"虚线"复选框的效果

- 箭头：从右侧的两个下拉列表中可以分别选择不同形状的路径起点箭头和路径终点箭头。如果将路径起点箭头和路径终点箭头进行互换，则单击最右侧的"互换箭头起始处和结束处"按钮 。
- 缩放：在右侧的两个输入框中可以分别设置路径起点箭头和路径终点箭头的缩放比例。如果要在调整缩放比例时让起点箭头和终点箭头同时按一定的比例进行缩放，则可以按下右侧的"链接箭头起始处和结束处缩放"按钮 。
- 对齐：在右侧可以选择箭头的对齐方式。
- 配置文件：在右侧列表中可以选择一种预设的描边宽度配置文件，以创建特殊的描边效果。

5.4.7 渐变面板

"渐变"面板主要用于添加和修改渐变，选择"窗口"|"渐变"命令或单击窗口右侧的"渐变"面板图标 可以打开或关闭"渐变"面板。

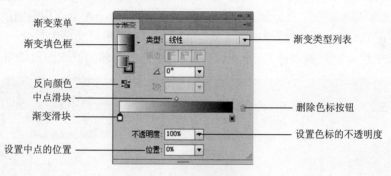

图 5-47　"渐变"面板

5.5　渐变详解

渐变是设计图稿时经常用到的一种修饰方法，普通的文字、图形加上渐变的颜色，会更加绚丽夺目。本节详细介绍渐变的创建与修改，以及如何对单个对象应用渐变和对多个对象应用渐变。

5.5.1 创建或修改渐变

创建或修改渐变的具体操作步骤如下。

① 如果要创建新渐变，则单击工具箱中底部的"渐变"按钮 。如果要修改渐变，则先选中要修改渐变的对象，或在"色板"面板中选中要修改的预设渐变。

② 在"渐变"面板中，单击"类型"右侧的下拉按钮，在下拉列表中选择一种渐变类型："线性"或"径向"。

③ 如果选择了"线性"渐变，则在"角度"输入框中输入数值设置渐变方向的角度。

④ 使用渐变滑块下方的色标设置渐变颜色。

提示 "色标"是指渐变从一种颜色到另一种颜色的转换点,可以单击没有色标的地方创建新色标,也可以拖动已有色标改变其位置。色标的颜色可以在"颜色"面板中进行修改。如果是径向渐变,则最左边的渐变滑块定义的是中心点的填色,此填色是从这个中心点向外辐射过渡到最右边的渐变滑块的颜色。

⑤ 如果要反转渐变中的颜色,则单击"渐变"面板中的"反向渐变"按钮 。
⑥ 拖动渐变滑块上方的菱形渐变色标中点,可以调整两个色标之间的颜色。

提示 当选中一个色标中点时,在"位置"输入框中可以输入数值精确控制色标中点的位置。

⑦ 如果要删除多余的色标,可以将色标拖放到"渐变"面板之外。

5.5.2 对单个对象应用渐变

选中一个对象后,可以单击"渐变填色框"为其应用渐变。如果要改变渐变的方向,可以使用工具箱中的"渐变工具" 。下面通过实例介绍对单个对象应用渐变的具体操作步骤。

① 打开光盘中的例子文档"渐变1.ai",如图5-48所示。文档中包含一个企鹅图形,其中除了肚皮之外的路径都已经锁定,我们将使用企鹅的肚皮图形练习填充渐变。

图5-48 例子文档"渐变1.ai"

② 使用"选择工具" 选中要填充渐变的图形,如图5-49所示。
③ 选择"窗口"|"渐变"命令,或者单击右侧的"渐变"面板图标 ,打开"渐变"面板。
④ 使用前面介绍过的方法调整渐变色。渐变色采用白色到浅蓝色的渐变色。
⑤ 单击工具箱中的"渐变工具" (快捷键为"G"),将指针定位到渐变起点,然后向要对渐变进行上色的方向拖动,如图5-50所示。

图 5-49　选中要填充渐变的图形

图 5-50　改变渐变方向

⑥ 当到达渐变终点时，释放鼠标。

5.5.3　对多个对象应用渐变

如果要对多个对象同时应用渐变，可以按照以下步骤进行操作。

① 使用"选择工具"选中所有想要填充的对象。
② 选择工具箱中的"渐变工具"，然后根据需要执行下列操作之一：

- 如果要使用一个渐变滑块创建渐变，则单击想要开始渐变的画板，然后拖移到想要渐变结束的地方。
- 如果要使用每个选定对象的渐变滑块来创建渐变，则单击想要开始渐变的画板，然后按住"Alt"键拖移到想要渐变结束的地方。然后可以调整各个对象的渐变滑块。（多渐变滑块仅用于简单路径。）

下面通过一个简单的例子来说明如何对多个对象应用渐变。

① 打开光盘中本章的例子文档"渐变 2.ai"，如图 5-51 所示。文档中包含了 5 个整齐排列的圆角矩形，每个都填充了相同的蓝色，我们接下来将同时对这 5 个圆角矩形应用渐变。
② 使用"选择工具"选中所有 5 个圆角矩形。
③ 选择"窗口"|"渐变"命令，或者单击窗口右侧的"渐变"面板图标，打开"渐变"面板。
④ 在渐变滑块左侧单击，添加一个色标，同时右侧也出现一个色标，默认出现的是黑白渐变。
⑤ 双击左侧的色标，显示出渐变色选项对话框，将色标的颜色指定为如图 5-52 所示的颜色。
⑥ 双击右侧的色标，显示出渐变色选项对话框，将色标的颜色指定为如图 5-53 所示的颜色。
⑦ 选择工具箱中的"渐变工具"，从选中图形的左上方开始按下左键拖移到右下方，如图 5-54 所示。

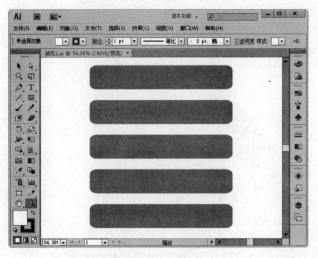

图 5-51 例子文档"渐变 2.ai"

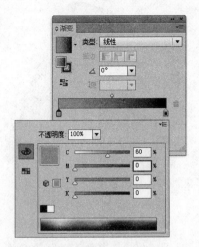

图 5-52 修改左侧色标的颜色

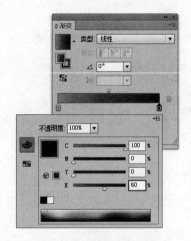

图 5-53 修改右侧色标的颜色

图 5-54 使用"渐变工具"改变渐变色的方向

⑧ 完成后释放鼠标左键,完成对多个对象渐变色方向的调整。

5.5.4 调整渐变的方向、半径或原点

通过上面的例子我们可以看到,使用渐变填充了对象后,仍可以使用"渐变工具"来修改渐变。"渐变工具"能够"绘制"新的填充路径,而且使用填充路径可以更改渐变的方向、渐变的原点以及起点和终点。下面介绍使用"渐变工具"调整渐变的方向、半径或原点的具体操作步骤。

① 使用"选择工具"选中文档中的渐变填充对象。

② 选择工具箱中的"渐变工具",然后执行以下任一操作:

- 如果要更改线性渐变的方向,则单击想要渐变开始的位置,然后向想要渐变显示的方向拖移。或者可以将"渐变工具"放在对象中的渐变滑块上,当光标变为旋转图标(图 5-55)时,通过拖动来设置渐变的角度。也可以在"渐变"面板的"角度"框中输入一个新的数值来更改渐变的方向,如图 5-56 所示。

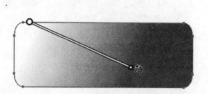

图 5-55　光标变为旋转图标　　　　　图 5-56　在"角度"框中输入数值更改渐变的方向

- 如果要更改径向渐变或椭圆渐变的半径,则将"渐变工具"放在对象中的渐变滑块的箭头上,然后通过拖动来设置半径,如图 5-57 所示。
- 如果要更改渐变的原点,则将"渐变工具"放在对象中的渐变滑块的起点,然后将它拖到所需的位置,如图 5-58 所示。

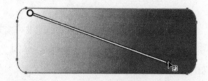

图 5-57　通过拖动渐变滑块的箭头来设置半径　　图 5-58　拖动渐变滑块的起点以更改渐变的原点

- 如果要同时更改半径和角度,则先拖动终点,开始拖动后按住"Alt"键,将其拖移到新位置。

5.5.5　创建椭圆渐变

椭圆渐变是 Illustrator 从 CS4 版本起在径向渐变的基础上新增的一个功能,即所创建的径向渐变可以通过在"渐变"面板中调整长宽比变为椭圆形。具体方法是在创建了径向渐变后,在"渐变"面板中的"长宽比"图标右侧文本框中输入一个长宽比例数值,如 5-59 所示。

图 5-59　输入椭圆渐变的长宽比

提示　　这里的长宽比是指椭圆渐变长轴和短轴的长度之比。例如,如果长宽比数值为 60%,则意味着此椭圆形渐变的长轴和短轴之比为 10:6。

5.6 使用 Kuler 面板

使用 Kuler 面板可以快速浏览在线设计人员社区所创建的大量颜色组和主题,并下载其中一些主题进行编辑或将其包括在自己的图稿中。还可以通过上载主题,与 Kuler 社区中的其他朋友分享。

5.6.1 Kuler 面板概述

Kuler 是一个基于网络的应用,它提供免费的色彩主题,可以在任何作品上使用它们,并且不会有版权问题。在 Kuler 上出现的颜色主题是由整个 Kuler 社区来发布并维护的。颜色主题从建立、存储到发布,可以开放给 Kuler 中的其他用户。在这个模块中,其他用户可以参与添加主题的信息,包括作者、标题、不同的标签以及更多其他信息。

5.6.2 打开 Kuler 面板

Kuler 面板是访问由在线设计人员社区所创建的颜色组及主题的入口。选择"窗口"|"扩展功能"|"Kuler"命令,可以打开"Kuler"面板,如图 5-60 所示。

5.6.3 搜索在线 Kuler 主题

在"搜索"框中输入主题的名称、标签或创建者,然后按 Enter 键,即可在线搜索相关主题。注意,在输入时只能使用字母字符和数字字符。例如,可以输入"summer"并按 Enter 键,即可显示出与"summer"相关的一些颜色主题,如图 5-61 所示。

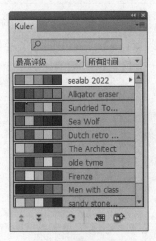

图 5-60 Kuler 面板

图 5-61 显示出与"summer"相关的一些颜色主题

如果要使用搜索到的在线主题,则在搜索的结果中选择要使用的主题,然后单击主题右侧的右三角按钮,并选择菜单中的"添加到'色板'面板"命令,此时该主题将出现在"色板"面板中。如果要查看该主题的详细信息,则可以选择菜单中的"在 Kuler 中在线查看"命令,此时会打开浏览器并显示主题的相关信息。

5.7 调整对象的颜色

在使用 Illustrator CS6 设计图稿的过程中,大多数时候要与颜色打交道。Illustrator CS6 提供了多种方法来调整对象的颜色,如可以将超出色域的颜色转换为可打印颜色以免无法打印,或者使用 Web 安全颜色以免显示器无法正常显示某些颜色,还可以根据需要在包含多个填色对象的组中创建一系列中间色等。

5.7.1 将超出色域的颜色转为可打印颜色

由于 RGB 和 HSB 颜色模型中的一些颜色(如霓虹色)在 CMYK 模型中没有等同的颜色,因此无法打印这些颜色。如果选择超出色域的颜色,则在"颜色"面板或拾色器中会出现一个警告三角形▲,如图 5-62 所示。

此时如果要将其转换为可打印的颜色,则单击三角形将颜色转换为最接近 CMYK 的对等色。

5.7.2 使用 Web 安全颜色

Web 安全颜色是所有浏览器使用的 216 种颜色,与平台无关。如果选择的颜色不是 Web 安全颜色,则在"颜色"面板、拾色器或使用"编辑"|"编辑颜色"|"重新着色图稿"命令弹出的对话框中会出现一个警告方块◉,如图 5-63 所示。单击方块即可将当前颜色其转换为最接近的 Web 安全颜色。

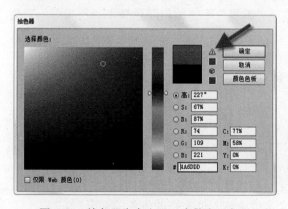

图 5-62　拾色器中会出现一个警告三角形

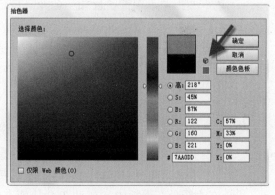

图 5-63　警告方块

5.7.3 混合颜色

"混合"命令根据对象的垂直或水平方向或者堆栈顺序,从包含三个或更多填色对象的组中创建一系列中间色。

- 如果要将最前和最后填色对象间的渐变混合为中间对象填色,可以选择"编辑"|"编辑颜色"|"前后混合"命令。

- 如果要用最左和最右填色对象间的渐变混合为中间对象填色，可以选择"编辑"|"编辑颜色"|"水平混合"命令。
- 如果要用最顶和最底填色对象间的渐变混合为中间对象填色，可以选择"编辑"|"编辑颜色"|"垂直混合"命令。

提示　混合操作不会影响描边或未绘制的对象。

例如，如果将红色、白色、黄色的矩形按顺序堆叠，选择"编辑"|"编辑颜色"|"前后混合"命令后，白色的矩形会成为橙色，即红色和黄色的混合，但描边颜色不会发生变化，如图 5-64 所示。

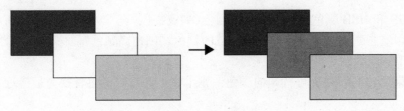

图 5-64　前后混合

5.7.4　使用反色或补色

有时需要使用反色或补色，可以分别按照以下方法来应用。

- 反色：反色是指将颜色的每种成分更改为颜色标度上的相反值。例如，RGB 颜色的 R 值为 150，反相命令将把 R 更改为 105（255-150）。选中要更改的颜色，然后选择"颜色"面板菜单中的"反相"命令（或选择"编辑"|"编辑颜色"|"反相颜色"菜单命令）即可应用反色。
- 补色：是指将颜色的每种成分更改为基于所选颜色的最高 RGB 和最低 RGB 值总和的新值。选中要更改的颜色，然后选择"颜色"面板菜单中的"补色"命令即可应用补色。

5.7.5　更改颜色色调

如果要更改颜色色调，可以按照以下步骤进行操作。

① 在"色板"面板中选择全局印刷色或专色，或者选择应用了全局印刷色或专色的对象。
② 在"颜色"面板中，拖动 T 滑块或在文本框中输入值来修改颜色的强度。

提示　色调范围从 0%到 100%；值越小，色调越亮。如果看不到 T 滑块，确认选择了全局印刷色或专色。如果仍看不到 T 滑块，则从"颜色"面板菜单中选择"显示选项"命令。

如果要将设置好的色调存储为色板，可以将颜色从"颜色"面板的填色图标直接拖动到"色板"面板中，或者使用"色板"面板中的"新建色板"按钮。色调会以基色的名称存储，在名称后面会加上色调的百分比。例如，如果一个全局色是 C=0 M=0 Y=100 K=0，建立全局色时名称默认为"C=0 M=0 Y=100 K=0"，则将 T 滑块拖动到 80%后，存储到"色板"面板的色调名称将为"C=0 M=0 Y=100 K=0 80%"，如图 5-65 所示。

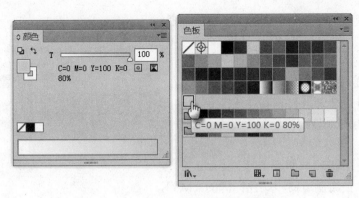

图 5-65 存储到"色板"面板的色调名称

5.7.6 调整色彩平衡

调整每个色彩都会影响对象的整个色彩平衡。例如，可以通过减少 CMYK 颜色中的洋红的数量或比例来减少洋红，也可以通过删除 RGB 颜色中的红色和蓝色来减少洋红，这两种方法都会使整个色彩平衡包含较少的洋红色。调整色彩平衡的具体方法如下。

① 选中要调整颜色的对象。
② 选择"编辑"|"编辑颜色"|"调整色彩平衡"命令，此时会打开"调整颜色"对话框，如图 5-66 所示。
③ 在"颜色模式"右侧下拉列表中选择一种颜色模式。
④ 通过拖动滑块或在输入框中输入百分比数值来调整颜色值。
⑤ 根据需要选择是否调整"填色"和"描边"。
⑥ 单击"确定"按钮。

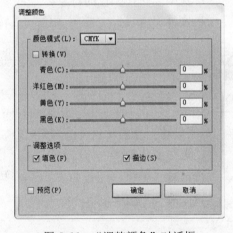

图 5-66 "调整颜色"对话框

如果要在调整的同时观察颜色的实时变化，则在调整之前选中"预览"复选框。如果要将选择的颜色转换为灰度，则选中"转换"复选框。

5.7.7 使用 Lab 值显示并输出专色

"色板"面板可以控制 Illustrator 是使用 Lab 值还是 CMYK 值来显示、导出和打印这些专色。Lab 值与正确的设备配置文件一起使用时，可以使所有设备间获得最准确的输出。如果色彩管理对项目很关键，建议使用 Lab 值来显示、导出和打印专色。

为提高屏幕上的准确率，如果启用了"叠印预览"选项，Illustrator 会自动使用 Lab 值。如果在"打印"对话框的"高级"区域中选择了"模拟叠印"选项，则在打印时也使用 Lab 值。

使用 Lab 值显示并输出专色的具体操作步骤如下。

① 从"色板"面板菜单中选择"专色"命令，此时会打开"专色选项"对话框，如图 5-67 所示。

② 根据需要选择其中一项。

- 如果希望最准确地显示和输出颜色，选择"使用色标簿制造商指定的标准 Lab 值"单选钮。
- 如果要使用匹配早期版本 Illustrator 的专色，选择"使用制造商印刷色标簿的 CMYK 值"单选钮。

③ 单击"确定"按钮。

图 5-67　"专色选项"对话框

5.7.8　转换为灰度

如果要将对象的颜色转换为灰度，可以按照以下步骤进行操作。

① 选中要转换颜色的对象。

② 选择"编辑"|"编辑颜色"|"转换为灰度"命令。

提示　使用此项命令，将对象转换为灰度，并同时调整灰色阴影。

5.7.9　转换为 CMYK

如果要将对象的颜色转换为 CMYK，可以按照以下步骤进行操作。

① 选中要转换颜色的对象。

② 选择"编辑"|"编辑颜色"|"转换为 CMYK"命令（取决于文档的颜色模式）。

5.7.10　转换为 RGB

如果要将对象的颜色转换为 RGB，可以按照以下步骤进行操作。

① 选中要转换颜色的对象。

② 选择"编辑"|"编辑颜色"|"转换为 RGB"命令（取决于文档的颜色模式）。

5.7.11　调整饱和度

如果要调整对象颜色的饱和度，可以按照以下步骤进行操作。

① 选中要调整颜色的对象。

② 选择"编辑"|"编辑颜色"|"调整饱和度"命令，此时会打开"调整饱和度"对话框，如图 5-68 所示。

③ 在"强度"右侧的文本框中输入–100%~100%之间的值，指定颜色或专色色调减少或增加的百分比，然后单击"确定"按钮。

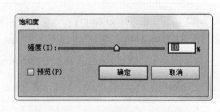

图 5-68　"调整饱和度"对话框

5.7.12 实色混合与透明混合

可以使用混合模式"实色混合"效果或"透明混合"效果混合重叠颜色。混合模式提供了许多用于控制重叠颜色的选项,并应始终在包含专色、图案、渐变、文字的图稿或其他复杂图稿中代替"实色混合"和"透明混合"。

- 实色混合效果:通过选择每个颜色组件的最高值来组合颜色。
- 透明混合效果:使底层颜色透过重叠的图稿可见,然后将图像划分为其构成部分的表面。可以指定在重叠颜色中的可视性百分比。

使用实色混合或透明混合的具体操作步骤如下。

① 定位组或图层(相关操作知识请参考后续章节)。
② 选择"效果"|"路径查找器"|"实色混合"或"透明混合"命令,此时会打开"路径查找器选项"对话框,如图 5-69 所示。
③ 在"操作"右侧下拉列表中选择一种混合方式。
④ 在"混合比率"文本框中输入 1%~100%之间的值,以确定重叠颜色中的可视性百分比。
⑤ 单击"确定"按钮。

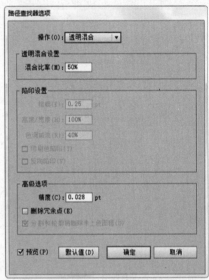

图 5-69 "路径查找器选项"对话框

5.8 实例演练

5.8.1 设计企业 LOGO

企业 LOGO 设计是平面设计中的一项非常重要的工作,好的 LOGO 能够有效传达企业文化,并对品牌的营销起到非常关键的作用。本例通过设计鸢尾花家居用品的 LOGO 来体验企业 LOGO 设计的要领,操作技巧涉及对象的旋转及复制、颜色的应用、对象的编组与对齐等。

① 启动 Illustrator CS6,选择"文件"|"新建"命令或按快捷键 Ctrl+N,打开"新建文档"对话框,并做如图 5-70 所示的设置。
② 设置完毕,单击确定按钮完成新建文档。
③ 选择工具箱中的"椭圆工具" ,在文档窗口中任意位置单击,此时会打开"椭圆"对话框,按如图 5-71 所示输入椭圆的宽度和高度值。

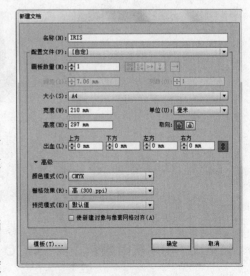

图 5-70 "新建文档"对话框

④ 单击"确定"按钮完成椭圆的创建，效果如图5-72所示。

⑤ 按快捷键 Ctrl+R 显示出标尺，并从左侧标尺拖动出一条垂直参考线，使其对齐椭圆的正中。

⑥ 保持椭圆的选中状态，将鼠标指针移动到定界框的角上，当鼠标指针变为旋转指针时，按下鼠标左键拖动并旋转椭圆，效果如图5-73所示。

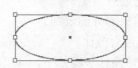
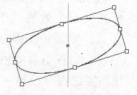

图5-71　"椭圆"对话框　　　　图5-72　完成椭圆的创建　　　　图5-73　旋转椭圆

⑦ 保持椭圆的选中状态，选择工具箱中的"旋转工具"，按住 Alt 键的同时在椭圆下方的参考线上的适当位置单击，此时会打开"旋转"对话框。

⑧ 输入角度为60，并选中"预览"复选框，如图5-74所示。

⑨ 单击"复制"按钮5次，旋转并复制出5个椭圆，效果如图5-75所示。

⑩ 单击窗口右侧的"色板"面板图标，打开"色板"面板，默认会打开CMYK默认色板。

⑪ 选中最上方第一个椭圆，并单击"鲜艳"色板组中的红色色板，将其填色改为红色，然后以顺时针顺序依次为其他椭圆填充该色板组中的其他颜色，如图5-76所示。完成后，将所有图形的描边设置为"无"。

图5-74　"旋转"对话框

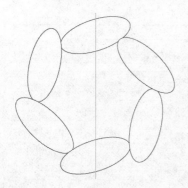
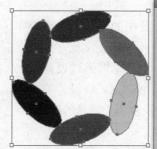
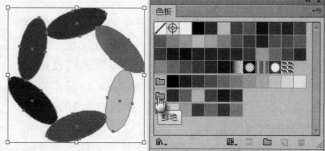

图5-75　旋转并复制出5个椭圆　　　　图5-76　填充颜色

到此为止，一个简单LOGO的雏形就做好了。限于到此为止的知识掌握程度，我们仅制作这样一个较为简易的LOGO图形。

5.8.2　使用实时颜色调整LOGO颜色

LOGO的颜色组合也是非常重要的，需要根据企业经营的产品特点、风格等因素来确定

LOGO 的颜色组成。颜色的组合无穷无尽，怎样快速选择合适的颜色组合呢？下面练习使用实时颜色来快速调整 LOGO 的颜色。

① 选中所有 6 个椭圆。
② 单击"色板"面板左下角的"'色板库'菜单"按钮 ，然后选择"自然"|"花朵"命令，打开"花朵"色板库面板，并单击其中的"鸢尾花"色板组，如图 5-77 所示。此时在"色板"面板中会出现"鸢尾花"色板组，如图 5-78 所示。

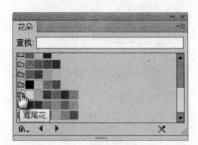
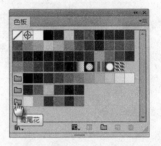

图 5-77　"鸢尾花"色板组　　　　图 5-78　在"色板"面板中会出现"鸢尾花"色板组

③ 单击"色板"面板中的"鸢尾花"色板组（单击左侧的文件夹图标），然后单击下方的"编辑或应用颜色组"按钮 ，此时会打开"重新着色图稿"对话框，如图 5-59 所示。此时会看到 LOGO 的颜色也发生了变化，如图 5-80 所示。

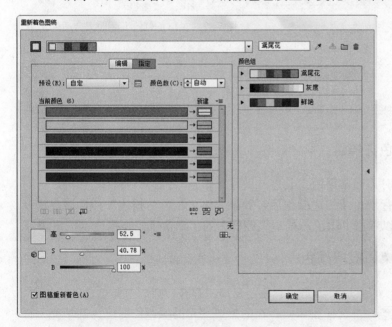

图 5-79　"重新着色图稿"对话框　　　　图 5-80　LOGO 的颜色发生了变化

④ 在"重新着色图稿"对话框中还可以对颜色做更多的调整，可以单击"编辑"按钮切换到编辑现用颜色状态或通过拖动色轮来调整颜色，如图 5-81 所示。
⑤ 如果对编辑好的颜色非常满意，可以单击"确定"按钮关闭"重新着色图稿"对话框并应用所选颜色组。
⑥ 选中 6 个椭圆，按快捷键 Ctrl+G 将它们组合到一起。

⑦ 在 LOGO 的下面加上合适的文字（有关添加文字的方法请参考后续章节），即可完成 LOGO 的设计，效果如图 5-82 所示。输入文字后，在文字上面右击，然后单击"创建轮廓"命令，将文字转为轮廓。最后选中上面的图形与下面的文字轮廓，然后单击控制面板中的"水平居中对齐"按钮，使所有对象水平居中对齐。

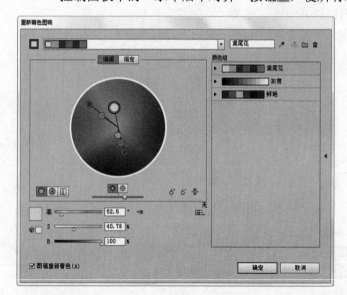

图 5-81　编辑现用颜色

图 5-82　在 LOGO 的下面加上合适的文字

5.9　疑难与技巧

5.9.1　重置为默认的填色与描边

在窗口中对对象进行操作时，最常用的工具之一就是"填色与描边"控件，它可以为对象进行填色或描边。为对象进行填色或描边操作后，如果要将"填色与描边"控件恢复为默认的白色填色与黑色描边，可以单击"填色与描边"控件中的"默认填色与描边"按钮。

5.9.2　使用吸管从电脑桌面吸取颜色

在为对象进行填色操作时，如果想要填充的颜色在窗口中存在，则选中要填色的对象后，选择工具箱中的"吸管工具"，再选择窗口中存在的想要填充的颜色，即可为其填充一样的颜色。"吸管工具"只能吸取 Illustrator CS6 程序窗口中对象的颜色，而不能吸取程序窗口之外对象的颜色。如果要吸取其他对象的颜色，可以借助于抓图工具，如 SnagIt 等。使用抓图工具抓取对象的图片后，再将其置入或粘贴到 Illustrator CS6 中，即可吸取其中的颜色。

5.9.3　设置虚线描边的若干技巧

在设置虚线描边时，可以通过"描边"面板"虚线"右侧的两个按钮来控制角上的虚线调整。

- ▭▭：保留虚线和间隙的精确长度，如图 5-83 左图所示。
- ▭▭：使虚线与边角和路径终端对齐，并调整到适合长度，如图 5-83 右图所示。

此外，在下方输入框中还可以输入短划的长度和短划间的间隙来指定虚线次序，从而得到不同外观的虚线。在框中输入的数字会按次序重复，如果只在"虚线"框中输入 35pt，则虚线会按 35pt 的长度重复；而如果在"虚线"框中输入 35pt，在"间隙"中输入 15pt，则会按指定的虚线长度和间隙长度进行重复。如果要得到外观更为复杂的虚线，则可以多输入一些"虚线"和"间隙"的数值。

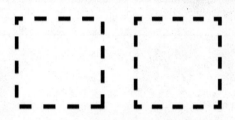

图 5-83　控制角上的虚线调整

5.9.4 轮廓化虚线描边

如果要将虚线描边转为普通的轮廓，则可以在选中虚线描边的对象后，选择"对象"|"扩展"命令。如果"扩展"命令不可用，则先选择"对象"|"扩展外观"命令。当选择"对象"|"扩展"命令后，会打开"扩展"对话框，如图 5-84 所示。

在对话框中可以选择要扩展对象的哪些属性，如填充或描边。设置合适的选项后，单击"确定"按钮，即可将虚线描边扩展为普通的路径。

图 5-84　"扩展"对话框

5.10 巩固练习

1. 用简单的基本图形结合一些变换操作，制作一个企业 LOGO，要求能够较准确地传达企业的产品特色与文化。

2. 用重新着色图稿的方法调整企业 LOGO 的色调。

3. 使用 Kuler 面板搜索包含 "summer" 关键字的在线主题，并从搜索到的主题中找出自己最喜欢的一组颜色，将其保存到"色板"面板中。

第 6 章

对象的各种变换操作

通过前面的学习，我们对对象有了一些基本的认识。但随着学习的深入，图稿越来越复杂，包含的对象也越来越多。如何排列与组织这些对象，使操作更加方便，如何对对象进行各种基本的修改、编辑，这些都成为新的问题。本章将详细介绍对象的各种变换操作，并通过实际应用来体会一些相关的技巧。

- 锁定、隐藏与删除对象
- 改变对象大小
- 旋转对象
- 镜像对象
- 扭曲对象
- 倾斜对象
- 使用再次变换

6.1 锁定、隐藏与删除对象

当图稿中的对象越来越多，操作起来不方便时，可以将暂时用不到的对象锁定或隐藏，这样便于对其他对象进行操作。确认没有用处的对象，也可将其删除。下面通过实例说明如何锁定、隐藏与删除对象。打开例子文档"锁定隐藏对象.ai"，如图 6-1 所示。

图 6-1　例子文档"锁定隐藏对象.ai"

我们的目标是选中组成小猫的所有对象，因为这些对象并没有组成一个组，而是一些独立的路径。其他的图形都可以作为一个对象一次选中。如果使用"选择工具" 框选组成小猫的对象，则可能连同草地一起选中，在这样的情况下，可以先锁定除小猫之外的对象，然后再选择小猫。

① 使用"选择工具" 单击树木，将其选中。
② 选择"对象"|"锁定"|"所选对象"命令（或按快捷键 Ctrl+2），将树木锁定。
③ 使用同样的方法将足球、草地锁定。
④ 使用"选择工具" 或按快捷键 Ctrl+A，选择构成小猫的所有对象，这时可以看到其他对象不会受到任何影响，如图 6-2 所示。

提示　选择组成小猫的所有对象后，如果以后要将它们看作一个整体进行操作，则可以将它们组合起来，方法是选择"对象"|"编组"命令，或在其上右击，在弹出的菜单中选择"编组"命令。

如果要再编辑其他对象，则需要先将其解除锁定，方法是选择"对象"|"全部解锁"命令或按快捷键 Ctrl+Alt+2。

如果有暂时不需要使用的对象，可以将其先隐藏起来，方法是先选中暂时不需要的对象，再选择"对象"|"隐藏"|"所选对象"命令，或按快捷键 Ctrl+3。

如果要将隐藏的对象显示出来，则选择"对象"|"显示全部"命令。

图 6-2　选中构成小猫的所有对象

如果某一个对象确认不再使用,则可以将其删除,方法是先选中不再使用的对象,再选择"编辑"|"清除"命令,也可按 Delete 键将其删除。

6.2　缩放对象

缩放对象功能可以使对象沿水平方向或垂直方向放大或缩小,缩放时以参考点为基准,也可以更改参考点的位置。

默认情况下,描边和效果是不能随对象一起缩放的。如果要缩放描边和效果,需要选择"编辑"|"首选项"|"常规"命令(或按快捷键 Ctrl+K)打开"首选项"对话框,并选中"缩放描边和效果"复选框,如图 6-3 所示。

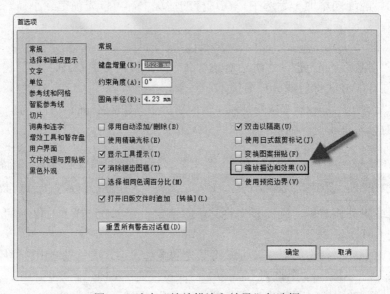

图 6-3　选中"缩放描边和效果"复选框

6.2.1 使用定界框缩放对象

默认情况下，选中对象后会在其四周显示定界框，使用定界框上的手柄可以缩放对象，具体操作方法如下。

① 选中一个或多个需要进行缩放的对象。
② 单击工具箱中的"选择工具" 或"自由变换工具" ，则对象周围出现定界框。如果没有出现定界框，则选择"视图"|"显示定界框"命令（快捷键为 Ctrl+Shift+B）。
③ 拖动定界框周围的手柄缩放对象。如果要保持对象的比例，则在拖动时按住 Shift 键。如果要相对于对象的中心进行缩放，则在拖动时按住 Alt 键。也可以组合使用这两个键。缩放过程如图 6-4 所示。

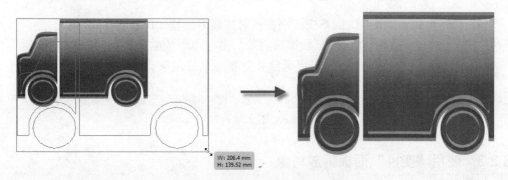

图 6-4 使用定界框缩放对象

6.2.2 使用"比例缩放工具"缩放对象

工具箱中的"比例缩放工具" 可用于灵活地调整对象的大小，具体操作方法如下。

① 选中一个或多个需要进行缩放的对象。
② 单击工具箱中的"比例缩放工具" ，或者按快捷键 F5。
③ 如果要相对于所选对象中心点进行缩放，则在文档窗口任一位置按住鼠标左键拖动，缩放到合适大小时释放鼠标，如图 6-5 所示。

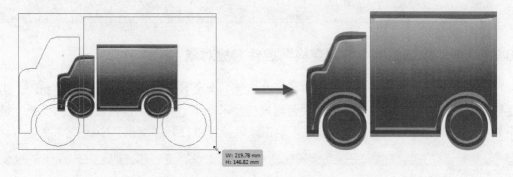

图 6-5 相对中心点缩放

④ 如果要相对指定的参考点进行缩放，则先在文档窗口中要作为参考点的位置单击以确定参考点，然后将指针向远离参考点的位置拖动，缩放到合适大小时释放鼠标，如图 6-6 所示。

图 6-6　相对指定参考点缩放

⑤ 在拖动时如果要保持比例不变，则在沿对角线方向拖动时按住 Shift 键。
⑥ 在拖动时如果要沿 X 轴或 Y 轴缩放对象，则在水平或垂直拖动时按住 Shift 键。
⑦ 如果拖动之后按住 Alt 键，可以缩放并复制原来的对象。

提示　　双击工具箱中的"比例缩放工具"　会弹出"比例缩放"对话框，在对话框中可以指定缩放的具体数值，还可以选择等比或不等比缩放，参见后面的"使用缩放命令"一节。

6.2.3 使用"变换"面板缩放对象

使用"变换"面板也可以精确地对选中的对象进行缩放，具体操作方法如下。

① 选中一个或多个需要进行缩放的对象。
② 选择"窗口"|"变换"命令（快捷键为 Shift+F8），打开"变换"面板，如图 6-7 所示。
③ 在"变换"面板的宽（W）和高（H）输入框中输入新的数值。

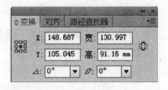

图 6-7　"变换"面板

提示　　在变换之前可以通过单击"变换"面板中"参考点定位器"　上的白色小方框来改变参考点的位置。

6.2.4 使用控制面板中的"变换"控件缩放对象

控制面板中现在包含了"变换"控件，其用法与"变换"面板中的控件用法相同。当窗口足够大时，这些控件才会显示出来，否则只能显示一个"变换"链接甚至连"变换"链接也不显示。当显示的是"变换"链接时，单击该链接可以打开"变换"面板。

图 6-8　控制面板中现在包含了"变换"控件

提示　　"控制"面板中如果没有显示 X 和 Y 输入框，可能是因为显示器的分辨率不够，或窗口不够大，此时可以单击"控制"面板右侧的小箭头，在弹出菜单中将其他面板先关闭一两个，让"变换"选项显示出来。

6.2.5 使用"缩放"命令缩放对象

使用"缩放"命令可以精确地缩放对象，可通过设置更多选项实现等比或不等比缩放，也可以在缩放的同时复制对象，具体操作方法如下。

① 选中一个或多个需要进行缩放的对象。
② 选择"对象"|"变换"|"缩放"命令。
③ 在如图 6-9 所示的"比例缩放"对话框中设置各选项，然后单击"确定"按钮。如果单击对话框中的"复制"按钮，则可以得到按比例缩放的对象副本。

"比例缩放"对话框中的各选项简要介绍如下。

- 等比：选中此项可以在缩放时保持对象比例，在下方的"比例缩放"文本框中可以输入缩放的百分比。
- 不等比：选中此项可以分别缩放宽度和高度，在下方的"水平"和"垂直"文本框中输入宽度和高度缩放的百分比。这里的数值是相对于参考点而言的，所以可正可负。
- 比例缩放描边和效果：选中此项可以使描边路径以及任何与大小相关的效果随对象一起缩放。
- 变换对象和变换图案：如果对象包含图案填充，则选择"变换图案"可以按比例缩放图案；如果只就图案进行比例缩放，而不就对象进行比例缩放，则可以取消选择"变换对象"。

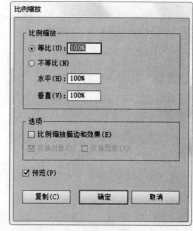

图 6-9　"比例缩放"对话框

6.2.6 使用"分别变换"命令缩放对象

使用分别变换命令可以同时但分别对多个对象进行缩放。

① 选中多个需要进行缩放的对象。
② 选择"对象"|"变换"|"分别变换"命令。
③ 在"分别变换"对话框中设置水平方向和垂直方向缩放的比例，如图 6-10 所示，然后单击"确定"按钮。

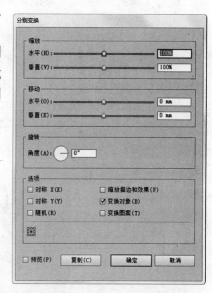

图 6-10　"分别变换"对话框

6.3　旋转对象

旋转对象功能可以使对象围绕指定的固定点旋转。默认的参考点是对象的中心点，如果选区中包含多个对象，则这些对象将围绕同一个参考点旋转。默认情况下，这个参考点为选区的中心点或定界框的中心点。如果要使每个对象都围绕其自身的中心点旋转，可以使用"分别变换"命令。

6.3.1 使用定界框旋转对象

使用定界框旋转对象的具体操作方法如下。

① 选中一个或多个需要进行旋转的对象。

② 单击工具箱中的"选择工具" 或"自由变换工具" ,则对象周围出现定界框。如果没有出现定界框,则选择"视图"|"显示定界框"命令。

③ 将指针移动到定界框的角上,当指针变为 形状时即可按下左键并拖动以旋转对象。旋转过程如图 6-11 所示。

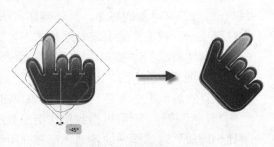

图 6-11　使用定界框旋转对象

提示　按住 Shift 键的同时旋转可以限制旋转的角度为 45 度的整数倍。

6.3.2 使用"旋转工具"旋转对象

使用"旋转工具" 旋转对象的具体操作方法如下。

① 选中一个或多个需要进行旋转的对象。

② 单击工具箱中的"旋转工具" 。

③ 如果要相对于所选对象中心点进行旋转,则在文档窗口任一位置按住鼠标左键拖动,旋转到合适角度时释放鼠标,如图 6-12 所示。

④ 如果要相对指定的参考点进行旋转,则先在文档窗口中要作为参考点的位置单击以确定参考点,然后将指针向远离参考点的位置拖动,旋转到合适角度时释放鼠标,如图 6-13 所示。

图 6-12　相对于对象中心点旋转　　　　图 6-13　相对于指定的参考点旋转

⑤ 如果在开始拖动之后按住 Alt 键,可以旋转并复制对象。

6.3.3 使用旋转命令旋转对象

使用"旋转"命令可以精确控制对象旋转的角度,具体操作方法如下。

① 选中一个或多个需要进行旋转的对象。

② 选择"对象"|"变换"|"旋转"命令。

③ 在如图 6-14 所示的"旋转"对话框中输入旋转的角度,输入负角度可顺时针旋转对象,输入正角度可逆时针旋转对象。如果对象包含图案填充,则选择"变换图案"复选框以旋转图案。如果只想旋转图案,而不想旋转对象,则取消选择"变换对象"复

选框。设置完毕，单击"确定"按钮。如果希望绕同一参考点多次旋转并复制对象，则可以单击"复制"按钮，多次按快捷键"Ctrl+D"可进行再次变换，用这种方法可以制作一些圆形图案，如图 6-15 所示。

图 6-14　"旋转"对话框

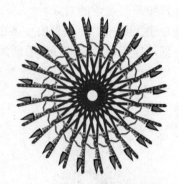

图 6-15　制作圆形图案

6.3.4　使用"变换"面板旋转对象

使用"变换"面板旋转对象的具体操作方法如下。
① 选中一个或多个需要进行旋转的对象。
② 在"变换"面板中的"旋转"文本框 中输入旋转角度并按 Enter 键，或从下拉列表中选择一个角度值，如图 6-16 所示。在变换之前可以通过单击"变换"面板中"参考点定位器"上的白色小方框来改变参考点的位置。

图 6-16　输入旋转角度

6.3.5　使用分别变换命令旋转对象

使用分别变换命令可以对多个对象同时但分别进行旋转，具体操作方法如下。
① 选中多个需要进行旋转的对象。
② 选择"对象"|"变换"|"分别变换"命令。
③ 在"分别变换"对话框中设置旋转的角度，然后单击"确定"按钮。

6.4　镜像对象

镜像对象是以指定不可见轴为轴翻转对象。使用"镜像工具"可以按照镜像轴来镜像对象，如图 6-17 所示。与旋转工具一样，在进行镜像操作前，要先设置基准点，即镜像轴的轴心。镜像操作的方法有很多种，如使用自由变换工具、使用镜像工具、使用镜像命令。

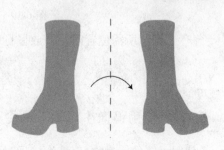

图 6-17　镜像对象示意图

6.4.1 使用自由变换工具

使用自由变换工具镜像对象的具体操作方法如下。

① 选中需要镜像的对象。

② 单击工具箱中的"自由变换工具" 。

③ 拖动定界框的手柄,使手柄越过对面的边缘或手柄,当到达所需要位置时释放以创建镜像,如图 6-18 所示。

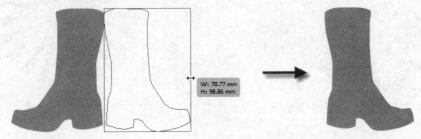

图 6-18 使用"自由变换工具" 镜像对象

6.4.2 使用镜像工具

使用"镜像工具" 镜像对象的具体操作方法如下。

① 选中需要镜像的对象。

② 单击工具箱中的"镜像工具" 。

③ 首先确定不可见轴所在的位置,可以在文档窗口中的任何一处单击,则单击的点即是不可见轴上一点。这时指针形状变为箭头。

④ 按住并拖动指针以确定不可见轴的另一点,拖动可以旋转不可见轴,同时能够观察到镜像对象的位置变化,如图 6-19 所示。如果拖动的同时按住 Alt 键,可以创建一个原对象的镜像副本。按住 Shift 键拖动鼠标,可限制角度保持 45°变化。

图 6-19 使用"镜像工具"镜像对象

⑤ 当到达所需位置时,释放鼠标左键,完成镜像创建。

> 技巧 在距离对象参考点较远的位置拖动鼠标,可以得到更加精确的控制。

6.4.3 使用镜像(对称)命令

使用"镜像(对称)"命令镜像对象的具体操作方法如下。

① 选中需要镜像的对象。
② 选择"对象"|"变换"|"对称"命令。
③ 在如图 6-20 所示的"镜像"对话框中设置镜像选项。设置完毕，单击"确定"按钮。

> 提示
> 在"镜像"对话框中，可以选择是基于水平轴、垂直轴还是基于具有一定角度的轴来镜像对象。如果要在镜像对象的同时制作一个该对象的镜像副本，则单击"复制"按钮。

图 6-20　"镜像"对话框

6.5　扭曲对象

扭曲对象是指通过多种不同的工具或命令将原始形状（或原始形状的一部分）扭曲为新的形状，如图 6-21 所示。可以使用"自由变换工具" 、"液化工具"、"封套扭曲"命令来扭曲对象。

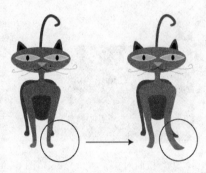

图 6-21　扭曲示例

▶▶ 6.5.1　使用自由变换工具

使用自由变换工具扭曲对象的具体操作方法如下。
① 选择需要扭曲的对象。
② 单击工具箱中的"自由变换工具" 。
③ 开始拖动定界框角上的手柄（注意不是侧手柄），然后按住 **Ctrl** 键，此时即可开始扭曲对象，当到达所需要位置时释放鼠标以创建扭曲对象，如图 6-22 所示。

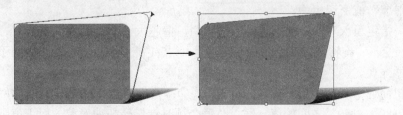

图 6-22　使用"自由变换工具" 扭曲对象

> **提示**：在拖动后按住 Shift 键可以维持镜像对象的比例。如果拖动后按住快捷键 Shift+Alt+Ctrl，可以创建透视扭曲。

6.5.2 使用液化工具

使用液化工具扭曲对象的具体操作方法如下。

① 选择需要扭曲的对象。

② 单击工具箱中的一种液化工具，按住"变形工具" 不放可以看到所有液化工具。

③ 在要扭曲的对象上单击或拖动，如使用"晶格化工具"扭曲对象前后对比如图 6-23 所示。

④ 双击一种液化工具，可以打开该工具的选项设置对话框。例如，如图 6-24 所示为双击"旋转扭曲工具"后打开的"旋转扭曲工具选项"对话框。

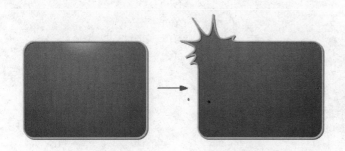

图 6-23 使用"晶格化工具"扭曲对象

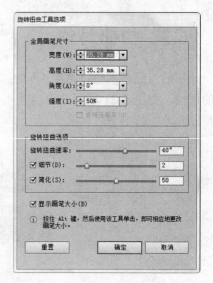

图 6-24 "旋转扭曲工具选项"对话框

在这些对话框中，可以分别设置每种液化工具的选项。有许多选项是这些工具共有的，也有些是特定的工具专有的。液化工具选项对话框中的各选项简要介绍如下。

- 宽度和高度：控制工具光标大小。
- 角度：控制工具光标的方向。
- 强度：指定扭曲的改变速度，值越大改变速度越快。
- 使用压感笔：选中此项则不使用"强度"值，而使用来自写字板或书写笔的输入值。如果没有附带的压感写字板，此选项显示为灰色。
- 复杂性（扇贝、晶格化和皱褶工具）：指定对象轮廓上特殊画笔结果之间的间距。该值与"细节"值密切相关。
- 细节：指定引入对象轮廓的各点间的间距，值越大，间距越小。
- 简化（变形、旋转扭曲、收缩和膨胀工具）：指定减少多余点的数量，而不致影响形状的整体外观。
- 旋转扭曲速率（仅适用于旋转扭曲工具）：指定应用于旋转扭曲的速率。可以输入一个 –180°~180° 之间的值，输入负值会顺时针旋转扭曲对象，而正值则逆时针旋转扭曲对象；输入的值越接近–180°或180°时，对象旋转扭曲的速度越快。如果要慢慢旋转扭曲，则可将速率指定为接近0°的值。
- 水平和垂直（仅适用于皱褶工具）：指定到所放置控制点之间的距离。
- 画笔影响锚点、画笔影响内切线手柄或画笔影响外切线手柄（扇贝、晶格化、皱褶工具）：启用工具画笔可以更改这些属性。

6.5.3 使用封套命令

"封套"是指对选定对象进行扭曲和改变形状的一种方法。使用封套的顺序是先制作封套，再对对象应用封套。封套可以利用画板上的对象来制作，也可以使用预设的变形形状或网格作为封套。制作好封套后，可以将其应用到任何对象上，但图表、参考线或链接对象（不包括 TIFF、GIF 和 JPEG 文件）除外。

打开光盘中本章的例子文档"封套扭曲.ai"，如图 6-25 所示，文档中包含两个对象，我们将要对上面的鲨鱼进行封套扭曲。

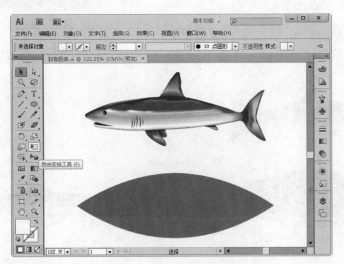

图 6-25　例子文档"封套扭曲.ai"

① 选择上面的鲨鱼图形。
② 选择"对象"|"封套扭曲"|"用变形建立"命令。
③ 在如图 6-26 所示的"变形选项"对话框中选择一种变形样式、设置弯曲的方向和百分比及扭曲的百分比。
④ 设置完毕，单击"确定"按钮。

提示

选中"预览"复选框可以在进行设置的同时查看扭曲效果。

⑤ 按快捷键 Ctrl+Z 撤消到刚打开时的状态。选择"对象"|"封套扭曲"|"用网格建立"命令。
⑥ 在如图 6-27 所示的"封套网格"对话框中指定网格的行数和列数，并单击"确定"按钮。这样建立封套扭曲后，可以通过编辑网格来改变对象的形状，如使用"直接选择工具"拖动网格上的某些锚点，就会看到图形随网格的变化而发生变化。

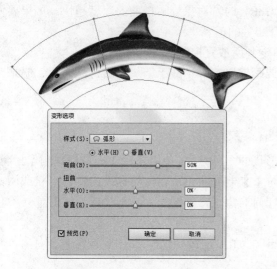
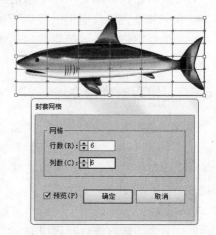

图 6-26 "变形选项"对话框　　　　　　　　图 6-27 "封套网格"对话框

⑦ 按快捷键 Ctrl+Z 撤消到刚打开时的状态。选中鲨鱼和下面的图形,然后选择"对象"|"封套扭曲"|"用顶层对象建立"命令。变形前后的对象如图 6-28 所示。

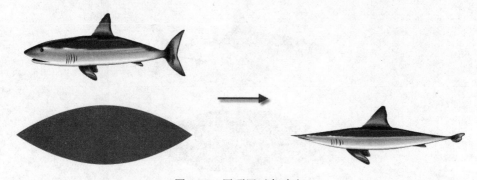

图 6-28 用顶层对象建立

注意 用顶层对象建立封套有一个条件,即用来作为封套的对象必须位于要扭曲对象的上层。

⑧ 使用上述三种方法之一建立封套后,可以使用"直接选择工具"或"网格工具"拖动封套上的任意锚点以扭曲对象,或者删除锚点或添加锚点,以进一步改变对象的形状。

⑨ 建立封套后,可能随时再返回到原来的图形进行编辑,方法是选择"对象"|"封套扭曲"|"编辑内容"命令,然后根据需要对原来的对象进行编辑。

提示 在修改封套中的内容时,封套会随之自动偏移,使结果与原始内容的中心点对齐。

⑩ 选择"对象"|"封套扭曲"|"编辑封套"命令,可以返回到封套状态。
⑪ 在编辑封套时,如果对所做的修改不满意,可以随时重新恢复到封套的初始状态。如果是用变形建立的封套,则可以选择"对象"|"封套扭曲"|"用变形重置"命令,然后在"变形选项"对话框中,选择一种变形样式并设置选项。如果是用网格建立的封套,则可以选择"对象"|"封套扭曲"|"用网格重置"命令,然后在如图 6-29 所

示的"重置封套网格"对话框中重新指定网格的行数和列数,选中"保持封套形状"复选框可以保持变形形状完整无缺。

⑫ 有两种方法可以将封套删除:释放和扩展。先练习一下释放封套,如先为鲨鱼图形建立一个变形封套,然后选择"对象"|"封套扭曲"|"释放"命令,得到如图 6-30 所示的效果。可以看到,释放封套对象后创建了两个单独的对象:一个是保持原始状态的对象,一个是保持封套形状的对象。

图 6-29 "重置封套网格"对话框

⑬ 再练习一下扩展封套。按快捷键 Ctrl+Z 撤消到释放封套之前的状态,然后选择"对象"|"封套扭曲"|"扩展"命令,得到如图 6-31 所示的效果。可以看到,扩展封套对象的方式可以删除封套,但对象仍保持扭曲的形状。

⑭ 建立封套后,可以通过设置封套选项来决定扭曲图稿的形式。按快捷键 Ctrl+Z 撤消到扩展封套之前的状态,选择"对象"|"封套扭曲"|"封套选项"命令,打开如图 6-32 所示的"封套选项"对话框,在该对话框中可以设置封套的下列选项。

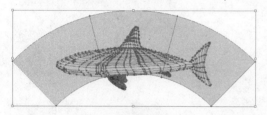

图 6-30 释放封套

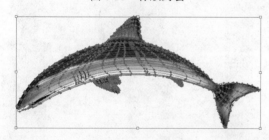

图 6-31 扩展封套

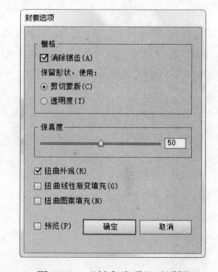

图 6-32 "封套选项"对话框

- 消除锯齿:在用封套扭曲对象时,可使用此选项来平滑栅格。如果取消选择"消除锯齿",可以减少扭曲栅格所需的时间。
- 保留形状,使用:当用非矩形封套扭曲对象时,可使用此选项指定栅格以何种形式保留其形状。选择"剪切蒙版"可以在栅格上使用剪切蒙版,选择"透明度"可以对栅格应用 Alpha 通道。
- 保真度:通过拖动滑块或输入数值指定使对象适合封套模型的精确程度。保真度数值越大,则向扭曲路径添加的点越多,而扭曲对象所花费的时间也随之增加。
- 扭曲外观:将对象的形状与其外观属性一起扭曲(如已应用的效果或图形样式)。
- 扭曲线性渐变:将对象的形状与其线性渐变一起扭曲。
- 扭曲图案填充:将对象的形状与其图案属性一起扭曲。

6.6 倾斜对象

倾斜对象是指沿水平或垂直轴，或相对于特定轴的特定角度来倾斜或偏移对象。对象倾斜时以参考点为基准，而参考点又会因倾斜方法而异，而且大多数倾斜方法都可以改变参考点。在倾斜对象时，可以锁定对象的一个维度，也可以同时倾斜一个或多个对象。在设计图稿时，倾斜对象常用于创建对象的投影，如图 6-33 所示。

倾斜对象的方法有下列四种，可以根据实际情况选择最合适的方法。

打开光盘中本章的例子文档"倾斜对象.ai"，如图 6-34 所示。文档中有一个端着马提尼酒的男子，我们将以他为例练习使用这四种倾斜方法，并为这个男子创建一个如图 6-35 所示的投影。

图 6-33　使用倾斜创建的对象投影效果

图 6-34　例子文档"倾斜对象.ai"

图 6-35　移动并复制对象副本

6.6.1 使用倾斜工具倾斜对象

下面通过实例说明如何使用"倾斜工具"倾斜对象。

① 使用"选择工具"选中插图窗口中的男子，然后在按住快捷键 Alt+Shift 的同时移动并复制出一个副本，如图 6-36 左图所示。

② 选中副本，单击工具箱中的"倾斜工具"。在插图窗口中的任一位置拖动，可以相对于对象中心倾斜，如图 6-36 右图所示。

图 6-36　相对于对象中心倾斜

(3) 按快捷键 Ctrl+Z 撤消倾斜以继续练习其他倾斜方式。使用"倾斜工具" 在插图窗口中任意位置单击,创建一个倾斜参考点,然后将指针从参考点移开再拖动对象,当倾斜到所希望程度时释放鼠标左键,这样可以相对于指定参考点倾斜对象,如图 6-37 所示。

图 6-37　相对于指定参考点倾斜对象

(4) 如果拖动的同时按住 Shift 键,则左右拖动时可以沿水平轴倾斜,上下拖动时可以沿垂直轴倾斜。

(5) 下面制作投影。按快捷键 Ctrl+Z 撤消倾斜,保持副本的选中状态,使用工具箱中的填色与描边控件将对象的描边去掉,填色改为浅灰色,取消选择后可以看到如图 6-38 所示的效果。

(6) 选中副本,单击工具箱中的"倾斜工具" ,单击副本的左下角脚尖处,将参考点定位在此处,然后按住 Shift 键的同时向右拖动,使对象沿水平方向向右倾斜,得到一个倾斜的投影,如图 6-39 所示。

图 6-38　改变副本的填色与描边

图 6-39　沿水平方向向右倾斜对象

⑦ 单击工具箱中的"选择工具" ，适当移动和缩放投影，然后选择"对象"|"排列"|"后移一层"命令（或按快捷键 Ctrl+[），得到如图 6-40 所示的投影效果。

图 6-40　最终投影效果

6.6.2　使用倾斜命令倾斜对象

下面通过实例说明如何使用"倾斜"命令倾斜对象。

① 仍使用例子文档"倾斜对象.ai"。按快捷键 Ctrl+Z 数次直到撤消回刚移动并复制出副本的状态。

② 选中副本，选择"对象"|"变换"|"倾斜"命令，在"倾斜"对话框中输入倾斜角度、设置沿水平、垂直轴倾斜还是自定义一个任意角度的轴来倾斜，选中"预览"复选框可以实时预览倾斜效果，如图 6-41 所示。

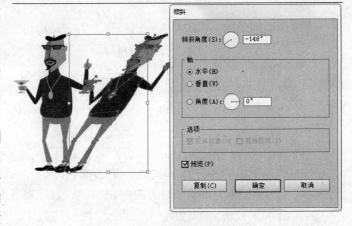

图 6-41　"倾斜"对话框

③ 设置完毕，单击"确定"按钮。

6.6.3　使用自由变换工具倾斜对象

下面通过实例说明如何使用"自由变换工具" 倾斜对象。

① 仍使用例子文档"倾斜对象.ai"。按快捷键 Ctrl+Z 撤消回刚移动并复制出副本的状态。

② 选中副本，单击工具箱中的"自由变换工具" 。

③ 拖动左中部或右中部的定界框手柄，然后按住快捷键 Ctrl+Alt 上下拖动，可以沿对象的垂直轴倾斜。拖动时如果同时按住 Shift 键，可以限制对象保持其原始宽度。

④ 拖动中上部或中下部的定界框手柄，然后按住快捷键 Ctrl+Alt 左右拖动，可以沿对象的水平轴倾斜。拖动时如果同时按住 Shift 键，可以限制对象保持其原始高度。

6.6.4 使用变换面板倾斜对象

下面通过实例说明如何使用"变换"面板倾斜对象。

① 仍使用例子文档"倾斜对象.ai"。按快捷键 Ctrl+Z 撤消回刚移动并复制出副本的状态。

② 选中副本，选择"窗口"|"变换"命令显示"变换"面板。

③ 在"变换"面板的"倾斜"文本框中输入倾斜的角度值，如图 6-42 所示。如果要更改参考点，可以在输入数值前单击参考点定位器上的白色方框。

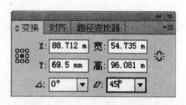

图 6-42　"变换"面板

6.7　实例演练——WOW!网页图标

本例结合使用变换、渐变、效果等知识点制作一个标有"WOW!"字样的网页图标，其中有些效果的实现会用到后续章节的知识，不过不影响操作步骤，只要按步骤做下来就能制作出图标最终效果。下面介绍具体操作步骤。

① 新建一个空白文档，然后使用"椭圆工具"在插图窗口中绘制一个圆形。

② 选中绘制的圆形，然后选择"效果"|"扭曲和变换"|"波纹效果"命令，打开"波纹效果"对话框，将大小设置为 7mm，并选择下方的"绝对"单选钮，"每段的隆起数"设置为 6，并在"点"下方选择"尖锐"单选钮，这样可以生成角点尖锐的图形，具体设置如图 6-43 所示。

③ 单击"确定"按钮，得到如图 6-44 所示的锯齿状图形。

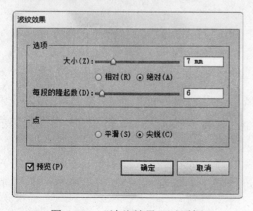

图 6-43　"波纹效果"对话框

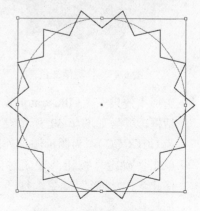

图 6-44　得到锯齿状图形

(4) 保持图形的选中状态，选择"窗口"|"色板库"|"渐变"|"天空"命令，打开"天空"色板库，如图 6-45 所示。

(5) 确保工具箱底部填色按钮在上，单击第 1 个色板"天空 1"，为图形填充该渐变色，并在"渐变"面板中将类型改为"径向"，如图 6-46 所示。

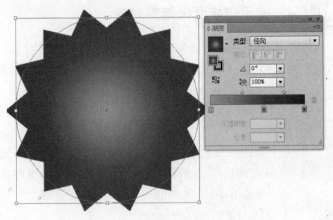

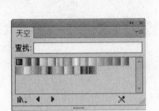

图 6-45 打开"天空"色板库　　　　　图 6-46 填充并设置渐变色

(6) 选择工具箱中的"渐变工具" ，然后按住鼠标左键从图形的左上部向右下方拖动，得到如图 6-47 所示的渐变效果。

(7) 选择"窗口"|"描边"命令打开"描边"面板，将图形的描边设置为 6pt，并将描边颜色设置为白色，效果如图 6-48 所示。

图 6-47 修改渐变色　　　　　　　图 6-48 设置描边

(8) 选择"效果"|"(Illustrator 效果中的)风格化"|"外发光"命令，打开"外发光"对话框，并做如图 6-49 所示设置，其中外发光的颜色设置为浅灰色（十六进制颜色值为 CCCCCC），为图形添加外发光效果。

(9) 单击"确定"按钮，关闭对话框，然后选择"效果"|"(Illustrator 效果中的)风格化"|"投影"命令，打开"投影"对话框，并做如图 6-50 所示设置，为图形添加投影效果。

图 6-49 添加外发光效果

⑩ 单击"确定"按钮，关闭对话框，最后使用"文本工具"在图形上添加文字"WOW!"，颜色设置为白色，字体设置为"Arial Rounded MT Bold"，适当调整其大小与位置，并旋转一定的角度，得到最终效果如图 6-51 所示。

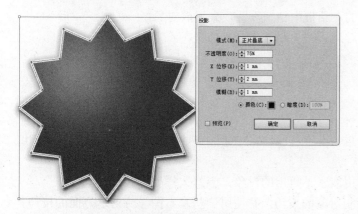

图 6-50 添加投影效果

图 6-51 WOW!网页图标的最终效果

6.8 疑难与技巧

6.8.1 使用再次变换

在对对象进行变换操作时，操作一次可能达不到一定的预期效果，很多情况下都需要进行二次变换或更多次的变换，这时可以按快捷键 Ctrl+D 实现再次变换，也可以在窗口中右击，在弹出的菜单中选择"再次变换"命令。

6.8.2 变换面板的使用技巧

在"变换"面板中可以查看与变换所选对象的 X、Y 坐标值，以及对象的宽度和高度值，而且还可以对对象进行旋转与斜切变换。通常来说，我们只需要在这些选项的输入框中输入数字，并按 Enter 键，就可以完成某种变换。其实利用这些小小的数字，在进行变换时也有一些技巧。

我们可以选中要进行变换的对象，然后使用"变换"面板中的数字移动并复制对象。例如，如果希望将该对象水平向右移动并复制出一个副本，而且移动的距离正好是该对象的宽度，按照通常的做法，只要将 X 坐标的值改为 X 坐标值+宽度值即可。

不过，这种做法需要计算出这个值，如果这样的工作很多，就会比较麻烦。用下面的方法可以使我们不必计算数值。例如，假设对象的 X 坐标为 49mm，其宽度为 54mm，那么可以在 X 坐标输入框中单击，将插入点定位在 49mm 右侧，然后输入+54，然后按住 Alt 键的同时按 Enter 键，这样就完成了移动并复制，而且非常快速与精确。如果是向左边移动复制，则可以输入–54。用类似添加+、–号的方法，还可以实现宽度和高度的快速变换。

6.8.3 如何将对象缩放到精确尺寸？

在对图稿对象进行缩放时，可能因图稿的排版或打印等其他原因要对图稿对象进行精确的缩放，这时则需要面板或对话框来帮助准确定位。精确缩放对象可以用以下任一方法。

- 使用"变换"面板缩放对象。
- 使用"缩放"命令，在弹出的对话框中精确设置，来缩放对象。
- 使用"分别变换"命令缩放对象。

6.9 巩固练习

1. 哪些工具可以用于改变对象形状？在程序窗口中绘制一些图形，试着用学到的知识练习使用这些工具的方法。
2. 在程序窗口中有一些暂时不用或永不再用的对象，应怎么样处理它们？
3. 总结在变换对象的过程中复制对象的技巧，并使用一些基本图形练习这方面的技巧。例如，怎样快速绘制出如图 6-52 所示的一圈五角星？
4. 先使用绘图工具绘制一个花瓣的形状，然后使用旋转并复制的技巧旋转出如图 6-53 所示的花朵形状。

图 6-52　一圈五角星

图 6-53　制作花朵

第 7 章

灵活使用钢笔工具

"钢笔工具"可用于绘制直线、贝塞尔曲线、直线与曲线的混合路径以及各种复杂形状。相比于"铅笔工具"绘制自由形状,"钢笔工具"更加易于控制。

- 使用"钢笔工具"绘制直线
- 使用"钢笔工具"绘制曲线
- 使用"钢笔工具"绘制直线与曲线混合路径
- 使用"钢笔工具"绘制由角点连接的曲线

7.1 绘制直线

"钢笔工具" 能够绘制的最简单路径是直线，只要使用"钢笔工具" 在插图窗口中创建两个锚点，就可以绘制直线，如果继续单击，则可以绘制折线。具体操作步骤如下。

① 单击工具箱中的"钢笔工具" （快捷键为 P），鼠标指针变为 ，表示可以开始绘制。

② 移动鼠标指针到直线的起始位置并单击，创建一个锚点，再移动到直线的终止位置并单击，创建另一个锚点。这样就可以绘制出如图 7-1 所示的直线。

> 提示：如果出现了方向线，是因为在单击时意外地拖动了鼠标，可以按快捷键 Ctrl+Z 还原一下，重新单击终止位置。

③ 如果连续单击，则得到折线，即由角点相连的直线段所组成的路径，如图 7-2 所示。

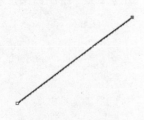
图 7-1　绘制直线

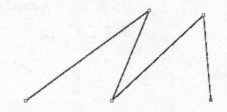
图 7-2　绘制折线

> 提示：位于两条直线段连接处的锚点称为"角点"。在绘制时注意观察锚点的形状，最后添加的锚点为实心的小方形，以前添加的锚点则为空心的小方形。

④ 如果要创建由直线段组成的闭合路径，则最后应将鼠标指针定位到第一个锚点上，当指针变为如图 7-3 所示的 形状时，单击可以得到如图 7-4 所示的闭合路径。

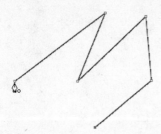
图 7-3　位于起点时的指针形状

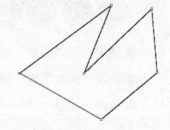
图 7-4　闭合路径

⑤ 不管是绘制直线、开放路径还是闭合路径，都可以通过按住 Ctrl 键的同时单击路径以外的空白处来结束路径绘制，也可以先单击工具箱中的"选择工具"，然后单击路径以外的某空白处结束绘制。

7.2 绘制曲线

在使用"钢笔工具" 时,通过拖动的方式可以绘制曲线。具体操作步骤如下。

① 单击工具箱中的"钢笔工具" ,鼠标指针变为 ,表示可以开始绘制。

② 在插图窗口中按下鼠标左键,此时在画布上出现第一个锚点,拖动鼠标,可以看到如图 7-5(a)所示的方向点。当曲线斜率达到要求后,释放鼠标左键。

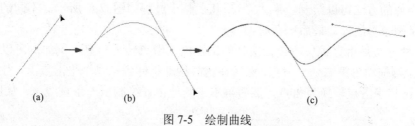

图 7-5 绘制曲线

提示

通过拖动的方式得到的锚点称为"平滑点"。使用平滑点可以创建平滑的曲线。

③ 在希望曲线结束的位置再次拖动鼠标左键,创建第二个平滑点,如图 7-5(b)所示,曲线斜率达到要求后释放鼠标左键。

④ 如果希望继续绘制曲线,则在第三个位置继续拖动以绘制曲线,创建第三个平滑点,如图 7-5(c)所示。

⑤ 如果要闭合路径,则最后应指向第一个平滑点,当鼠标指针变为 形状时,单击即可闭合路径,如图 7-6 所示。可以看到,最后一个锚点是不平滑的。

图 7-6 创建闭合的曲线

提示

在绘制曲线时,应尽可能使用较少的锚点绘制曲线,这样曲线会更加容易编辑,系统也能够更快地显示和打印图稿。如果锚点过多,则可能会造成许多不必要的凸起或凹陷,编辑起来就会比较麻烦。在练习时应注意加强这方面的训练。

7.3 绘制直线与曲线混合路径

下面通过绘制数字"2"和"3"的形状来练习如何绘制直线与曲线混合路径。具体操作步骤如下。

① 单击工具箱中的"钢笔工具" ,鼠标指针变为 ,表示可以开始绘制。

② 在插图窗口中按住鼠标左键向上拖动鼠标,创建第一个平滑点,再在右边向下拖动创建第二个平滑点,然后在左下方单击创建一个角点,最后在结束位置单击,完成数字"2"形状的绘制,整个过程如图 7-7 所示。

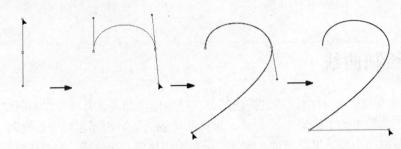

图 7-7　绘制数字 "2" 的形状

③ 用类似的方法可以绘制数字 "3" 形状，整个过程如图 7-8 所示。不同的是开始绘制的是两条直线段，最后一条是曲线。

还有一种方法是将直线与曲线相接处的锚点由平滑点转为角点。例如，可以先拖动出第一个平滑点，再拖动出第二个平滑点，然后在这时移动指针到第二个平滑点上，当指针变为 ♦ 形状时，单击将平滑点转换为角点，然后再单击其他位置绘制出一条直线段，如图 7-9 所示。

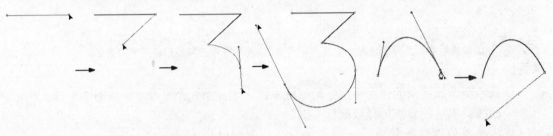

图 7-8　绘制数字 "3" 的形状　　　　　　图 7-9　将平滑点转换为角点

7.4　绘制由角点连接的曲线

使用 "钢笔工具" ✎ 绘制由角点连接的曲线的具体操作步骤如下。

① 单击工具箱中的 "钢笔工具" ✎，鼠标指针变为 ♦，表示可以开始绘制。

② 拖动出两个平滑点，构成一条曲线。

③ 按住 Alt 键的同时拖动第二个平滑点下方的方向点，使该处的锚点变为角点，这样可以只拖动一个方向点而不影响另一个，将其拖动到上方。

④ 松开 Alt 键，再拖动出第三个平滑点。整个过程如图 7-10 所示。

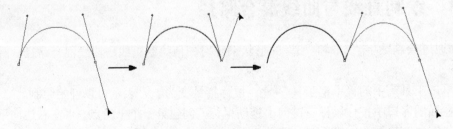

图 7-10　绘制由角点连接的曲线

⑤ 用同样的方法继续绘制其他曲线。

7.5 实例演练

7.5.1 绘制小老鼠

前几节学习了钢笔工具的操作方法，现在我们通过使用钢笔工具绘制小老鼠的实例，来熟练掌握钢笔工具的使用方法。

① 单击工具箱中的"钢笔工具"或按快捷键 P，此时鼠标指针变成 ，表示可以开始绘制。

② 首先使用"钢笔工具"绘制路径如图 7-11 所示的小老鼠身体。

③ 然后使用"钢笔工具"绘制小老鼠的耳朵路径，如图 7-12 所示。

图 7-11　绘制小老鼠身体

图 7-12　绘制小老鼠内耳和外耳

④ 使用"选择工具"选中小老鼠的内耳和外耳，然后右击选中对象，并选择弹出菜单中的"编组"命令，将其编为一组。

⑤ 保持对象的选中状态，按快捷键 Ctrl+C 复制，再按快捷键 Ctrl+V 粘贴，并移动其位置和适当旋转方向，效果如图 7-13 所示。

⑥ 接下来使用"钢笔工具"绘制小老鼠的尾巴，调整位置，确认尾巴为选中状态，右击，选择弹出菜单中的"排列"｜"置于底层"命令，将其置于所有对象的底层，效果如图 7-14 所示。

⑦ 选择工具箱中的"椭圆工具"，在程序窗口中绘制一个椭圆，并为其填充黑色。

⑧ 再次使用"椭圆工具"，绘制一个椭圆，比上一步绘制的小一些，并为其填充白色。

⑨ 用第 5 步类似的方法，复制另外一只眼睛，调整好其位置，效果如图 7-15 所示。

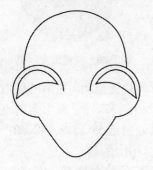
图 7-13　复制耳朵

图 7-14　绘制尾巴并调整位置

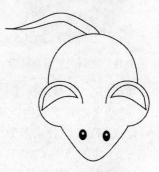
图 7-15　绘制眼睛

⑩ 使用"钢笔工具" ，绘制小老鼠的鼻子，并为其填充黑色，效果如图 7-16 所示。

⑪ 使用"钢笔工具" 为小老鼠绘制出胡须，并调整好其位置，小老鼠绘制完成，效果如图 7-17 所示。

图 7-16 绘制鼻子

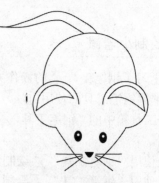
图 7-17 最终效果图

7.5.2 绘制苹果

接下来通过绘制一个苹果继续练习"钢笔工具" 的使用，其中除了用到本节知识之外，还用到后面将要介绍的渐变网格，可以先根据步骤操作提前体验其妙用，如果遇到困难可以参看后续相关章节。绘制苹果的具体操作步骤如下。

① 单击工具箱中的"钢笔工具" 或按快捷键 P，此时鼠标指针变成 ，表示可以开始绘制。

② 在插图窗口中绘制苹果外轮廓路径，并为其填充绿色（CMYK 值为 C60、M0、Y100、K0），如图 7-18 所示。

③ 确认苹果外轮廓路径为选中状态，选择"对象"｜"创建渐变网格"命令，弹出如图 7-19 所示的"创建渐变网格"对话框。

④ 在对话框中输入行数、列数，单击"确定"按钮，创建出渐变网格，如图 7-20 所示。

图 7-18 绘制出苹果外轮廓

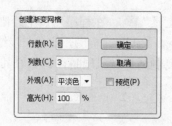
图 7-19 "创建渐变网格"对话框

图 7-20 创建渐变网格

⑤ 使用"直接选择工具" 选择中间的点并向靠近轮廓边缘的位置拖动，并为网格内的四个点设置颜色。其中左上角的点的 CMYK 值分别是 32、0、87、0；右上角的点的 CMYK 值分别是 20、0、76、0；左下角的点的 CMYK 值分别是 53、1.6、98、0；右下角的点的 CMYK 值分别是 56、2、98、0，效果如图 7-21 所示。

⑥ 使用"钢笔工具" 绘制路径，并为其填充黄绿色，CMYK 值分别是 43、0、80、0。

⑦ 选择"对象"|"创建渐变网格"命令,在对话框中设置与前面相同的选项,并单击"确定"按钮。

⑧ 使用"直接选择工具" 选择中间的点,并为网格内的四个点设置颜色,左上角的点的 CMYK 值分别是 36、0、74、0;右上角的点的 CMYK 值分别是 49、0、90、0;左下角的点的 CMYK 值分别是 55、2、97、0;右下角的点的 CMYK 值分别是 48、0、94、0,调整好其位置,如图 7-22 所示。

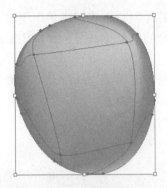
图 7-21 调整网格内的点并填色

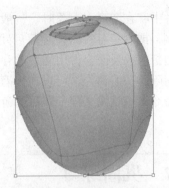
图 7-22 绘制果蒂凹窝

⑨ 使用"钢笔工具" 绘制两条路径,并为其设置渐变,填充为咖啡色到深咖啡色,第一条路径填色 CMYK 值分别是 51、73、75、13,53、99、100、42,61、100、100、60;第二条路径填色 CMYK 值分别是 51、64、85、10,结果如图 7-23 所示。

⑩ 使用"选择工具" 将构成果蒂的两个路径全部选中,右击选中的对象,在弹出的菜单中选择"编组"命令,将其编为一组,并调整好其位置,最终结果如图 7-24 所示。

图 7-23 绘制果蒂

图 7-24 最终效果

7.6 疑难与技巧

7.6.1 用钢笔工具画完路径后,怎么移动其中的单个锚点?

在用"钢笔工具" 绘制路径时,可能会有些位置过于尖锐,如果用工具箱中的"平滑工具" 去平滑路径,也许会改变原来的形状,这时可以通过移动单个锚点来对路径稍做调整。

如何移动单个锚点？选择工具箱中的"直接选择工具"，指向路径上需要修改的位置，如果该处有锚点，在指针右下角就会出现一个小的空白方块。在需要移动的锚点上单击，锚点变为实心方块，其他均为空心方块，此时按键盘上的方向键或拖动锚点对其进行移动即可。

7.6.2 如何清除钢笔工具意外绘制的游离点？

文件中存在游离点对象时，一般是由于使用"钢笔工具"在窗口中单击了一下却没有继续绘制，或者是各种路径运算后残留的对象，这些多余的对象无法显示和打印输出，更没有保留的价值，反而会占用文件的存储空间。

要清除这些游离点，可以在没有选取任何对象的情况下选择"选择"｜"对象"｜"游离点"命令，查找出文稿中存在的游离点，然后按 Delete 键将其删除。

7.7 巩固练习

1. 使用"钢笔工具"绘制如图 7-25 所示的折线路径。

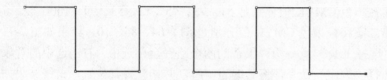

图 7-25　练习绘制折线

2. 使用"钢笔工具"绘制如图 7-26 所示的直线与曲线混合的路径。

图 7-26　练习绘制直线与曲线混合的路径

3. 使用"钢笔工具"绘制如图 7-27 和图 7-28 所示的曲线路径。

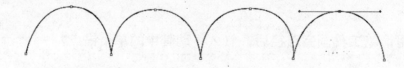

图 7-27　练习绘制曲线（1）

图 7-28 练习绘制曲线（2）

4. 思考怎样用"钢笔工具" ![pen] 绘制出水平、垂直或倾斜的直线段。
5. 使用"钢笔工具" ![pen] 绘制如图 7-29 所示的曲线路径。

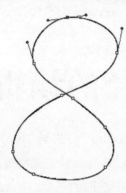

图 7-29 练习绘制曲线（3）

6. 使用"钢笔工具" ![pen] 绘制如图 7-30 所示的混合路径。

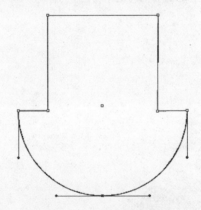

图 7-30 练习绘制混合路径

7. 练习绘制如图 7-31 所示的路径。

图 7-31 化装舞会面具

中文版 Illustrator CS6 标准教程

第 8 章

路径的编辑方法与技巧

由于 Illustrator CS6 绘制的矢量图形都是基于路径和锚点的，所以可以通过编辑路径的锚点或曲线的方向线和方向点来改变路径，从而改变图形的形状。Illustrator CS6 提供了很多种方法来编辑路径，只有掌握这些方法与技巧，才能够真正领略 Illustrator CS6 图形绘制的强大功能，并在实践中设计出好的作品。

- 改变路径的形状
- 添加、删除与转换锚点
- 简化路径
- 分割与连接路径
- 路径的偏移

8.1 改变路径的形状

通过移动路径上的锚点，或者移动连接到曲线段方向线的方向点，可以改变路径的形状。本节将介绍有关方向线和方向点的基础知识，并学习如何使用"直接选择工具"、"套索工具"、键盘和"改变形状工具"改变路径的形状。

8.1.1 认识方向线和方向点

当选择了曲线段的锚点时，可以看到如图 8-1 所示的"方向线"，方向线的末端为"方向点"。通过改变方向线的角度和长度可以改变曲线段的形状和大小，通过移动方向点可以改变曲线的形状。选择锚点及调整方向线和方向点，都用到下面将要介绍的"直接选择工具"。

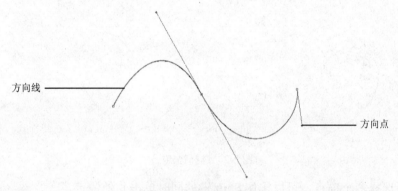

图 8-1　方向线和方向点

提示　在打印时，方向线是不会被打印出来的，它只用于帮助改变路径的形状。

锚点有两种：平滑点和角点。平滑点有两条方向线，而且始终在一条直线上。移动一条方向线，另一条也会随之移动，从而保持该锚点处曲线的连续性。

而角点可以有两条、一条或者没有方向线。当角点连接两条曲线段时，则会有两条方向线，移动一条方向线，另一条可以不受影响。而当角点连接一条曲线段时，则有一条方向线。当角点未连接曲线段时，则没有方向线。

方向线总是与锚点处曲线的切线方向一致，与曲线的半径垂直。每条方向线的角度决定了曲线的斜率，而每条方向线的长度决定了曲线的高度或深度。了解了这一点，在调整方向线的角度和长度时就可以做到心中有数了。

方向线和方向点是可以隐藏的，方法是选择"视图"|"隐藏边缘"命令，快捷键为 Ctrl+H。如果要再显示出来，则需要选择"视图"|"显示边缘"命令。

8.1.2 使用"直接选择工具"

"直接选择工具"在路径编辑中起着非常重要的作用。可以通过选择锚点、方向点、路径线段并移动它们，来改变直线或曲线路径的形状。

● 选择与移动锚点

使用"直接选择工具" 选择锚点的具体操作步骤如下。

① 确认没有选中任何包含锚点的路径。

> **提示**：可以使用工具箱中的"选择工具"在插图窗口空白处单击取消选择任何对象,也可以选择"选择"|"取消选择"命令,或使用快捷键 Ctrl+Shift+A。

② 单击工具箱中的"直接选择工具",移动指针到包含锚点的路径上。当指针正好位于锚点上方时,指针形状会变为,这时单击即可选中锚点,如果按住左键不放并拖动鼠标可以移动锚点。如图 8-2 所示,当锚点被选中后,会显示为实心的方形,并显示出方向线。与此同时也会显示出相邻的锚点,并显示为空心方形,表示未被选中。锚点被选中后,可以按 Delete 键将其删除。

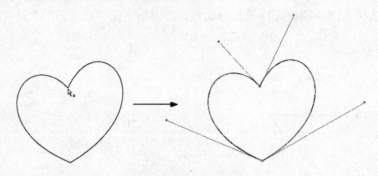

图 8-2　选择锚点

③ 如果要选择多个锚点,可以按住 Shift 键的同时单击其他锚点。

● 选择与移动路径线段

使用"直接选择工具" 选择路径线段的具体操作步骤如下。

① 单击工具箱中的"直接选择工具",移动到路径线段上单击,选中后的路径线段会显示出两端锚点靠近线段一侧的方向线。

> **技巧**：按住 Shift 键单击可选中多条线段。

② 只要指针在两个像素以内就能按住左键拖动线段。如果不好判断距离,可以按下左键先查看一下鼠标指针有没有变化,如果没变化,则说明距离还不够近;如果变为如图 8-3 所示的形状,则表示可以拖动了。实际操作时请注意使用这一技巧。

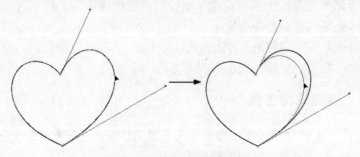

图 8-3　选择与移动路径线段

③ 如果使用"直接选择工具" 在整个图形外围划一个选框,可以选中图形上所有锚点和路径线段,如图 8-4 所示。

● 更改直线段长度或角度

更改直线段长度或角度的具体操作步骤如下。

① 单击工具箱中的"直接选择工具" ,移动到直线段的某锚点上单击选中该锚点。
② 在锚点上按住鼠标左键拖动,可以更改直线段的长度或角度,如图 8-5 所示。

图 8-4 选中所有锚点和路径线段

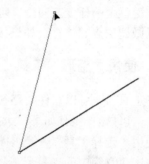

图 8-5 更改直线段的长度或角度

例如,当我们绘制了一个矩形后,可以通过这种办法改变其形状,如图 8-6 所示。

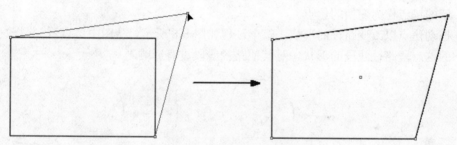

图 8-6 改变矩形的形状

8.1.3 使用"套索工具"

"套索工具" 可以用于选择多个锚点或路径线段。具体操作步骤如下。

① 单击工具箱中的"套索工具" 或按快捷键 Q。
② 如果在锚点周围拖动,可以选中锚点。按住 Shift 键的同时拖动,可以继续选中其他锚点。过程如图 8-7 所示,选中的锚点以实心小方形显示。

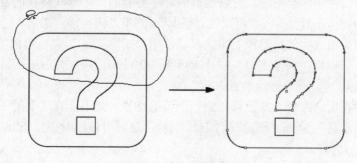

图 8-7 选中多个锚点

③ 如果在路径线段周围拖动，可以选中路径线段。按住 Shift 键的同时拖动，可以继续选中其他路径线段。

8.1.4 使用键盘移动锚点

使用键盘也可以移动锚点，具体操作步骤如下。
① 使用前面介绍过的方法选择要移动的锚点。
② 按键盘上的任一方向键，向箭头方向一次可以移动一个像素，这种方法的优点在于可以微调锚点的位置。如果按住 Shift 键的同时按方向键，则一次移动 10 个像素。

8.1.5 使用"整形"工具

"整形工具"可以在保持路径整体细节完整无缺的同时，调整所选择的锚点来延伸路径的一部分。具体操作步骤如下。
① 使用"选择工具"选中整个路径。
② 单击工具箱中的"整形工具"，它隐藏在"比例缩放工具"中。
③ 单击要整形位置的锚点或路径线段，以指定整形的焦点，焦点以方框显示。按住 Shift 键的同时单击，可以设置多个焦点。如果单击的是路径线段，则添加一个带有方框显示的锚点作为变换的焦点。
④ 拖动焦点以改变路径的形状。整个过程如图 8-8 所示。从图中可以看到只改变了所选的这一段路径线段的形状，对其他路径线段没有影响。

图 8-8　整形工具的使用过程

8.2　添加、删除与转换锚点

通过添加、删除和转换路径上的锚点，可以改变路径的形状，增强对路径的控制，从而实现精确地绘制图形。添加锚点时最好不要添加多余的点，因为点数较少的路径会更易于编辑、显示或打印。在实际绘图时，可以通过删除不必要的点来降低路径的复杂程度。

使用"添加锚点工具"、"删除锚点工具"和"转换锚点工具"可以分别向路径上添加锚点、删除锚点和转换路径上的锚点。使用"钢笔工具"也可以实现这些操作，因为默认情况下，只要将"钢笔工具"移动到所选路径上方时，"钢笔工具"会自动更改为"添加锚点工具"或"删除锚点工具"。

但有时希望在所选路径上方重新开始一个新的路径，就不能将"钢笔工具"再自动切换为"添加锚点工具"或"删除锚点工具"，这时可以临时按住 Shift 键来限制"钢笔工具"的自动切换。

如果要停止自动切换，需要在首选项中进行设置，按快捷键 Ctrl+K 打开"首选项"对话框,选中"常规"选项中的"停用自动添加/删除"复选框即可,如图8-9所示。

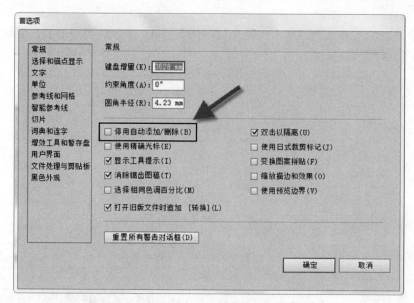

图 8-9 "首选项"对话框

8.2.1 将锚点添加到路径

将锚点添加到路径的具体操作步骤如下。

① 选中希望添加锚点的完整路径。

② 单击工具箱中的"钢笔工具" (快捷键为 P)或"添加锚点工具" (快捷键为"+")。

③ 在希望添加锚点的路径线段上方单击。整个过程如图8-10所示。

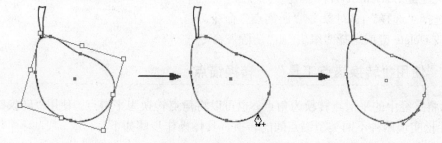

图 8-10 添加锚点的过程

 提示　也可以使用菜单命令自动将锚点添加到路径,方法是选择"对象"|"路径"|"添加锚点"命令。添加锚点后,可以使用"直接选择工具"调整锚点或其方向线,从而改变路径的形状。

8.2.2 从路径中删除锚点

从路径中删除锚点的具体操作步骤如下。

① 选中希望删除锚点的完整路径。

② 单击工具箱中的"钢笔工具" (快捷键为 P）或"删除锚点工具" (快捷键为"-"）。

③ 在希望删除的锚点上方单击。整个过程如图 8-11 所示，可以看到，删除锚点后，引起了梨子形状的变化。

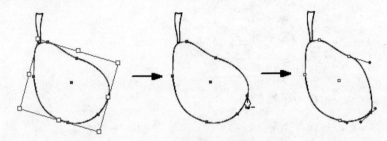

图 8-11　删除锚点的过程

 也可以在选中锚点后，选择"对象"|"路径"|"移去锚点"命令。

 不要使用 Delete、Backspace 和 Clear 键来删除锚点，也不要使用"编辑"|"剪切"命令或"编辑"|"清除"命令删除锚点，这些键和命令将同时删除该锚点和连接到该锚点的线段。

8.2.3　清除游离点

有时图形中会包含一些不与其他锚点连接的单独锚点，这样的锚点称为"游离点"。这些锚点对于图形通常没什么用，可以将它们清除掉。手动找到它们并清除往往费时费力，Illustrator 提供了一种快速查找与删除"游离点"的方法，具体操作步骤如下。

① 首先取消选择插图窗口中的所有对象。可以选择"选择"|"取消选择"命令，或使用快捷键 Ctrl+Shift+A。

② 选择"选择"|"对象"|"游离点"命令。

③ 按 Delete 键或选择"编辑"|"清除"命令。

8.2.4　使用"转换锚点工具"转换锚点

可以将路径中的平滑点转换为角点，也可以将角点转换为平滑点。使用"转换锚点工具"可以轻松实现两种不同类型锚点间的转换，具体操作步骤如下。

① 选中希望转换锚点的完整路径。

② 单击工具箱中的"转换锚点工具"（快捷键为 Shift+C）。

③ 如果要将角点转换为平滑点，则从角点拖出两个方向点，如图 8-12 所示。

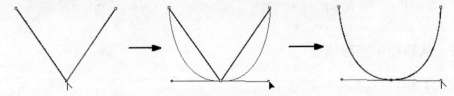

图 8-12　将方向点拖动出角点以创建平滑点

④ 如果要将平滑点转换为没有方向线的角点,则单击平滑点,如图 8-13 所示。

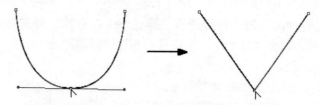

图 8-13　单击平滑点以创建没有方向线的角点

⑤ 如果要将平滑点转换成具有独立方向线的角点,则单击任一方向点并拖动,如图 8-14 所示。

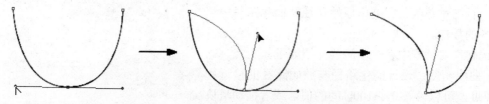

图 8-14　将平滑点转换成具有独立方向线的角点

⑥ 要将没有独立方向线的角点转换为有独立方向线的角点,则先将方向点拖动出角点,使角点转变成为有方向线的平滑点(与第 3 步相同),然后释放鼠标左键,再拖动其中一个方向点(与第 5 步相同),如图 8-15 所示。

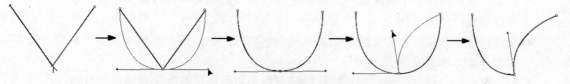

图 8-15　将没有独立方向线的角点转换为有独立方向线的角点

8.2.5　使用控制面板转换锚点

使用控制面板中的锚点转换选项,可以转换选中的一个或多个锚点。在进行转换之前,应选中要转换的锚点,而不是选中整个对象。可以使用"直接选择工具"或"套索工具"选中要转换的多个锚点。

- 如果要将一个或多个角点转换为平滑点,则在选择这些点后,单击控制面板中的"将所选锚点转换为平滑"按钮。
- 如果要将一个或多个平滑点转换为角点,则在选择这些点后,单击控制面板中的"将所选锚点转换为尖角"按钮。

8.3　简化路径

在编辑路径时,还经常需要简化路径,以得到更好的设计作品。本节介绍简化路径的两种方法:使用"简化"命令和使用"平均"命令。

8.3.1 使用"简化"命令简化路径

对复杂的矢量图形而言,如果将路径适当简化一下,删除额外的锚点而不改变路径的形状,则可以简化图稿,减小文件大小,加快显示和打印图稿的速度。其具体操作步骤如下。

① 选中要简化的路径。

② 选择"对象"|"路径"|"简化"命令。

③ 在如图8-16所示的"简化"对话框中设置简化路径的"曲线精度"和"角度阈值"等选项。设置完毕,单击"确定"按钮,进行简化。在对话框中选中"预览"复选框可以显示简化路径的预览效果并列出原始路径和简化路径中点的数量。

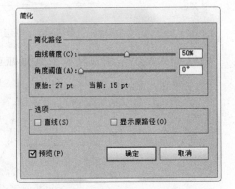

图8-16 "简化"对话框

"简化"对话框中各选项简要介绍如下。

- 曲线精度:设置简化路径与原始路径的接近程度,可以输入0%~100%间的值,或者拖动滑块来改变数值。越高的百分比将创建越多点并且越接近原来的路径形状。如果不设置"角度阈值",则除了曲线端点和角点外的任何现有锚点将被忽略。
- 角度阈值:控制角的平滑度,可以输入0°~180°间的值,或者拖动滑块来改变数值。如果角点的角度小于角度阈值,将不更改该角点。如果"曲线精度"值较低,该选项有助于保持角的锐利。
- 直线:选中此项则在对象的原始锚点间创建直线。如果角点的角度大于"角度阈值"的设置值,将删除角点。
- 显示原路径:选中此项则显示简化路径背后的原路径,有助于对照调整数值。

8.3.2 平均锚点的位置

可以将路径中多个锚点的位置平均分布一下,通过这种方式可以改变路径的形状。

例如,使用"铅笔工具" 在插图窗口绘制一条波浪线,要想让这条线更平缓一些,可以选择"对象"|"路径"|"平均"命令(快捷键为Ctrl+Alt+J),然后在如图8-17所示的"平均"对话框中选择"水平"轴,并单击"确定"按钮。原路径与平均锚点位置后的路径如图8-18所示。

图8-17 "平均"对话框

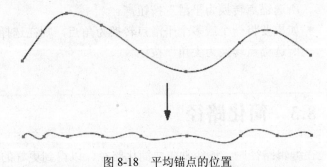

图8-18 平均锚点的位置

注意 平均锚点的位置是从另一种角度简化路径的方法。但该操作会较大幅度地改变路径的形状，所以要慎用。

8.4 分割与连接路径

有时需要将路径分割开再分别进行编辑，有时需要将路径的两个端点连接起来。这些都是路径编辑中经常会遇到的一些操作。

8.4.1 分割路径

"剪刀工具"用于分割路径，具体操作步骤如下。

① 选中要分割的路径。
② 单击工具箱中的"剪刀工具"（快捷键为 C）。
③ 在路径上要分割的位置单击。在路径线段中央分割路径时，两个新端点将重合（一个在另一个上方），并且选中一个端点。如果是在锚点处分割，新锚点将出现在原锚点顶部，并且选中一个锚点。
④ 分割完毕，使用"直接选择工具"调整分割后得到的新路径。
⑤ 如图 8-19 所示为在路径线段中央分割路径的过程。

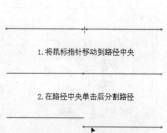

图 8-19 分割路径的过程

8.4.2 连接路径

连接路径端点的具体操作步骤如下。

① 使用"直接选择工具"或"套索工具"选中要连接的端点。
② 选择"对象"|"路径"|"连接"命令（快捷键为 Ctrl+J）。

如果端点重合，则会出现如图 8-20 所示的"连接"对话框（这种情况比较少见，但确实存在，如果没有出现，也不必感到奇怪），可以指定连接后点的类型是角点还是平滑点，单击"确定"按钮后连接。

如果两个端点的距离比较大，则以直线段连接，如图 8-21 所示。

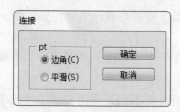

图 8-20 "连接"对话框

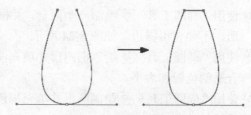

图 8-21 连接非重合端点

 提示 如果试验连接两个重合的端点，可以使用"直接选择工具"选中两个端点，然后单击控制面板中的"水平居中对齐"按钮和"垂直居中对齐"按钮，使两个端点重合，然后再按快捷键 Ctrl+J 进行连接，即会出现"连接"对话框。

8.5 路径的偏移

通过让路径偏移可以创建出新的路径副本，如可用于创建同心圆或同心的其他图形。路径偏移的具体操作步骤如下。

① 选中要偏移的路径。

② 选择"对象"|"路径"|"偏移路径"命令。

③ 在如图 8-22 所示的"偏移路径"对话框中设置路径偏移的选项，其中"位移"为偏移的距离，其余两个选项"连接"和"斜接限制"用于设置新路径端点的连接方式。设置完毕，单击"确定"按钮进行偏移，偏移得到的新路径会被选中。偏移前后的路径如图 8-23 所示。

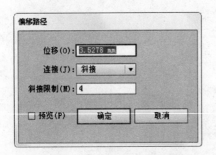

图 8-22 "偏移路径"对话框

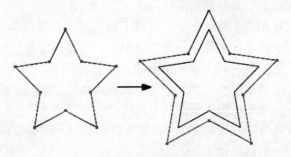

图 8-23 偏移路径

提示　选中"偏移路径"对话框中的"预览"复选框，可以预览偏移之后的效果，从而帮助确定位移和斜接限制的数量。

8.6 实例演练——蜜蜂宝宝

通过以下绘制蜜蜂宝宝的实例学习路径编辑中常用工具的熟练操作方法，其具体操作步骤如下。

① 使用"椭圆工具" ◎ 绘制一个圆形，并根据需要适当改变其形状，然后以黄色填充圆形，不要使用描边，如图 8-24 所示。

② 使用"椭圆工具" ◎ 绘制椭圆形并填充淡黄色，放置于上一步绘制的圆形中，调整到合适的位置和大小。

③ 使用"椭圆工具" ◎ 绘制圆形并填充褐色，将这个圆形复制到另一侧，这样就完成了眼睛的绘制。

④ 使用"椭圆工具" ◎ 画额头装饰，并使用桃褐色填充，没有描边颜色。

⑤ 最后使用"钢笔工具" ◢ 画一只正在笑的小嘴巴，不填充任何颜色，将描边色设置为褐色。这样就完成了头部的绘制，如图 8-25 所示。

⑥ 使用"钢笔工具" 绘制蜜蜂宝宝的衣服,并填充黑褐色和黄色两种颜色。然后使用"钢笔工具" 在蜜蜂宝宝的头部上方画一个半弧形,不填充任何颜色,将描边色设置为褐色。然后在半弧形顶端绘制圆形并填充橘黄色。完成蜜蜂宝宝的制作,最终效果如图 8-26 所示。

图 8-24　绘制一个圆形　　　图 8-25　完成头部的绘制　　　图 8-26　蜜蜂宝宝最终效果

8.7 疑难与技巧

8.7.1 如何自动在两个相邻的锚点中间添加锚点?

如果想要在路径图形上增加多个锚点,且在两个相邻的锚点中间添加锚点,可以选择"对象"|"路径"|"添加锚点"命令,则系统会自动在两个相邻的锚点中间添加锚点。

8.7.2 怎样快速实现角点和平滑点的转换?

在对路径进行编辑操作时,会遇到角点和平滑点相互转换的问题,想要快速实现角点与平滑点的相互转换,则单击控制面板中的"将所选锚点转换为平滑" 按钮或"将所选锚点转换为尖角"按钮 即可。

8.8 巩固练习

1. 找一些带有简单卡通形象或标志的包装盒或其他物品,模仿上面的图形在 Illustrator CS6 中进行绘制,练习有关路径绘制与编辑的技巧。练习时注意综合运用各种路径绘制与编辑工具,绘制同样的图形,可能有多种方法,试着找出最简便的那一种。
2. 思考:哪些工具可以用于路径编辑?它们分别有什么作用?
3. 试着绘制一个梨子的路径。可以参考实物或图片编辑路径的形状。
4. 转换锚点的途径有哪些?分别练习这些方法。

第 9 章

处理文字

文字在一幅平面作品中起着相当重要的作用，通过文字可以将作品要传达的许多信息直接传达给读者。Illustrator CS6 不仅拥有强大的图形绘制能力，同时也具备全面而出色的文字处理功能。Illustrator 能够将文字对象当作一种图形元素，对其进行填色、缩放、旋转、变形等操作，还可以轻松实现图文混排、使文字沿路径分布、创建文字蒙版等，能够胜任各种复杂的排版工作。本章将全面介绍 Illustrator CS6 文字处理方面的方法与技巧。

学习重点

- 熟悉文字工具
- 编辑区域文字
- 设置文字格式
- 设置段落格式
- 导入与导出文字
- 创建文字轮廓
- 使用制表符面板
- 沿路径输入文字
- 文字的其他操作
- 制作弯曲的标题文字

9.1 使用文字工具

Illustrator CS6 共提供了 6 种不同的文字工具，在工具箱中按住"文字工具" T 不放，可以看到隐藏在其中的其他文字工具，这时单击最右侧的拖出按钮，可以弹出如图 9-1 右图所示的文字工具栏。

在 Illustrator CS6 中创建文字的方法有三种：从某点输入、输入某区域、沿路径创建。使用这三种方法创建的文字分别称为"点文字"、"区域文字"和"路径文字"，下面分别简要介绍如下。

点文字：是指从画板上单击的位置开始，并随着字符的输入而扩展的一行或一列横排或直排文本，适用于在图稿中输入少量文本的情形。

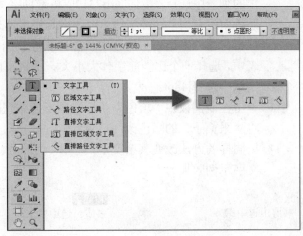

图 9-1　6 种文字工具

区域文字：是指利用对象的边界来控制字符排列（既可以横排，也可以直排）。当文本接触到边界时，会自动换行，还可以落在所定义区域的外框内。当希望创建包含一个或多个段落的文本（如用于宣传册之类的印刷品）时，这种输入文本的方式相当有用。

路径文字：是指沿着开放或封闭的路径排列的文字。当水平输入文本时，字符的排列会与基线平行。当垂直输入文本时，字符的排列会与基线垂直。无论是哪种情况，文本都会沿路径点添加到路径上的方向来排列。

注意　　如果输入的文本长度超过区域或路径的容许量，则靠近边框区域底部的地方会出现内含一个加号的小方块。

工具箱中的 6 种文字工具中，"文字工具" T 和"直排文字工具" T 可用于从点输入和在区域中输入文字，"区域文字工具" T 和"直排区域文字工具" T 用于在区域中输入文字，"路径文字工具" 和"直排路径文字工具" 用于沿路径创建文字。下面将分别介绍这 6 种工具的使用方法。

9.1.1 文字工具

"文字工具" T （快捷键为 T）用于从某点输入文字或创建文字区域。也可以使用"文字工具" T 输入和编辑文字。下面通过实例介绍如何使用"文字工具" T ，以及如何设置文字的基本格式。

① 新建一个文档，文档设置自定，用于练习使用文字工具。

② 单击工具箱中的"文字工具" T ，在画板上单击。这时在画板上会出现一个闪烁的光标，这个位置叫做"插入点"，表示现在可以在该位置输入文字了。

③ 按 Ctrl+Shift 键或单击 Windows 任务栏中的输入法图标从中选择一种输入法，然后输入文字，如图 9-2 所示，在需要换行的地方按 Enter 键。默认情况下，文字的字体为宋体。

④ 选中词的题目"采桑子"，然后在控制面板中单击"字符"右侧的字体下拉按钮，从弹出的列表中选择"楷体_GB2312"将题目字体改为楷体（如果没有这种字体，则是因为系统中没有安装这种字体，可选用其他字体来代替），效果如图 9-3 所示。

⑤ 保持标题"采桑子"的选中状态，从控制面板中"段落"链接左侧的"字体大小"列表中，选择一个比当前字体大小大一个级别的数值。例如，这里原来字体大小为 36pt，则从中选择 48pt。

⑥ 单击控制面板中"填色"图标右侧下拉按钮■▼，从弹出的"色板"面板中选择红色，将"采桑子"的颜色改为红色。

⑦ 用同样的方法改变其余文字的字体、字体大小和颜色，如可以编辑出如图 9-4 所示的文字示例效果。

采桑子
书博山道中壁

少年不识愁滋味，爱上层楼。
爱上层楼。
为赋新词强说愁。

而今识尽愁滋味，欲说还休。
欲说还休。
却道天凉好个秋。

图 9-2 输入文字

采桑子
书博山道中壁

少年不识愁滋味，爱上层楼。
爱上层楼。
为赋新词强说愁。

而今识尽愁滋味，欲说还休。
欲说还休。
却道天凉好个秋。

图 9-3 改变字体

采桑子
书博山道中壁

少年不识愁滋味，爱上层楼。
爱上层楼。
为赋新词强说愁。

而今识尽愁滋味，欲说还休。
欲说还休。
却道天凉好个秋。

图 9-4 示例效果

⑧ 输入完成后可以按快捷键 Ctrl+Enter 退出文字输入状态，或者单击工具箱中的"选择工具" 选择文字对象。如图 9-5 所示，当文字对象处于选中状态时，周围会出现定界框，可以像操作其他图形对象一样对它进行移动、缩放、旋转、倾斜等操作。例如，选择"对象"|"变换"|"倾斜"命令，然后在"倾斜"对话框中输入"倾斜角度"为–15，"轴"设置为"垂直"，如图 9-6 所示，单击"确定"按钮，可以得到如图 9-7 所示的倾斜文字效果。

图 9-5 选中文字对象

图 9-6 "倾斜"对话框

提示 对于选中的文字对象，如果改变其字体、字体大小、填色等文字基本属性，则对象内所有文本都将随着一起变化，而不管它们原来的属性是怎样的。例如，如果现在在"色板"面板中单击蓝色，则所有文字都将变为蓝色。

⑨ 如果要再编辑文字对象中的文字，则可以使用"文字工具"单击文字对象内部，进入文字编辑状态，然后根据需要进行编辑。

⑩ 接下来练习使用"文字工具"输入区域文字。单击工具箱中的"文字工具"，在上面这段文字的下方划一个矩形框区域，划完后区域内有光标闪烁，表示可以输入文字了。用类似的方法在区域中输入文字并设置文字格式。

⑪ 输入完毕单击"选择工具"，并选中文字对象，可以看到如图9-8所示的效果。试比较图9-5与图9-8文字对象周围定界框的不同——文字区域的左上角和右下角多出两个比较大的方形句柄。有关区域文字的编辑后面将做详细介绍。

图9-7 倾斜文字对象

图9-8 文字区域

9.1.2 直排文字工具

"直排文字工具"用于从某点输入直排文字，或者创建直排文字区域。

① 接上例，按快捷键 Ctrl+A 将所有对象全部选中后，按 Delete 键将其删除。

② 单击工具箱中的"直排文字工具"，在画板中单击，就可以从插入点开始输入文本了，试着排出如图9-9所示的文字。

③ 用"直排文字工具"在这段文字下方划出一个文字区域，练习输入并编辑文字。

④ 可见，"直排文字工具"与"文字工具"用法类似，只不过文字方向不同罢了。

图9-9 直排文字

9.1.3 区域文字工具

"区域文字工具"用于将封闭路径改为文字区域，然后可以在文字区域中输入与编辑文字，常用于制作各种特殊形状的文字区域。

打开光盘中本章的例子文档"区域文本.ai"，如图 9-10 所示，文档中包含一个蝴蝶形状的路径，我们将用它来练习使用"区域文字工具" 。

图 9-10 "区域文本.ai"

① 单击工具箱中的"区域文字工具" 。
② 将指针移动到蝴蝶路径上面并单击，将路径转换为如图 9-11 所示的文字区域。
③ 从插入点开始输入文字，直到区域内全部充满了文字为止，单击"选择工具" ，可以看到如图 9-12 所示的效果。

图 9-11 将路径转换为文字区域

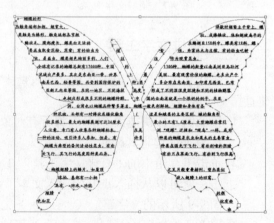

图 9-12 充满文字的文字区域

9.1.4 直排区域文字工具

"直排区域文字工具" 用于将封闭路径改为直排文字区域，然后可以在文字区域中输入与编辑文字，它的用法与"区域文字工具" 类似，只不过文字方向为直排，在此不再赘述。直排文字区域的效果如图 9-13 所示。

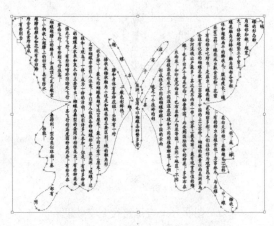

图 9-13 直排文字区域效果

9.1.5 路径文字工具

"路径文字工具" 用于将路径转换为文字路径，然后在文字路径上输入和编辑文字，常用于制作特殊形状的沿路径文字效果。

打开光盘中本章的例子文档"路径文本.ai"，文档中包含一个靴子图形，我们将用它来练习使用"路径文字工具"。

① 单击工具箱中的"路径文字工具"，移动指针到靴子路径的边缘并单击，将路径变为文字路径，可以看到光标在路径的边缘闪烁，如图 9-14 所示。

② 从插入点处开始输入文本，直到充满整个路径，效果如图 9-15 所示。

图 9-14 将路径转换为文字路径

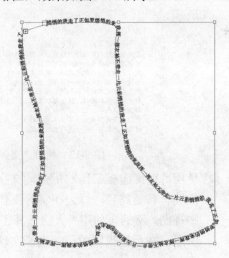

图 9-15 路径文字效果

9.1.6 直排路径文字工具

"直排路径文字工具"用于将路径转换为直排文字路径，然后在文字路径上输入和编辑文字，方法与"路径文字工具"类似，只不过文字方向为直排，在此不再赘述。直排路径文字的效果如图 9-16 所示。

图 9-16　直排路径文字效果

9.2　编辑区域文字

区域文字是常用的一种文字对象，它能够实现点文字所不能实现的许多功能，如文本串接和文本绕排。本节将介绍编辑区域文字的具体方法。

9.2.1　调整文字区域大小和形状

调整文字区域大小和形状的具体操作步骤如下。

① 使用"选择工具" 拖动文字区域周围的句柄，可以调整文字区域的大小，如图 9-17 所示。

图 9-17　使用"选择工具" 调整文字区域的大小

② 使用"直接选择工具" 拖动文字区域路径的边和角，可以改变文字区域的形状，就像编辑普通路径一样。在实际操作中，通常先选择"视图"|"轮廓"命令，切换为轮廓视图，然后再使用"直接选择工具" 拖动，这是比较容易的一种方法，如图 9-18 所示。在预览视图中虽然也能实现，但操作起来不太方便。

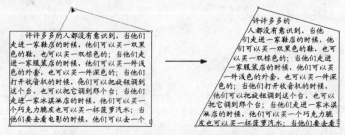

图 9-18　在轮廓视图中用"直接选择工具"改变文字区域形状

9.2.2 更改文字区域边距

区域文字对象中文本与边框路径之间的边距,称为内边距,可以根据实际需要改变内边距的大小。更改文字区域内边距的具体操作步骤如下。

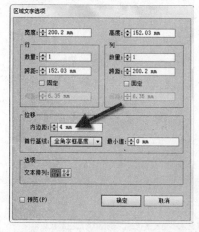

① 选中区域文字对象。
② 选择"文字"|"区域文字选项"命令。
③ 在"区域文字选项"对话框中输入"内边距"的数值,如图 9-19 所示。

无内边距与设置了内边距的区域文字对比如图 9-20 所示。

图 9-19　"区域文字选项"对话框　　　图 9-20　无内边距与设置了内边距的区域文字对比

9.2.3 调整首行基线偏移

区域文字对象中首行文本与对象顶部的对齐方式称为"首行基线偏移",可以通过调整使文字紧贴文字对象顶部,也可以使它们之间有一段距离,如图 9-21 所示为这两种情况的对比。

图 9-21　无首行基线偏移与有首行基线偏移的对比

调整首行基线的具体操作步骤如下。
① 选中区域文字对象。
② 选择"文字"|"区域文字选项"命令。
③ 在"区域文字选项"对话框中从"首行基线"下拉列表中选择一种偏移方式,如图 9-19 所示,并调整右侧的最小值。

"首行基线"下拉列表中的各项简要介绍如下。
- 字母上缘:像"d"这样的字符的高度降到文字对象顶部之下。
- 大写字母高度:大写字母的顶部接触到文字对象的顶部。
- 行距:以文本的行距值作为文本首行基线和文字对象顶部之间的距离。
- x 高度:像"x"这样的字符的高度降到文字对象顶部之下。
- 全角字框高度:亚洲字体中全角字框的顶部接触到文字对象的顶部。此选项只在选中了"显示亚洲文字选项"首选项时才可以使用。

- 固定：指定文本首行基线与文字对象顶部之间的距离，其值在"最小值"文本框中指定。

④ 在下拉列表右侧输入框中指定基线偏移"最小值"。例如，如果为"首行基线"选择"行距"，并指定最小值为 1pt，则 Illustrator 只会在行距大于 1pt 时才使用行距值。

⑤ 单击"确定"按钮。

9.2.4 创建文本行和文本列

可以在区域文字对象内部创建文本行和文本列，从而实现分栏效果。具体操作步骤说明如下。

打开光盘中本章的例子文档"分栏.ai"，如图 9-22 所示，文档中包含一个区域文字对象，我们将使用它来练习创建文本分栏效果。

① 选中如图 9-23 所示的区域文字对象。

② 选择"文字"|"区域文字选项"命令。

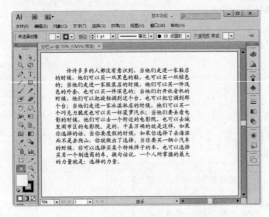

图 9-22　例子文档"分栏.ai"　　　　　　图 9-23　选择区域文字

③ 在"区域文字选项"对话框中的"列"区域中，设置列数为 2、跨距为 101.11mm、其他采用默认设置，如图 9-24 所示。

④ 单击"确定"按钮，可以得到如图 9-25 所示的文本分栏效果。

图 9-24　设置列数与跨距　　　　　　图 9-25　分为两栏

"区域文字选项"对话框中的行与列设置选项简要介绍如下。
- 数量：指定区域文字对象要包含的行数和列数，也就是通常所说的"栏数"。
- 跨距：指定单行高度和单栏宽度。
- 固定：确定调整文字区域大小时行高和栏宽的变化情况。选中此选项后，如果调整区域大小，只会更改行数和栏数，而不会改变其高度和宽度。如果希望行高和栏宽随文字区域大小而变化，则需要取消选择此选项。

9.2.5 文本串接

区域文字对象都有"输入连接点"和"输出连接点"，用于链接到其他对象并创建文字对象的链接副本。如果连接点为空，表示对象尚未链接。连接中的箭头表示对象已经链接到另一个对象。要链接到其他对象，需要使用文本串接。

当对长篇文章排版时，一个区域文字对象装不下太多的文字，这时就会在区域文字对象的右下方出现一个红色的加号，表示在该对象内存在"溢流文本"。可以通过将文本串接到另一个对象中，将溢流文本显示出来。

打开光盘中本章的例子文档"串接.ai"，如图 9-26 所示，文档中包含一个区域文字对象和一个矩形路径，我们将用它们来练习文本串接。

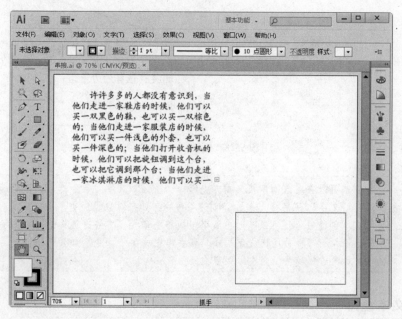

图 9-26 例子文档"串接.ai"

① 选中上方的区域文字对象，并单击右下方的红色加号。
② 鼠标指针变为 形状，移动到区域文字对象右侧合适的位置并拖动出合适的大小（也可以直接单击，但会以默认大小创建新对象），创建出一个新的区域文字对象，这时可以看到两个对象之间有连接的箭头，如图 9-27 所示，说明两个对象已经串接。
③ 可以观察到新对象的右下角仍有红色的加号，表示隐藏有溢流文本。单击这个红色加号，然后移动指针到新对象下方的矩形路径内部，当指针变为 形状时单击，将新对象与矩形路径链接起来，如图 9-28 所示。

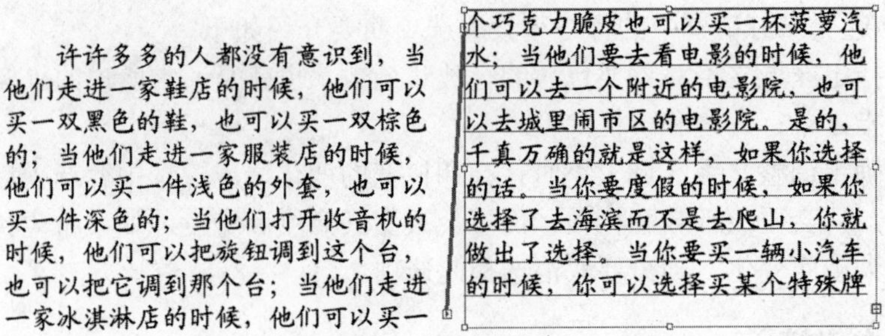

图 9-27　链接新对象

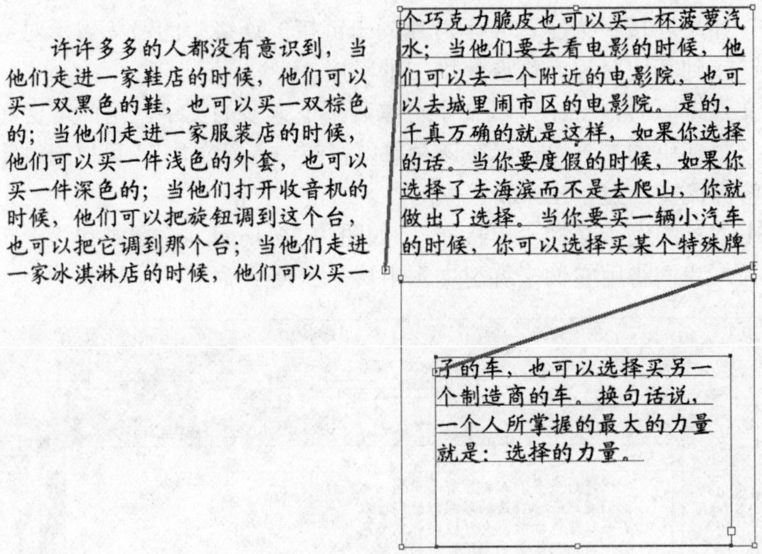

图 9-28　链接已有对象

提示
　　还有一种方法可以在对象间串接文本：先选择一个区域文字对象，然后选择要链接到的一个或多个对象，选择"文字"|"串接文本"|"创建"命令。如果对象已经有了串接文本，则不能再使用此命令。串接文本创建后，还可以随时中断串接或移去串接。方法是选择链接的文字对象后，选择"文字"|"串接文本"|"释放所选文字"或"移去串接文字"命令。如果选择释放，则文本排列到下一个对象中。如果选择移去，则文本保留在原位置。

9.2.6　文本绕排

　　在印刷品制作中，经常用到文本绕排效果。在 Illustrator CS6 中可以将文本绕排在任何其他对象（如图形、文字对象等）的周围。如果绕排对象是位图图像，Illustrator 会沿不透明或半透明的像素绕排文本，而忽略完全透明的像素。

　　绕排是由对象的排列顺序决定的，文本所要绕排的对象必须直接位于文本的上方，只有这样，文本才能够绕排在该对象的周围。如果文本位于所要绕排的对象上方，或位于其他图层或组中，都不能实现绕排。

　　打开光盘中本章的例子文档"绕排.ai"，如图 9-29 所示，文档中包含一个区域文字对象和树木位图，位图的排列顺序已经位于区域文字对象的上方。

第 9 章 处理文字

图 9-29 例子文档"绕排.ai"

① 选中位图，这是文字将要绕排的对象。
② 选择"对象"|"文本绕排"|"建立"命令，得到如图 9-30 所示的效果。
③ 如果要改变绕排对象的位置，可以先取消选择所有对象，然后使用"选择工具" 拖动绕排对象。
④ 可以随时释放文本绕排，方法是在选中绕排对象后，选择"对象"|"文本绕排"|"释放"命令。
⑤ 选择"对象"|"文本绕排"|"文本绕排选项"命令，可以打开如图 9-31 所示的"文本绕排选项"对话框。在该对话框中可以在"位移"文本框中输入文本和绕排对象之间的间距大小，数值可正可负；"反向绕排"复选框用于指定是否围绕对象反向绕排文本。

图 9-30 绕排效果

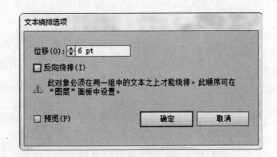

图 9-31 "文本绕排选项"对话框

143

9.3 设置文字格式

使用任一种文字工具在文档中输入文字后，可以将文字对象中的一部分文字选中，设置其文字格式，或者将整个文字对象选中，设置其整体的文字格式。文字的格式设置包括对文字应用不同的字体、字体大小、行距与字距、填色、描边、透明设置、效果和图形样式。通过设置这些属性来改变文字对象的颜色和外观。除非栅格化文字，否则不管怎样更改文字的格式，文字仍将保持可编辑状态。

在设置文字格式之前，必须先选中要设置的文字。设置文字格式的途径有许多种，包括使用控制面板、"字符"面板、"文字"菜单以及其他与文字相关的各种面板等。

9.3.1 选择文字

在对文字进行格式设置之前，必须先将文字选中。选择时可以选择一个或多个字符，也可以选择整个文字对象或一条文字路径。

■ 选择字符

从工具箱中选择任一种文字工具，并执行下列操作之一。

- 在文字对象中拖动，可以选择一个或多个字符。如果按住 Shift 键并拖动，可以扩大或缩小选区。
- 如果是中文，在一个字或词上双击，可以选择整句。如果是英文，在一个单词上双击，可以选择这个单词。
- 在段落中三击，可以选择整个段落。
- 当选择一个或多个字符后或者未选择任何字符但光标在文字对象中闪烁时，选择"选择"|"全部"命令可以选中文字对象内的所有字符。

■ 选择文字对象

从工具箱中选择"选择工具" 或"直接选择工具" ，并执行下列操作之一。

- 单击文字对象将其选中。如果要选择多个文字对象，可以按住 Shift 键的同时连续单击。
- 选择"选择"|"对象"|"文本对象"命令可以将文档中所有文本对象全部选中。
- 使用"图层"面板进行选择：先在面板中找到文字对象，然后单击其右侧的单环，当单环变为双环，表示已经选中了文字对象，如图 9-32 所示。

■ 选择文字路径

① 单击工具箱中的"直接选择工具" 或"编组选择工具" 。
② 如果已经选中文字对象，在文档其他空白处单击以取消选择。
③ 移动指针到文字路径上单击可以将其选中。

注意

不要碰到字符，否则选中的是文字对象而不是文字路径。其实有一种办法可以方便地对文字路径进行选择及编辑，即切换到"轮廓"视图，方法是选择"窗口"|"轮廓"命令，这时可以清楚地看到文字路径及其锚点，使用"直接选择工具" 能够轻松地修改其形状，如图 9-33 所示，如此便不必小心翼翼地操作了。

图 9-32　使用"图层"面板选择文字对象

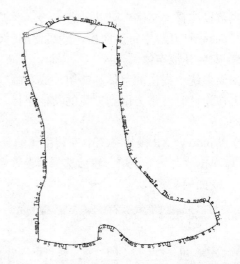

图 9-33　"轮廓"视图轻松选择与编辑文字路径

9.3.2　使用字体

字体是指一套具有相同的粗细、宽度和样式的字符（字母、数字和符号）。常用的中文字体有宋体、黑体、楷体、隶书、仿宋等，它们的外观如图 9-34 所示。在设计图稿时，要根据作品的不同需求来选择不同的字体。例如，如果要制作包含大量文本的产品说明书，则要使用适合较长时间阅读的字体，如宋体；而当制作标题时，则常使用黑体或其他厂商提供的特殊字体。选择文字后，可以为其设置不同的字体。

■ 选择字体

选中文字后，使用控制面板中的字体列表 黑体 可以为文字选择字体。也可以选择"文字"|"字体"命令，然后从弹出的字体列表中选择合适的字体。

使用"字符"面板也可以选择字体。选择"窗口"|"文字"|"字符"命令可以显示出"字符"面板，如图 9-35 所示。从"字符"面板中的字体列表中可以选择不同的字体。

宋体	莫扎特小步舞曲
黑体	莫扎特小步舞曲
幼园	莫扎特小步舞曲
隶书	莫扎特小步舞曲
楷体	莫扎特小步舞曲
仿宋	莫扎特小步舞曲

图 9-34　不同的中文字体外观

图 9-35　"字符"面板

■ 设置字体大小

选中文字后，使用控制面板或"字符"面板中的"设置字体大小"选项 24 pt 可以设置字体大小，可以直接输入数值，也可以从列表中选择预设大小。

也可以选择"文字"|"大小"命令，然后从弹出的子菜单中选择预设的大小，或者单击"其他"命令打开"字符"面板，然后使用"设置字体大小"选项 24 pt 进行设置。

■ 安装其他字体

如果系统中提供的字体不够用，或者临时需要使用其他特殊字体，可以自己安装字体。实际上在设计时经常会用到大量的其他字体，因此把常用的这些字体安装到系统中也是非常必要的。

在 Windows XP 操作系统中安装字体的具体操作步骤如下。

① 单击"开始"菜单，然后选择"设置"|"控制面板"命令，打开如图 9-36 所示的"控制面板"窗口。

图 9-36　"控制面板"窗口　　　　　　　图 9-37　"控制面板"窗口的分类视图

提示

如果出现的是如图 9-37 所示的窗口（这是分类视图），则单击左边的"切换到经典视图"，就可以看到如图 9-36 所示的"控制面板"窗口了。

② 双击"控制面板"窗口中的"字体"图标，打开如图 9-38 所示的"字体"窗口。

③ 选择"字体"|"安装新字体"命令，打开"添加字体"对话框，选择有字库的驱动器及文件夹，就会自动搜索到其中的字体，并在字体列表中显示出来，如图 9-39 所示。

 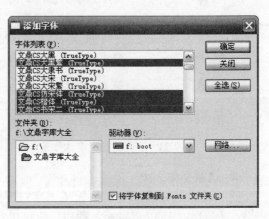

图 9-38　"字体"窗口　　　　　　　　图 9-39　"添加字体"对话框

④ 按住 Ctrl 键选择要安装的多种字体，如果希望将字体复制到系统的"Fonts"文件夹，则选中下方的"将字体复制到 Fonts 文件夹"复选框，然后单击"确定"按钮即可开始安装。安装完毕，就可以在 Illustrator CS6 的字体列表中找到这些字体并开始使用了。

如果是 Windows 7 操作系统，则有一种更为简便的方法，可以使用资源管理器打开要安装的字体所在的文件夹，选中要安装的字体后右击，然后从弹出的菜单中选择"安装"命令，此时选中的字体就会被安装到系统的字体文件夹中。

9.3.3 使用字符面板

"字符"面板用于对文档中的单个或多个字符进行格式设置，选择"窗口"|"文字"|"字符"命令可以显示或隐藏"字符"面板。显示"字符"面板后，单击右上角面板按钮打开面板菜单选择"显示选项"命令，可以显示出隐藏的其他选项。"字符"面板的各选项名称如图 9-40 所示。

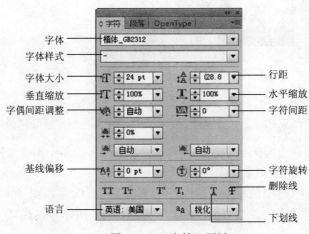

图 9-40 "字符"面板

可以使用面板中的微调按钮、下拉列表设置选项，也可以在文本框中输入数值后按 Enter 键来设置选项。数值选项也可以使用上下箭头改变数值的大小。当编辑完某个选项后，按 Shift+Enter 键可以应用数值并突出显示刚刚编辑过的数值，而按 Tab 键则可以应用数值并移至面板中的下一个文本框继续进行设置。值得一提的是，Illustrator CS6 的"字符"面板下方增加了控制文字大小写和上下标的按钮 TT Tr T¹ T₁。

9.3.4 更改文字的颜色和外观

通过更改文字填色、描边、透明设置、效果和图形样式，可以使文字具有不同的颜色和外观。不管怎样改变颜色和外观，只要不栅格化文本，则文字就依然保持可编辑状态。

下面通过实例说明如何更改文字的颜色和外观。

① 选中要更改颜色和外观的文字，如图 9-41 所示。
② 先为文字选择一种合适的字体，因为不同的字体会导致不同的外观。这里选择"Cooper Black"，一种较粗的形状活泼的字体，如果没有这种字体可以选一种其他的类似字体代替。可以使用"选择工具"调整文字的宽度和高度直到满足要求，如图 9-42 所示。

图 9-41　选择文字　　　　　　　　　　　图 9-42　选择字体

③ 确认工具箱中"填色"图标在上。使用"文字工具" T 选中第一个字母 W，然后在"色板"面板中选择填色为蓝色。用同样的方法将第二个 W 填色也修改为蓝色，如图 9-43 所示。

④ 再用同样的方法将字母 O 和最后的叹号的填色修改为橙色，得到如图 9-44 所示的结果。

图 9-43　修改字母 W 的颜色　　　　　　　图 9-44　修改 O 和！的填色

⑤ 还可以为字母设置不同的描边。选中字母 O，单击工具箱中的"互换填色与描边"图标，让"描边"图标在上。从"色板"面板中选择蓝色，则字母 O 的描边变为蓝色。在"描边"面板中将描边粗细改得大一些，让描边更明显，如 4pt。用同样的方法为叹号也设置为蓝色描边并加粗描边。效果如图 9-45 所示，这样文字就具有了一种全新的颜色和外观。

⑥ 使用"图形样式"面板可以快速为文字应用许多种预设好的样式，从而改变文字的颜色和外观。选中整个文字对象，选择"窗口"|"图形样式库"|"文字效果"，打开如图 9-46 所示的"文字效果"面板。

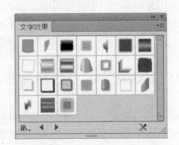

图 9-45　为 O 和！设置描边　　　　　　图 9-46　"文字效果"面板

⑦ 单击"文字效果"面板中的第一种样式"下弧形"，可以得到如图 9-47 所示的文字效果。

⑧ 再单击另外的效果，查看文字对象的变化。应用一种新的效果时，就会同时把旧的效果清除。例如，选择"抖动"效果后的文字对象如图 9-48 所示。

图 9-47　应用文字效果后的文字对象　　　　　　图 9-48　应用"抖动"效果

可见，应用图形样式可以快速为文字添加特殊效果，节省了自己设置颜色与外观的时间。

9.4　设置段落格式

段落格式的设置包括对齐方式、缩进、段落间距、悬挂标点等。使用"段落"面板可以对段落的各种格式进行设置。

9.4.1　使用段落面板

"段落"面板用于更改栏和段落的格式。选择"窗口"|"文字"|"段落"命令，可以显示与隐藏"段落"面板。单击"段落"面板右上角的面板按钮，然后从弹出的菜单中选择"显示选项"命令，将会显示出隐藏的选项。"段落"面板的各选项名称如图 9-49 所示。

"段落"面板包含了大量的选项，当需要对大段文本进行格式设置时，使用它可以完成设置文本的对齐方式，设置段落的缩进量，更改段落之间的间距，设置避头尾集和标点挤压集，选择是否使用"连字"功能等。"段落"面板的使用与"字符"面板类似，可以使用微调按钮或下拉列表设置选项，也可以在数值框中直接输入数字。

其中"连字"复选框主要用于设置西文自动连字，选中该选项后，可以打开自动连字功能。如果不选此项，则当一个单词在一行放不下时，单词会自动移动到下一行；选中此项后，单词会断开，断开部分出现连字符，表示单词未完成，转到下一行。选择"段落"面板菜单中的"连字"命令打开如图 9-50 所示的"连字"对话框，在该对话框中能够进一步设置自动连字的选项。

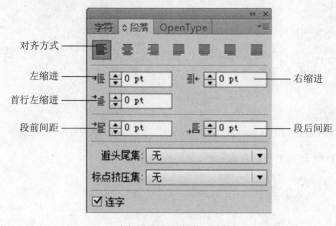

图 9-49　"段落"面板

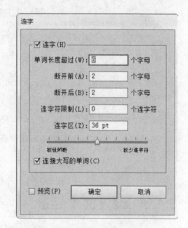

图 9-50　"连字"对话框

9.4.2 设置文本对齐方式

"段落"面板上方的一排对齐按钮可以用于设置段落中各行文本的对齐方式。这7个按钮的功能简要介绍如下。

- 左对齐：使文本靠左端对齐。
- 居中对齐：使文本靠居中对齐。
- 右对齐：使文本靠右对齐。
- 两端对齐，末行左对齐：使文本的左右两端都对齐，但最后一行左对齐。
- 两端对齐，末行居中对齐：使文本的左右两端都对齐，但最后一行居中对齐。
- 两端对齐，末行右对齐：使文本的左右两端都对齐，但最后一行右对齐。
- 全部两端对齐：使文本全部两端对齐，即使是最后一行也强制两端对齐。

在"段落"面板中设置文本对齐方式的具体操作步骤如下。

① 选中要对齐的文字对象，或者在要设置对齐方式的段落中单击插入光标。如果既不选择文字对象，也不在段落中插入光标，则对齐方式将应用于新创建的文字对象。

② 选择"窗口"|"文字"|"段落"命令，显示"段落"面板。

③ 在"段落"面板中单击7个对齐按钮之一。如图9-51所示是应用了这7种不同对齐方式的文本段落。

左对齐　　　　居中对齐　　　　右对齐

两端对齐，末行左对齐　　两端对齐，末行居中对齐　　两端对齐，末行右对齐　　全部两端对齐

图9-51　7种文本对齐方式示例

9.4.3 设置文本缩进

缩进是指文本和文字对象的边界之间的间距。缩进只会影响所选的段落，所以可以轻松

为多个段落设置不同的缩进方式,从而帮助实现复杂的文字排版。文本的缩进方式有左缩进、右缩进和首行左缩进三种。

使用"段落"面板中的三个缩进数值框,可以为文本指定缩进方式和缩进量。具体操作步骤如下。

① 选中要缩进的文字对象,或者在要设置缩进方式的段落中单击插入光标。如果既不选择文字对象,也不在段落中插入光标,缩进方式将应用于新创建的文字对象。

② 选择"窗口"|"文字"|"段落"命令,显示"段落"面板。

③ 在要缩进的数值框中输入缩进量的数值并按 Enter 键,或者单击微调按钮调整缩进量。

④ 如果在"首行左缩进"数值框中输入负数,可以实现首行悬挂缩进。

左缩进、右缩进如图 9-52 所示。首行缩进、悬挂缩进如图 9-53 所示。

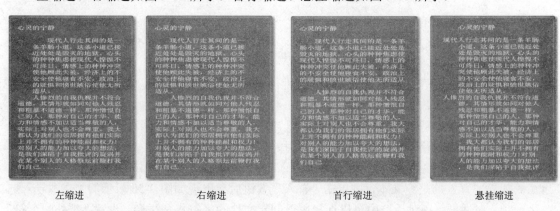

图 9-52　左缩进与右缩进　　　　　　　　　　图 9-53　首行缩进与悬挂缩进

9.4.4　调整段落间距

使用"段落"面板可以通过调整段前间距和段后间距来控制段落之间的距离。具体操作步骤如下。

① 在要更改段落间距的段落插入光标,或者选中文字对象以改变其中所有段落的段落间距。

② 在"段落"面板中,调整"段前间距"或"段后间距"的值。

如图 9-54 所示为调整段前间距和段后间距的示例。

图 9-54　调整段前间距和段后间距示例

9.5 导入与导出文字

在实际应用中，经常需要将其他应用程序创建的文件中的文本导入到图稿中，Illustrator CS6 支持从 Word 文档（Word 97、Word 98、Word 2000、Word 2002、Word 2003、Word 2007）、RTF 文档（富文本格式）、纯文本文件中导入文本。还可以将 Illustrator CS6 中的文本导出以用于在其他应用程序中编辑。

9.5.1 导入文本

导入文本可以选择下列操作之一。

- 如果要将文本导入到新文件中，选择"文件"|"打开"命令，然后选择要打开的文本文件，并单击"打开"按钮。
- 如果要将文本导入到当前打开的文件中，选择"文件"|"置入"命令，然后选择要打开的文本文件，并单击"置入"按钮。
- 如果要置入的是 Word 文档时，则单击"置入"按钮后会出现如图 9-55 所示的"Microsoft Word 选项"对话框，在对话框中可以选择要置入的文本中包含哪些内容，也可以选中"移去文本格式"复选框将其作为纯文本置入。设置完毕，单击"确定"按钮将文本导入。
- 如果要置入的是纯文本，则单击"置入"按钮后会出现如图 9-56 所示的"文本导入选项"对话框，在对话框中可以选择用以创建文件的字符集和平台，设置"额外回车符"以确定 Illustrator 在文件中如何处理额外的回车符，如果希望 Illustrator 用制表符替换文件中的空格字符串，则选择"额外空格"区域中的"替换"复选框，并输入要用制表符替换的空格数。设置完毕，单击"确定"按钮将文本导入。

图 9-55 "Microsoft Word 选项"对话框

图 9-56 "文本导入选项"对话框

提示　　导入的文本会以区域文字对象的形式出现在插图窗口中。

9.5.2 导出文本

导出文本的具体操作步骤如下。

① 在插图窗口中用"文字工具" T 选中要导出的文本。
② 选择"文件"|"导出"命令。
③ 在如图 9-57 所示的"导出"对话框中,选择文件要导出的位置,选择保存的类型为"文本格式(*.TXT)",并输入文件的名称,然后单击"保存"按钮。
④ 在如图 9-58 所示的"文本导出选项"对话框中选择平台和编码方法,然后单击"导出"按钮。

图 9-57 "导出"对话框

图 9-58 "文本导出选项"对话框

9.6 创建文字轮廓

创建文字轮廓对于改变大型文字的外观非常有用,下面通过实例说明如何创建文字轮廓并应用渐变色。

① 新建一个文档,文档设置任意。使用"文字工具" T 在插图窗口中输入"COOL",并使用控制面板中的字体列表将字体设置为"Arial Black",然后使用"选择工具" ▶ 拖动文字周围定界框适当放大文字,得到如图 9-59 所示的文字效果。
② 保持文字选中状态,选择"文字"|"创建轮廓"命令,将文字对象转换为复合路径,效果如图 9-60 所示。

图 9-59 输入文字

图 9-60 将文字转换为路径

③ 单击工具箱中的"直接选择工具" ，对 C 字母转换成的路径进行编辑，直到得到如图 9-61 所示的效果。

④ 继续编辑其他字母所生成的路径，直到得到如图 9-62 所示的效果。

图 9-61　编辑字母 C 转换成的路径　　　　　图 9-62　编辑其他字母所生成的路径

⑤ 保持路径的选中状态，单击工具箱中填色工具下方的"渐变"按钮，然后在"渐变"面板中设置一种从蓝色到白色再到蓝色的渐变色，并使用"渐变工具" 在路径内从上方划到下方，改变渐变色的方向，得到如图 9-63 所示的渐变效果。

⑥ 保持文字的选中状态，选择"效果"|"（Illustrator 效果中的）风格化"|"投影"命令，打开"投影"对话框后，采用默认设置，单击"确定"按钮，为图形添加投影效果以增强立体感。最终效果如图 9-64 所示。

图 9-63　渐变效果　　　　　　　　　　　　图 9-64　最终效果

9.7　使用制表符面板

制表符的作用是当需要输入表格型文本时，可以按 Tab 键将插入点定位到下一个制表符，从而快速制作出排列整齐的表格型文本。使用"制表符"面板用于快速设置段落或文字对象的制表符。

选择"窗口"|"文字"|"制表符"命令（快捷键为 Shift+Ctrl+T），可以显示或隐藏"制表符"面板。"制表符"面板各部分名称如图 9-65 所示。

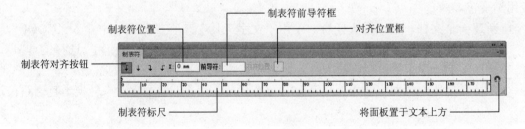

图 9-65　"制表符"面板

制表符的定位点可以应用于整个段落。在设置第一个制表符时，会删除其定位点左侧的所有默认制表符定位点。

打开光盘中本章的例子文档"制表符.ai"，如图 9-66 所示。文档中包含一个矩形，用作背景，已经被锁定，所以不影响操作；一个区域文字对象，用于练习设置制表符并制作排列整齐的表格型文本。

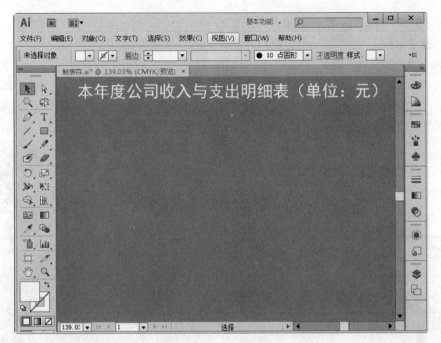

图 9-66 例子文档"制表符.ai"

① 为了操作方便,可以先使用"缩放工具" 适当放大视图。
② 使用"选择工具" 选中插图窗口中的区域文字对象,然后使用"文字工具" 在区域中单击,将插入点定位到标题文本的下方。
③ 选择"窗口"|"文字"|"制表符"命令(或使用快捷键 Shift+Ctrl+T),打开"制表符"面板。

提示
　　默认情况下,"制表符"面板会自动与区域文字对象对齐,出现在文字对象上方,如图 9-67 所示。如果不是这样,则单击"制表符"面板中右侧的"将面板置于文本上方"按钮 ,使其与文字对象对齐。

④ 如果观察到"制表符标尺"上已经有类似 形状的制表符,则在面板菜单中选择"清除全部制表符"命令将原来的制表符清除。
⑤ 单击"制表符"面板左上角的"左对齐制表符"按钮 ,然后在"制表符标尺"上单击刻度为 30、60、90、120 的位置,在这些位置添加制表符。
⑥ 在标题文本下方单击,将插入点定位到该行最左边,按 Enter 键,换到下一行,并输入"日期",如图 9-68 所示。

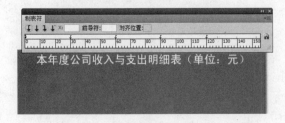

图 9-67 "制表符"面板与文字对象对齐

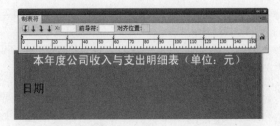

图 9-68 输入"日期"

⑦ 按一次 Tab 键，定位到由制表符指定的下一个定位点，然后输入“收入”。

⑧ 再按 Tab 键定位到下一个定位点，然后输入“支出”。再用同样方法到下一个定位点，输入“金额”，效果如图 9-69 所示。

⑨ 按 Enter 键换行，再用同样的方法输入如图 9-70 所示的文本，将 12 个月的数据全部输入完毕，得到一个排列整齐的表格型文本。可以打开光盘中本章的例子文档“制表符 2.ai”查看完成的效果。

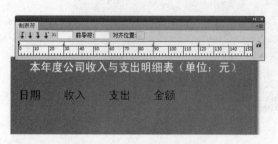

图 9-69 输入其他文本

本年度公司收入与支出明细表（单位：元）

日期	收入	支出	金额
1月	35000	25000	10000
2月	36000	24000	12000
3月	72000	34000	38000
5月	35000	25000	10000
6月	36000	24000	12000
7月	72000	34000	38000
8月	35000	25000	10000
9月	36000	24000	12000
10月	72000	34000	38000
11月	36000	24000	12000
12月	72000	34000	38000

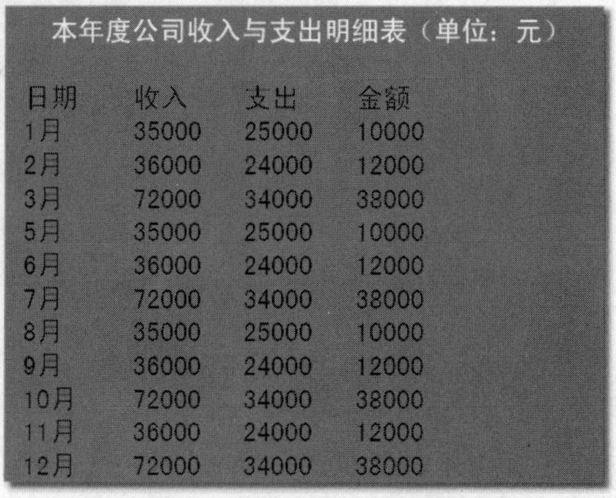

图 9-70 完成的表格型文本

9.8 文字的其他操作

Illustrator CS6 还提供了其他一些有关文字的操作，如拼写检查、查找与替换文本、更改大小写、智能标点等，使用方法类似于常见的字处理软件，给文本处理提供了极大的方便。

9.8.1 拼写检查

Illustrator CS6 中的拼写检查功能主要针对西文而言，它能直接检查当前文档中的拼写错误，并给出修改建议。此外，它还支持用户自定义词典功能。

对当前文档中的文字进行拼写检查的具体操作步骤如下。

① 选择“编辑”|“拼写检查”命令（快捷键为 Ctrl+I），打开如图 9-71 所示的“拼写检查”对话框。

② 单击“拼写检查”对话框中的“开始”按钮，开始查找文档中的拼写错误。如果找到，会列出所有认为是拼写错误的结果，高亮显示拼写错误的单词，并在下方“建议单词”栏中列出建议的单词，如图 9-72 所示。

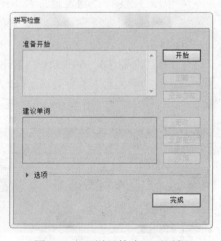

图 9-71 “拼写检查”对话框

③ 如果要使用建议的单词替换拼写错误的单词，则单击"更改"按钮。Illustrator CS6 自动以建议单词替换错误的单词后，继续高亮显示下一个有拼写错误的单词，可以根据需要继续更改。

④ 如果希望自动更改全部拼写错误，则单击"全部更改"按钮。

⑤ 如果不希望 Illustrator CS6 更改某单词，则单击"忽略"按钮。如果全部不希望 Illustrator CS6 来更改，则单击"全部忽略"按钮。

⑥ 如果单击"添加"按钮，则可以让 Illustrator 将可以接受但未识别出的单词存储到自定义词典中，以便在以后的操作中不再将其判断为拼写错误。

⑦ 检查与更改完毕，单击"完成"按钮。

⑧ 如果要编辑自定义词典，则选择"编辑"|"编辑自定词典"命令，打开如图 9-73 所示的"编辑自定词典"对话框。在"词条"右侧文本框中输入要添加的单词，然后单击"添加"按钮，可以添加新的词条。选中下方的某单词，然后单击"删除"按钮可以将其删除。如果要更改词典中已有的词条，则选择下方列表中的单词，然后在"词条"右侧文本框中输入新的拼写，并单击"更改"按钮。

图 9-72　找到错误

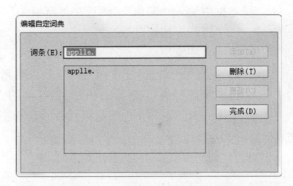

图 9-73　"编辑自定词典"对话框

9.8.2　查找与替换文本

使用查找与替换文本功能可以快速找到文档中需要修改的内容并完成替换。Illustrator CS6 的查找与替换类似于 Word 中的"查找/替换"命令，所以如果熟悉 Word 就很容易掌握此功能。

在查找与替换文本之前，首先要选择要查找的对象。查找对象可以是文字对象，也可以是整篇文档。如果要查找整篇文档，则不要选择任何文字对象。如果要查找的内容在文字对象内，则选择该文字对象。如果只需要在某一段文本中查找，则选中这些文本即可。

打开光盘中本章的例子文档"查找替换.ai"，如图 9-74 所示，文档中包含一个区域文字对象，我们将使用它练习查找与替换文本，目标是将"图象"替换为"图像"，将"矢量图"替换为"矢量图形"。

① 使用"选择工具"选中插图窗口中的区域文字对象。

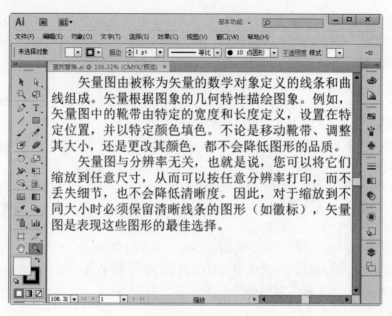

图 9-74 例子文档"查找替换.ai"

(2) 选择"编辑"|"查找和替换"命令,打开"查找和替换"对话框,在"查找"右侧文本框中输入"图象",然后在"替换为"文本框中输入"图像",如图 9-75 所示,单击"查找"按钮开始查找。

(3) 找到"图象"后,会在文字对象中高亮显示,如图 9-76 所示。这时单击"替换"按钮则会用"图像"替换"图象",替换完成再单击"查找下一个"按钮继续查找。单击"全部替换"按钮则会自动将其余的"图象"替换为"图像"。如果不想替换,则单击"查找下一个"按钮继续查找。单击"替换和查找"按钮可以在替换后再继续查找下一个。

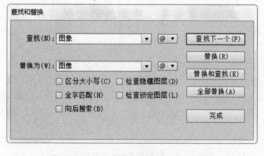

图 9-75 "查找和替换"对话框

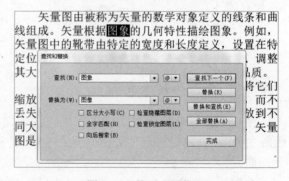

图 9-76 找到"图像"

(4) 用同样的方法将文字对象中的"矢量图"替换为"矢量图形"。

"查找和替换"对话框中的其他选项简要介绍如下。

- 区分大小写:选中此项则只搜索大小写与"查找"文本框中所输入文本的大小写完全匹配的文本字符串。
- 查找全字匹配:选中此项则只搜索与"查找"文本框中所输入文本匹配的完整单词。
- 向后搜索:选中此项则从排列顺序的最下层向最上层搜索文件。

- 检查隐藏图层：选中此项则搜索隐藏图层中的文本。取消选择这一选项时，Illustrator 会忽略隐藏图层中的文本。
- 检查锁定图层：选中此项则搜索锁定图层中的文本。取消选择这一选项时，Illustrator 会忽略锁定图层中的文本。

9.8.3 更改大小写

使用更改大小写功能，可以将全部字母改为大写，也可以将全部字母改为小写，或者将词首字母改为大写而其他字母小写，以及将每个句子的句首字母大写。

打开光盘中本章的例子文档"大小写.ai"，如图 9-77 所示，文档中包含一个区域文字对象，其中的文字全是小写的，我们将使用这首歌词练习更改大小写。

图 9-77　例子文档"大小写.ai"

① 使用"选择工具"选中插图窗口中的区域文字对象。

注意　如果不选中文字对象，则无法进行大小写更改。

② 选择"文字"|"更改大小写"|"大写"命令，则整篇文档的字母全改为大写，如图 9-78 所示。

③ 选择"文字"|"更改大小写"|"小写"命令，则整篇文档的字母又全改为小写。

④ 选择"文字"|"更改大小写"|"词首大写"命令，则整篇文档的单词首字母全改为大写，如图 9-79 所示。

⑤ 选择"文字"|"更改大小写"|"句首大写"命令，则整篇文档的句首字母全改为大写，这是一种比较合适的选择。

⑥ 最后将"Pretty boy"改为"Pretty Boy"，完成更改。

图 9-78　改为大写　　　　　　　　图 9-79　改为词首大写

9.9　实例演练——制作弯曲的标题文字

下面通过实例介绍如何在作品中加入弯曲的标题文字效果。打开光盘中本章的例子文档"弯曲标题.ai",如图 9-80 所示,文档中包含已经制作好的背景、歌词文本等,并且已经锁定。其中还有一个隐藏的对象,是要完成的弯曲标题文字,可以在"图层"面板中找到它并让它显示出来,查看一下要实现的效果,查看完毕再将其隐藏。

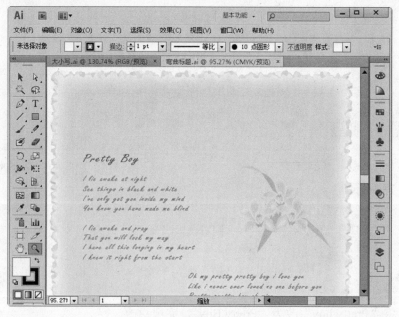

图 9-80　例子文档"弯曲标题.ai"

① 单击工具箱中的"钢笔工具" ，在工具箱中设置填色为无，描边为黑色。在插图窗口中用拖动的方式绘制一条弯曲的路径，如图9-81所示。
② 单击工具箱中的"路径文字工具" ，在曲线路径的左端单击确定插入点，然后输入文字"送你一首最动听的歌"，如图9-82所示。

图9-81　绘制弯曲路径　　　　　　　　　图9-82　输入文字

③ 使用"路径文字工具" 或"文字工具" 选中输入的文字，在控制面板中将字体改为"楷体"，字体大小改为24pt，颜色设置如果不是黑色则改为黑色。
④ 单击控制面板中带有蓝色下划线的"字符"，打开"字符"面板，在字符间距选项 文本框中输入一个较大字符间距数值，如1700（图9-83），并按Enter键，将字符间距增大到如图9-84所示的效果。

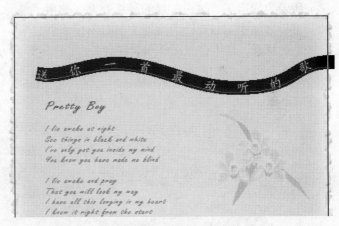

图9-83　"字符"面板　　　　　　　　　图9-84　调整字符间距

⑤ 选择"文字"|"路径方向"|"阶梯效果"命令，使文字向一个方向倾斜。使用"选择工具" 在文档中空白处单击取消选择，可以看到如图9-85所示的效果。
⑥ 如果文字的位置不太合适，则可以使用"直接选择工具" 调整路径的长度和角度，或者将"直接选择工具" 移动到路径文字的开始标记、中心标记或结束标记处，当指针变为如图9-86所示的形状时，在路径上向左或向右拖动这些标记以调整文字位置。

图 9-85　路径文字效果

图 9-86　调整路径文字位置

⑦ 使用"选择工具"选中路径文字，选择"效果"|"（Illustrator 效果中的）风格化"|"投影"命令，然后在"投影"对话框中将"不透明度"改为 89%，"X 位移"和"Y 位移"都改为 0.5mm，"模糊"改为 1mm，如图 9-87 所示。设置完毕，单击"确定"按钮。

⑧ 如果希望为文本应用现成的图形样式，可以从"图形样式"面板菜单中选择"打开样式库"|"文字效果"命令，然后选择一种合适的效果，如图 9-88 所示为应用了"波形"后的最终效果（使用"波形"效果也可以直接为普通文字对象快速创建弯

图 9-87　"投影"对话框

曲的标题，但不能灵活地编辑路径）。如图 9-89 所示为没应用图形样式而是把文字颜色改为绿色后的最终效果。

图 9-88　最终效果（1）

图 9-89　最终效果（2）

9.10 巩固练习

1. 思考：哪些文字工具可用于创建区域文字？哪些可用于创建路径文字？怎样才能创建直排文字？练习使用不同的文字工具在文档中输入文字。

2. 打开光盘中本章的练习文档"段落格式.ai"，文档中包含一个区域文字对象和一个矩形。使用区域文字对象练习设置文本的对齐、缩进和段落间距。

3. 自己新建一个文档，在画板上使用制表符制作表格型文字。

4. 使用创建文字轮廓功能结合使用"直接选择工具" 、填色与描边等制作一个特殊的文字效果，要充分发挥自己的创意。

5. 试着利用已经学过的知识（包括弯曲的标题效果）制作一张温馨的卡片，将它打印出来送给自己的亲友，并让他们帮忙评一评有哪些需要改进的地方。

中文版 Illustrator CS6 标准教程

第 10 章

图像描摹

使用图像描摹可以自动化完成描摹工作，快速准确地将照片、扫描图片或其他位图图像转换为矢量路径，并可以对转换得到的矢量路径进行各种编辑操作。以往绘制复杂矢量插图时所采用的线稿描摹工作非常繁琐费时，图像描摹对用户来说是全新的，也是更好的选择。

- 了解图像描摹
- 自动描摹图像
- 使用预设描摹图像
- 改变描摹对象的显示状态
- 调整描摹结果
- 设置描摹选项
- 创建与管理描摹预设
- 释放描摹对象

10.1 图像描摹概述

图像描摹的工作原理是：将照片或图片置入 Illustrator 中，置入的图片可以成为一个链接对象，也可以直接嵌入到文档中。只要在程序窗口中的控制面板上单击"图像描摹"按钮，即可将置入的位图转换为矢量路径，之后就可以对路径进行编辑操作了。位图应用图像描摹前后的对比如图 10-1 所示。

置入的位图 　　　　　　　　　　　　　　图像描摹得到的矢量图

图 10-1　位图应用图像描摹后得到矢量图

10.2 自动描摹图像

当图像被置入到 Illustrator 程序后，可以方便快速地实现图像描摹，下面我们通过描摹风景照片来了解如何自动描摹图像。

① 新建一个 Illustrator 文档。

② 选择"文件"|"置入"命令，以默认选项将本章的练习文件"sea.jpg"置入到文档中，并适当调整其大小，如图 10-2 所示。

> 如果在"置入"对话框中选中了"链接"复选框，则图片置入后控制面板上的"嵌入"按钮会变为可用，单击该按钮即可将文件嵌入到当前文件中。

③ 确认图像处于选中状态，单击控制面板中的"图像描摹"按钮。此时 Illustrator CS6 就会自动使用默认设置描摹图像，效果如图 10-3 所示。

如果在使用图像描摹前希望先改变一下描摹预设，在选择图像后，单击控制面板中"图像描摹"按钮右侧的"描摹预设"按钮，然后从弹出的列表中选择一种描摹预设。如果不使用控制面板，则也可以使用"窗口"|"图像描摹"命令，打开如图 10-4 所示的"图像描摹"面板，然后在 "预设"右侧下拉列表中选择一种描摹预设即可。

> 完成图像描摹后，得到的对象称为"描摹对象"。确认描摹对象为选中状态，单击控制面板中的"扩展"按钮，这样可以将描摹对象转换成矢量路径，并对其进行一些常规的路径编辑操作。

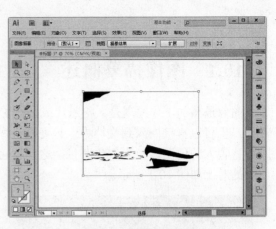

图 10-2　置入"children.jpg"文件　　　　　　图 10-3　图像描摹效果

新的"图像描摹"功能允许我们在描摹图像时使用其他面板与工具，而同样的功能在 Illustrator CS5 中是不存在的。Illustrator CS5 及更早版本中使用"描摹选项"对话框（图 10-5）来设置描摹选项，当打开这个对话框时，我们无法访问其他对象，也无法访问用户界面的其他元素。

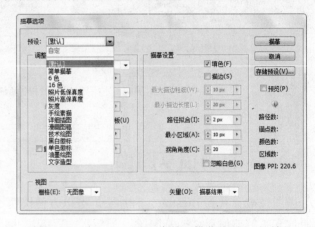

图 10-4　"图像描摹"面板　　　　　　图 10-5　Illustrator CS5 中的"描摹选项"对话框

10.3　使用预设描摹图像

Illustrator CS6 中提供的描摹预设也与 Illustrator CS5 中（图 10-6）不尽相同，来看一下其区别。在 Illustrator CS6 中，单击"图像描摹"面板"预设"右侧下拉列表，可看到新版本所提供的描摹预设（图 10-7）。

接上例，如果要使用一种预设，则从列表中直接选择即可。例如，如果选择"6 色"预设，则描摹结果如图 10-8 所示。

Illustrator CS6 中新增了一个"剪影"预设，可用于将具有纯色背景的图像与背景快速分离，形成一个纯色

图 10-6　Illustrator CS5 中的预设列表

的图形，应用该预设描摹图像的前后对比如图 10-9 所示。

图 10-7　Illustrator CS6 中的预设列表

图 10-8　使用"6 色"预设的描摹结果

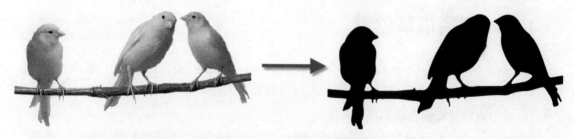

图 10-9　使用"剪影"预设前后对比

提示　　不管使用哪一种预设，在得到描摹结果后，都可以通过"图像描摹"面板中的各选项再具体调整其细节。

10.4　改变描摹对象的显示状态

描摹对象是图像应用图像描摹得到的对象。描摹对象由两部分组成：原始图像和描摹结果。在通常情况下，Illustrator 程序只显示描摹结果。描摹对象的显示状态是可以改变的，使用控制面板或"图像描摹"面板中的"视图"选项，可以实时观察对比描摹结果，具体操作步骤如下。

① 选中描摹对象。

② 单击控制面板或"图像描摹"面板中的"视图"右侧的下拉列表，从中选择一种栅格图像视图选项。弹出的下拉菜单如图 10-10 所示。在通常情况下，描摹对象不显示原始图像，只显示描摹结果。可以通过两个按钮弹出的下拉菜单选择不同的视图，从而调整描摹对象的显示状态。

例如，如果选中以上菜单中的"轮廓（带源图像）"，则会在显示源图像的同时显示出描摹对象的轮廓（图 10-11），这样就可以对比描摹前后的状态，以便进行下一步的调整。

图 10-10　两个按钮的下拉菜单　　　　图 10-11　同时显示"源图像"和"轮廓"

10.5　控制描摹色彩

描摹对象的色彩在 Illustrator CS6 中是可以控制的。通过使用程序预设的色板或自定义色板，结合"图像描摹"面板中的其他选项，可以对描摹的色彩起到控制作用。

① 选中要调整描摹色彩的描摹对象。

② 选择"窗口"|"色板"命令或单击窗口右侧的"色板"面板图标，打开"色板"面板。

③ 单击"色板"面板右上角的面板按钮，指向弹出菜单中的"打开色板库"菜单，并从子菜单中选择一种色板库，如选择"自然"|"海滩"，打开其色板库面板，如图 10-12 所示。

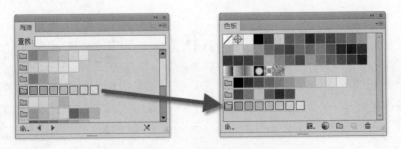

图 10-12　"海滩"色板库面板

④ 将某种颜色组添加到"色板"面板中，如此处将"水 2"颜色组拖放到"色板"面板中。

⑤ 从"图像描摹"面板"模式"右侧下拉列表中选择"彩色"或"灰度"模式，如此处选择"彩色"模式。

注意

只有在选择"彩色"或"灰度"后，才能使用色板库控制描摹色彩。

⑥ 在"调板"右侧的下拉列表中选择"文档库",然后在"颜色"右侧下拉列表中选择刚刚添加的"水 2"颜色组,如图 10-13 所示。

注意
> 只有当"海滩"色板库处于打开状态时,才能从下拉列表中看到它。

⑦ 单击面板右下角的"描摹"按钮,即可对图像进行图像描摹。描摹结果如图 10-14 所示。

图 10-13　选择刚刚添加的"水 2"颜色组　　　　　　图 10-14　描摹结果

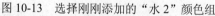

10.6　描摹选项设置

对图像进行图像描摹时,经常需要对描摹的选项进行设置,从而使得图像描摹的结果更符合要求。下面对"图像描摹"面板中未提到的各个选项的功能及使用方法做详细介绍。

10.6.1　预设

预设指的是图像描摹的值,其提供了 11 种值,如图 10-15 所示。我们可以使用程序预设的这些值来对图像进行各种不同的描摹,从而得到不同的效果。

图 10-15　预设列表

10.6.2 阈值、颜色或灰度

当在"模式"右侧选择"黑白"时，在其下方会显示"阈值"滑块（图 10-16），用于指定从原图产生黑白描摹结果的值。

当在"模式"右侧选择"彩色"时，在其下方会显示"颜色"滑块（图 10-17）；而当在"模式"右侧选择"灰度"时，在其下方会显示"灰度"滑块（图 10-17），分别用于调整颜色的数量或灰度的数量。

图 10-16　"阈值"滑块

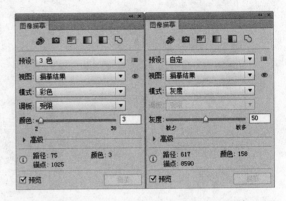
图 10-17　"颜色"滑块与"灰度"滑块

通过拖动滑块或在右侧文本框中输入数值，可以控制描摹结果的色彩、清晰度等，熟悉这些选项对于掌握图像描摹的技巧很有帮助。

10.6.3 高级

单击"图像描摹"面板中"高级"左侧的下拉按钮，可以显示出更多的高级选项（图 10-18）。这些选项可以用于控制描摹对象的路径、边角和杂色的数量，以及选择创建路径的方法等。

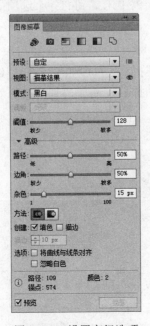
图 10-18　设置高级选项

10.7　存储、删除与重命名描摹预设

如果要经常使用某一组描摹选项，则可以将这些选项设置保存为描摹预设。Illustrator CS6 同时提供了对描摹预设进行管理的方法，以便用户存储、创建、编辑这些预设。

10.7.1　存储预设

在做好各个描摹选项的调整后，如果觉得以后还有可能会用到同样的设置，则可以单击"图像描摹"面板"预设"右侧的"管理预设"按钮 ，然后单击弹出菜单中的"存储为新预设"命令，此时会弹出"存储图像描摹预设"对话框（图 10-19），输入要保存的名称，并单击"确定"按钮即可。

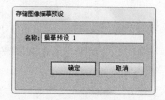

图 10-19　"存储图像描摹预设"对话框

10.7.2　删除预设

如果要删除已经创建的描摹预设，可以按照以下步骤进行操作。
① 从"图像描摹"面板"预设"列表中选择要删除的预设。
② 单击"图像描摹"面板"预设"列表右侧的"管理预设"按钮 ，然后单击弹出菜单中的"删除"命令。

10.7.3　重命名预设

如果要重命名已经创建的描摹预设，可以按照以下步骤进行操作。
① 从"图像描摹"面板"预设"列表中选择要重命名的预设。
② 单击"图像描摹"面板"预设"列表右侧的"管理预设"按钮 ，然后单击弹出菜单中的"重命名"命令。

10.8　释放描摹对象

使用图像描摹后得到的描摹对象，可以随时将应用到对象上的描摹释放并保留原始图像。其具体操作步骤如下。
① 选中文档中的描摹对象。
② 选择"对象"|"图像描摹"|"释放"命令，此时，描摹对象会返回到原来置入时的原始对象状态。

10.9 实例演练

10.9.1 将剪纸快速转为矢量图形

将位图快速转换为矢量图形，不仅可以对其进行上色，还可以改变其形状等。下面通过实例来检验如何将剪纸快速转为矢量图形。

① 启动 Illustrator CS6 程序，然后使用 Illustrator 打开本章中的练习文档"剪纸.ai"，如图 10-20 所示。在文档中包含了已经置入的两幅同样的剪纸位图，我们用这两幅位图来做对比练习。也可以自己新建一个空白文件，然后置入本章的练习文档"剪纸.jpg"。

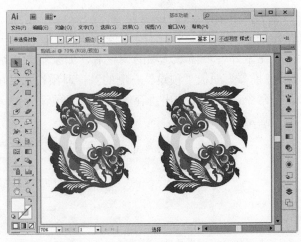

图 10-20 打开练习文档"剪纸.jpg"

② 选中右侧的位图，然后单击控制面板上的"图像描摹"按钮，得到的结果如图 10-21 所示。

③ 确定描摹对象仍处于选中状态，单击控制面板上的"扩展"按钮，即可将描摹对象转换为矢量路径，结果如图 10-22 所示。得到的路径，可以根据需要进行编辑。

图 10-21 得到描摹对象　　　　　　　　　图 10-22 扩展为路径

提示：如果在选中原始位图后，选择"对象"|"图像描摹"|"建立并扩展"命令，也能得到与以上操作同样的效果。

10.9.2 将手写文字转为矢量图形

一些书法作品使用数码照相机拍摄下来后，其格式为位图，如果将其转为矢量图形，则可以进行更加细致地修缮；如果原来是小图，还可以在转成矢量图形后将其印刷为大图，因为矢量图形是可以无限放大而不失真的。

① 在 Illustrator 中打开练习文档"毛笔字.jpg",如图 10-23 所示。
② 使用"选择工具" 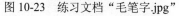,选中其中的图片,并适当调整其大小和位置。
③ 单击控制面板上的"图像描摹"按钮,并在"图像描摹"面板中选择"黑白徽标"预设,并按如图 10-24 所示进行调整,以得到最佳描摹结果。

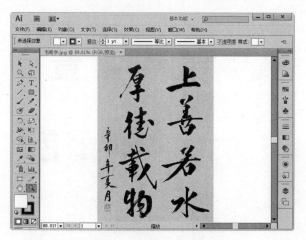

图 10-23 练习文档"毛笔字.jpg"

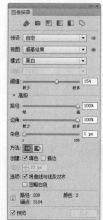

图 10-24 描摹对象和"黑白徽标"预设

10.10 疑难与技巧

10.10.1 可以直接将位图转为路径进行编辑吗?

在 Illustrator CS6 程序中,当然可以直接将位图转换为路径进行编辑。其方法是先选择要进行转换的位图,再选择"对象"|"图像描摹"|"建立并扩展"命令即可快速地将其转换为路径。也可以在将位图转换为描摹对象后,选择控制面板上的"扩展"按钮将其转换为路径,操作方法有多种,在此不再详述。

10.10.2 能不能将一段人物视频转为矢量图形的动画?

能。可以先用其他视频处理软件将人物视频输出为图片序列,然后使用 Illustrator CS6 的批处理功能和图像描摹功能将这些图片序列都转为矢量图形,最好再将这些矢量图形重新合成为视频动画。

第 11 章

实时上色

实时上色与真实的画画上色非常类似，上色时不必考虑图层和对象的排列顺序。相对于普通的填色方法，实时上色更加随心所欲，工作流程也更加流畅，从而大大提高了设计者的工作效率。

- 什么是实时上色
- 创建实时上色组● 设置选项
- 为表面和边缘实时上色
- 向实时上色组中添加路径
- 将对象转换为实时上色组
- 扩展与释放实时上色组
- 设置实时上色间隙选项
- 综合运用图像描摹与实时上色

11.1 实时上色概述

实时上色相对于原有的普通填色方法，是一种全新的易于使用的技术。原有方法是绘制对象后为其指定填色或描边，如果对象的构成比较复杂，上色过程也会比较复杂费时，而且上色时要考虑到多个对象的排列顺序以及不同的图层，操作起来相对比较麻烦。

实时上色则更加类似于真实生活中的图画上色方法，就像使用画笔蘸取颜料后随心所欲地在画布上上色一样。运用实时上色时，将会创建一个"实时上色组"，这个"实时上色组"中的所有对象被看作是同一个平面的组成部分，而不必考虑它们的排列顺序和图层。因此，使用实时上色时可以先绘制出路径，然后直接在这些路径所围成的区域（称为"表面"）上色，也可以给这些区域相交的路径部分（称为边缘）上色，而且可以使用不同的颜色对每个表面填色、为每条边缘描边。这就使得上色过程变得简单快速，大大提高了设计者的工作效率，从而使设计者可以有更多的时间从事更有创意的工作，而不是将时间花在一些重复性的劳动上。

如图 11-1 所示，这是同一个图形，左图为使用原有上色方法上色，只能使用一种填色和一种描边，而且会留下一些间隙无法填充颜色；右图为使用实时上色方法上色，将图形转变为"实时上色组"后，可以为每一个表面填充不同的颜色，也可以为每条边缘绘制不同颜色的描边，而且可以避免间隙。另外，原有上色方法会产生叠印，而实时上色方法则可避免叠印。

图 11-1　原有上色方法与实时上色的对比

"实时上色组"中的每条路径仍然可以保持完全可编辑，在移动与调整路径时，会自动调整原来所填充的颜色，使其适应新的形状。

用一句话来概括：实时上色综合了上色软件的直观与矢量插图绘制软件的强大功能和灵活性，为设计者提供了全新的和更好的上色方法。

11.2　创建实时上色组

在为图像或路径进行上色之前，首先需要创建一个实时上色组，否则操作时就会出现错误提示。

打开例子文档"功夫小子.ai"，如图 11-2 所示。文档中包含一个由许多单独路径组成的图形，接下来我们将通过这些图形练习如何创建实时上色组。

① 使用"选择工具"框选或按快捷键 Ctrl+A，将文档中的全部路径选中。
② 选择"对象"|"实时上色"|"建立"命令（或按快捷键 Ctrl+Alt+X），将选中的对象创建为实时上色组。此时可以看到功夫小子的周围出现了句柄，如图 11-2 所示，表示现在已经成为实时上色组。

图 11-2　例子文档"功夫小子.ai"

图 11-3　创建实时上色组

③ 单击工具箱中的"实时上色工具"，在对象上单击即可。如果没有事先选中对象，就使用"实时上色工具"在对象上单击则会出现警告对话框。

提示

"实时上色工具"只为"实时上色组"着色。因此在使用"实时上色工具"上色之前，一定要先选择对象，并创建实时上色组才行。

11.3　为表面实时上色

在将所选对象转换为实时上色组后，便可以使用"实时上色工具"为其进行上色，在上色之前应该先选择一种填充颜色或描边颜色。

① 选中上一节创建的实时上色组。
② 单击工具箱中的"实时上色工具"，并确认"填色与描边"控件中的"填色"控件在上。
③ 选择"窗口"|"颜色"命令或单击窗口右侧的"颜色"面板图标，弹出"颜色"面板，如果打开的面板中没有显示更多选项，则单击面板右上角的面板按钮，在弹出的菜单中选择"显示选项"命令。
④ 从"颜色"面板菜单中选择"CMYK"命令，显示出 CMYK 模式颜色设置选项后，输入 CMYK 的颜色值分别为 0、0、0、100。在功夫小子的头发和腰带上单击，为其填充黑色。
⑤ 接下来为功夫小子的面部、耳朵、手和脚上色。在"颜色"面板中输入 CMYK 的值分别为 0、16、36、0，这是一种皮肤色，最终效果如图 11-5 所示。

图 11-4　为头发和腰带上色　　　　　　　　　图 11-5　最终效果

11.4　为边缘实时上色

除了为实时上色组的表面上色之外，还可以为实时上色组的边缘上色。接下来我们通过实例熟悉一下为边缘上色的方法。

① 打开例子文档"边缘上色.ai"，如图 11-6 所示。
② 使用"选择工具" 选中所有对象，按快捷键 Ctrl+Alt+X 将其转换为实时上色组。
③ 单击工具箱中的"实时上色工具" ，确认工具箱中的"填色与描边"按钮的"描边"按钮在上，然后在"色板"中选择描边颜色为绿色，按住 Shift 键移动到小猫的边缘，当鼠标指针变成笔刷形状时，单击边缘为其上色，如图 11-7 所示。

图 11-6　例子文档"边缘上色.ai"　　　　　　图 11-7　为其边缘上色

④ 在"颜色"面板中选择一种颜色或在"色板"面板中选择一种颜色,然后单击腰带边缘,为其上色。

⑤ 用同样的方法为小猫的耳朵上色,结果如图 11-8 所示。

⑥ 接下来为表面上色,选择自己喜欢的颜色,可以得到如图 11-9 所示效果(彩色效果请参考本章例子文档"边缘上色 2.ai")。

图 11-8　为耳朵上色　　　　　　　　　图 11-9　为其表面上色

11.5　将对象转换为实时上色组

也有很多对象不能或不适合直接转换为实时上色组,如文字、位图图稿以及画笔。此时可以先对这些对象做一些简单处理,将其转换为路径,再将转换后的路径转换为实时上色组。这类对象转换为实时上色组的处理方法如下。

- 文字对象:选中文字对象,选择"文字"|"创建轮廓"命令,此时转换为路径,然后选中生成的路径,再将其转换为实时上色组。
- 位图对象:选中位图对象后,选择"对象"|"图像描摹"|"建立并扩展"命令将位图转为矢量图,然后再将其转为实时上色组。
- 其他对象:选中对象后,选择"对象"|"扩展外观"命令,此时会转换为路径,选中生成的路径,再将其转换为实时上色组。

提示　　如果原来的对象中带有一些复杂的特殊效果,在直接转换为实时上色组时会丢失这些效果,但如果采用以上方法,则可以避免特殊效果的丢失。

11.6　扩展与释放实时上色组

如果对象已经转换为实时上色组,仍然可以将其再次转换为普通路径。使用扩展实时上色组和释放实时上色组功能可以达到这一目的。

11.6.1 扩展实时上色组

扩展实时上色组不但可以将实时上色组扩展为由单独的填色和描边路径所组成的对象，还能保持与原来实时上色组类似的外观。扩展之后，可以使用工具箱中的"编辑选择工具"编辑这些路径。扩展实时上色组的具体操作步骤如下。

① 选择要扩展的实时上色组。

② 选择"对象"|"实时上色"|"扩展"命令，或者单击控制面板中的"扩展"按钮。

11.6.2 释放实时上色组

使用释放实时上色组功能可以将实时上色组改变为 0.5 点宽黑色描边的一条或多条普通路径，却不能为其设置填色。释放实时上色组的具体操作步骤如下。

① 选择要释放的实时上色组。

② 选择"对象"|"实时上色"|"释放"命令。

11.7 设置实时上色间隙选项

"间隙"指的是路径与路径之间的空隙。在为实时上色组表面进行上色时，有时不需要将颜色填充到这些小空隙中。选中实时上色组后，选择"对象"|"实时上色"|"间隙选项"命令，在弹出的"间隙选项"对话框（图 11-10）中可以预览并控制实时上色组中可能出现的间隙，还可以进行其他的一些设置。

对话框中的各个选项的作用如下。

- 间隙检测：用于指定是否检测实时上色路径中的间隙。
- 上色停止在：在右侧的下拉列表中选择颜色不能渗入的间隙大小，共有 3 种选择：小间隙、中等间隙和大间隙，可以根据实际需要选择其中一种。

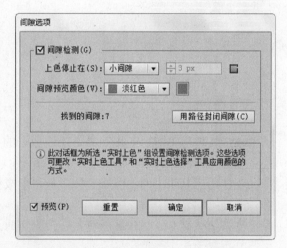

图 11-10 "间隙选项"对话框

- 自定：指定一个自定义的"上色停止在"间隙大小。
- 间隙预览颜色：设置在实时上色组中预览间隙的颜色。可以从下拉列表中选择一种颜色，也可以单击"间隙预览颜色"，打开"颜色"对话框，然后从对话框中选择颜色。
- 用路径封闭间隙：选定间隙检测时，程序不会封闭其发现的间隙，只是防止颜色渗漏过这些间隙。
- 预览：在当前实时上色组中检测到的间隙显示为彩色线条，所用的颜色根据选定的预览颜色而定。

11.8 实例演练

11.8.1 卡通兔子

下面通过实例练习钢笔工具 与实时上色相结合绘制卡通图形，具体操作步骤如下。

① 新建一个文档，并命名为"卡通兔子"。
② 选择工具箱中的"钢笔工具" ，在插图窗口中绘制兔子的头部轮廓。
③ 选择工具箱中的"椭圆工具" ，绘制兔子的眼睛，并调整其位置。
④ 使用"钢笔工具" ，绘制兔子的鼻子和嘴巴，效果如图 11-11 所示。
⑤ 使用"钢笔工具" ，继续绘制兔子的两只耳朵，并适当调整其位置，效果如图 11-12 所示。

图 11-11　绘制脸、眼睛等

图 11-12　绘制耳朵

⑥ 继续使用"钢笔工具" ，绘制兔子的身体、手和脚，并调整其位置和大小，效果如图 11-13 所示。
⑦ 使用工具箱中的"选择工具" 将组成兔子图形的所有路径全部选中，也可直接按快捷键 Ctrl+A。
⑧ 按快捷键 Ctrl+Alt+X，将其转换为实时上色组，如图 11-14 所示。

图 11-13　完成绘制兔子轮廓

图 11-14　创建实时上色组

⑨ 单击工具箱中的"实时上色工具" ，确认工具箱中的"填色与描边"控件中的"填色"控件在上。

⑩ 单击右侧的"颜色"面板图标 ，在弹出的"颜色"面板中输入 CMYK 的值分别为 20、25、0、0。

⑪ 使用工具箱中的"实时上色工具" ，单击兔子的面部、外耳朵、身体、手和脚，为其进行上色，如图 11-15 所示。

⑫ 下面将再为内耳、手掌等上色，在"颜色"面板中输入 CMYK 的值分别为 50、60、0、0，最终效果如图 11-16 所示。

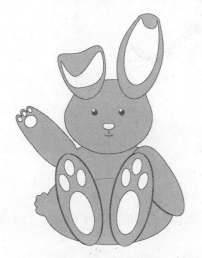
图 11-15 为其面部、外耳朵等上色

图 11-16 最终效果

11.8.2 图像描摹与实时上色的综合运用

在实际使用时，单一地运用图像描摹或实时上色的情况并不多见，多数情况下，都是综合运用两种方法来完成大量的线稿描摹与上色工作。下面通过实例说明如何综合运用图像描摹与实时上色完成线稿描摹以及上色，具体操作步骤如下。

① 启动 Illustrator CS6 程序，新建一个文档。

② 选择"文件"|"置入"命令，在"置入"对话框中找到并选中本章的练习文件"monkey.jpg"。

③ 单击"置入"按钮，此时图片出现在窗口中，并处于选中状态，如图 11-17 所示。

> **提示**　如果在"置入"对话框中选择了"链接"复选框，则在置入后，窗口上方的控制面板上就会出现在一个突出显示的"嵌入"按钮，单击它可以将图片嵌入到文档中。

④ 选择"文件"|"存储"命令，打开"存储为"对话框，选择要保存文件的位置，并输入要保存的文件名"monkey.ai"，然后单击"保存"按钮。

⑤ 在随后弹出的"Illustrator 选项"对话框中，采用默认设置并单击"确定"按钮完成保存。

⑥ 按住 Alt 键的同时使用"选择工具" 拖动图片，复制出一个同样的图片。将其放置在画板外以做参考。

中文版 Illustrator CS6 标准教程

图 11-17　置入图片

⑦ 确认画板中的图片为选中状态，单击控制面板上的"图像描摹"按钮，得到如图 11-18 左图所示的默认描摹结果。

⑧ 保持描摹结果的选中状态，在"图像描摹"面板中将"阈值"改为 64，最小区改为 7，效果如图 11-18 右图所示。

默认描摹结果

修改描摹设置后的效果

图 11-18　图像描摹

⑨ 单击控制面板中的"扩展"按钮，将其转换为普通路径。

⑩ 选择"对象"|"实时上色"|"建立"命令，将选中的路径转换为实时上色组。

⑪ 选择工具箱中的"实时上色工具" ，从"颜色"面板中选择一种颜色，并对实时上色组表面进行上色。也可按住 Alt 键选择"吸管工具" ，从画板外边的原始图片中选取颜色，松开 Alt 键，使用"实时上色工具" 为其进行上色，效果如图 11-19 所示。

提示　　在进行上色时，有一些小的表面不容易上色，可以使用"缩放工具" 将其放大后再用"实时上色工具" 上色，完成的效果如图 11-20 所示。

图 11-19　从参考的图片中吸取颜色

图 11-20　最终效果

⑫ 选择"文件"|"存储"命令或按快捷键 Ctrl+S，保存文件。

提示

作为设计者，随时保存文档是一个很好的习惯，以免发生意外断电或死机带来的一些不必要的损失。

11.9　疑难与技巧

11.9.1　实时上色组有哪些局限性？

在实时上色组中，并不是所有的命令或功能都适合于实时上色组中的路径，或者产生的作用与对普通的路径产生的作用有所不同。以下列出了对于实时上色组而言，受限制的一些命令或功能，在使用时可作为参考。

- 适用于整个"实时上色组"而不适用于单个表面或边缘的功能或命令：透明度、效果、"外观"面板中的多种填充和描边、"对象"|"封套扭曲"、"对象"|"隐藏"、"对象"|"栅格化"、"对象"|"切片"|"建立"、建立不透明蒙版（在"透明度"面板菜单中）、画笔（如果使用"外观"面板将新描边添加到实时上色组中，则可以将画笔应用于整个组）。
- 不能在"实时上色组"中使用的功能有：渐变网格、图表、"符号"面板中的符号、光晕、"描边"面板中的"对齐描边"选项、魔棒工具、套索工具。
- 不能在"实时上色组"中使用的对象命令有：轮廓化描边、混合、切片、创建渐变网格、"剪切蒙版"|"建立"、扩展（可用"对象"|"实时上色"|"扩展"命令来代替）命令。
- 不能在"实时上色组中"使用的其他命令有："文件"|"置入"、"路径查找器"命令、"视图"|"参考线"|"建立"、"对象"|"文本绕排"|"建立"、"选择"|"相同"子菜单中的混合模式、填充和描边、不透明度、样式、符号实例或链接块系列等。

11.9.2　可以向已有的实时上色组中添加路径吗？

在 Illustrator CS6 中将对象转换为实时上色组后，可以随时向实时上色组中添加路径以修改对象的形状。其方法是：移动鼠标指针到实时上色组的路径上面，当鼠标指针变为▶形状时，在该位置双击，进入隔离模式，然后使用工具箱中的路径绘制相关工具绘制路径，绘制完毕后按住 Ctrl 键的同时单击左上角的"退出隔离模式"按钮，退出添加路径的状态。

11.9.3 为表面和边缘实时上色时，有哪些技巧可以使上色更加省时省力？

在对表面和边缘实时上色时，有一些操作上的技巧。掌握了这些技巧，可以解决实际上色时的一些疑难，或者可以提高上色的效率。整理如下。

① 为表面上色时，拖动鼠标跨过多个表面，可以一次为多个表面同时上色，如 11-21 所示。

② 双击一个表面，可以跨越未描边的边缘对邻近表面填色（可再次双击连续填色），如图 11-22 所示。

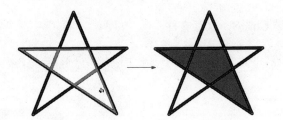 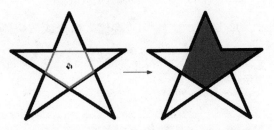

图 11-21　拖动鼠标为多个表面同时上色　　　图 11-22　双击左图中一个表面以对邻近表面填色

③ 三击（连续快速按鼠标左键三次）一个表面，可以对所有表面填充相同颜色，如图 11-23 所示。

④ 双击工具箱中的"实时上色工具" ，可以打开如 11-24 所示的"实时上色工具选项"对话框。在该对话框中，默认选中了"填充上色"复选框，所以如果有时不能为描边上色，可以到这个对话框中选中"描边上色"复选框。

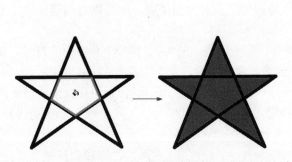 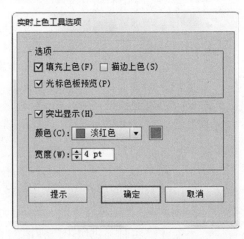

图 11-23　三击左图中一个表面以对所有表面填充相同颜色　　图 11-24　"实时上色工具选项"对话框

提示　也可以按住 Shift 键的同时使用"实时上色工具" ，切换到相反的实时上色工具选项。例如，如果这个对话框中没有选中"描边上色"复选框，则在上色时如果按住 Shift 键，就相当于选中了该复选框，这样就可以为描边上色了。另外，还可以选择是否突出显示指针所在当前表面或边缘的轮廓，以及指定轮廓的颜色和宽度。

⑤ 拖动鼠标跨过多条边缘，可以一次为多条边缘描边，如图 11-25 所示。
⑥ 双击一条边缘，可以对所有与其相连的边缘进行描边（连续描边），如图 11-26 所示。

图 11-25 拖动鼠标为多条边缘同时上色　　　　图 11-26 双击左图中一条边缘对所有相连边缘描边

⑦ 三击一条边缘，可以对实时上色组中所有边缘进行描边，如图 11-27 所示。

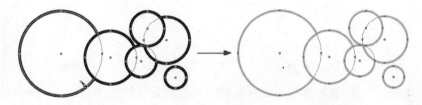

图 11-27 三击一条边缘对组内所有边缘进行描边

⑧ 在上色时，按住 Alt 键可以临时切换到"吸管工具" ，在其他对象上单击吸取填色或描边颜色后，再松开 Alt 键使用选取的颜色继续上色。

注意　　以上所说的双击和三击都指的是鼠标左键。

11.10 巩固练习

1. 使用光盘中的图像文件"dj.jpg"练习综合运用实时描摹和实时上色，将黑白线稿描摹并上色为矢量图，结果如图 11-28 所示（可以查看"dj.ai"文档查看完成的图稿）。

2. 使用上例中的图像描摹结果多练习几遍实时上色的相关技巧。

3. 所有的对象都能转换为实时上色组吗？哪些对象需要处理后才能转换为实时上色组？

4. 找一些素材练习综合运用图像描摹和实时上色。

5. 在对表面和边缘进行填色和描边时，鼠标的指针一样吗？有何变化？

图 11-28 完成效果

第 12 章

画笔

Illustrator 中的画笔可以批量地将一种图案按照一定的规律进行排列，还可以简化大量重复性的工作。因此掌握画笔各种操作可以大大提高工作效率，还能绘制许多出乎意料地创意效果，为创建复杂图案提供极大的方便。本章将介绍有关画笔的一些操作，包括如何选择画笔、应用画笔描边、使用画笔工具、删除画笔描边、创建与修改画笔、自定义笔刷等。

- 选择画笔
- 认识工作界面
- 应用画笔描边
- 使用画笔工具
- 删除画笔描边
- 创建与修改画笔

12.1 画笔概述

在 Illustrator 中，可以为现有的路径应用特殊风格的画笔描边，也可以使用"画笔工具"直接绘制带有画笔描边的路径。Illustrator 中有 5 种画笔描边，简要介绍如下。

- 书法画笔：用于创建类似于书法效果的描边，书法画笔描边沿着路径的中心绘制出来。
- 散布画笔：可以将一个对象的多个副本沿着路径分布。
- 艺术画笔：沿着路径长度均匀拉伸画笔形状或对象形状的一种画笔。
- 图案画笔：用于绘制出一种图案，该图案是沿路径重复的各个拼贴组合而成。图案画笔最多可以有 5 种拼贴（图案的起点、终点、边线、内角和外角）。
- 毛刷画笔：使用毛刷创建具有自然画笔外观的画笔描边。

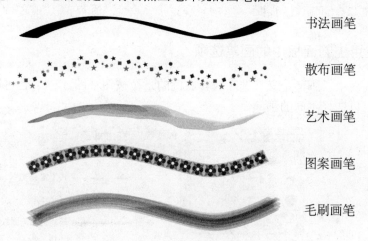

图 12-1　5 种画笔描边示例

12.2 选择画笔

在 Illustrator 中，选择画笔和选择其他工具一样，可以有多种选择方法。一般情况下选择画笔有以下三种途径。

12.2.1 使用"画笔"面板

单击窗口右侧的"画笔"面板图标，可以显示或隐藏"画笔"面板，也可以选择"窗口"|"画笔"命令。在默认情况下，"画笔"面板中只显示一小部分书法画笔和艺术画笔，如图 12-2 所示。只要在画笔库中选择一种画笔，则这种画笔就会在"画笔"面板中显示出来。

"画笔"面板中只显示当前文档的画笔，也就是说，创建并存储在"画笔"面板中的画笔只与当前文档有关。在 Illustrator 中，每个文档在"画笔"面板中都有自己不同的画笔集合。

"画笔"面板菜单中包含了许多个用于画笔操作的命令，如图 12-3 所示。

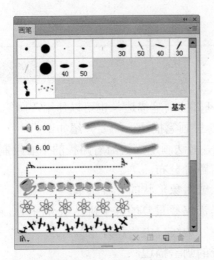

图 12-2 "画笔"面板

图 12-3 "画笔"面板菜单

12.2.2 使用控制面板中的画笔选项

单击控制面板中"画笔定义"选项或其右侧的下拉按钮（图 12-4）也可以打开浮动的画笔面板，从中可以选择不同的画笔。

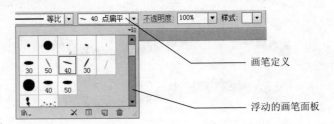

图 12-4 "控制面板"中的"画笔选项"

12.2.3 使用画笔库

画笔库是 Illustrator 自带的预设画笔的集合，使用"画笔"面板菜单中的"打开画笔库"命令，或者画笔库面板左下角的"画笔库菜单"按钮，可以打开不同的画笔库，从中选择不同风格的画笔。如图 12-5 所示为其中的两个画笔库。

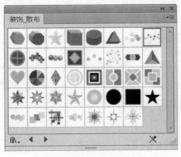

"装饰_散布"画笔库

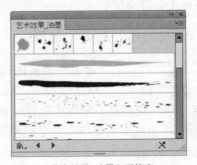

"艺术效果_油墨"画笔库

图 12-5 不同的画笔库

12.3 画笔描边应用详解

本节介绍如何对路径应用画笔描边，如何使用画笔工具，以及如何删除画笔描边、如何创建与修改自定义画笔。

12.3.1 应用画笔描边

在 Illustrator 中可以随时对路径应用画笔描边，路径可以是闭合的路径，也可以开放的路径。对路径描边的具体操作步骤如下。

① 选中要应用画笔描边的路径。
② 从"画笔库"面板、"画笔"面板或控制面板中选择一种画笔，也可以直接将一种画笔拖放至路径上，即可完成描边操作，如图 12-6 所示。

"边框_新奇"中的"花朵"描边　　　　"装饰_散布"中的"心形"描边

图 12-6　应用不同的画笔描边

12.3.2 使用画笔工具

使用工具箱中的"画笔工具" 可以直接绘制带有画笔描边的路径，也可创建不同的画笔路径图形。使用"画笔工具" 的具体操作步骤如下。

① 从"画笔"面板、控制面板或画笔库中选择一种画笔。
② 单击工具箱中的"画笔工具" 。
③ 在插图窗口中按住鼠标左键拖动绘制路径如图 12-7 所示。

图 12-7　绘制画笔路径

 提示　如果要绘制开放路径，则在希望停止的位置释放鼠标即可。如果要绘制闭合路径，则在拖动时按住 Alt 键，此时"画笔工具" 指针变为 形状，在希望封闭时，释放鼠标。在绘制时，系统会自动设置锚点，锚点的数目取决于线段的长度和复杂程度，以及"画笔工具选项"对话框中的"容差"设置。双击工具箱中的"画笔工具" ，可以打开如图 12-8 所示的"画笔工具选项"对话框。

对话框中各选项的简要介绍如下。

- 保真度：控制鼠标或光笔移动多大距离才会向路径添加锚点。保真度范围在0.5~20像素之间，值越大，路径就越平滑，复杂程度就越小。保真度值如果为4，则表示小于4的像素的工具移动不产生锚点。
- 平滑度：控制使用画笔工具时应用的平滑量。平滑度的值在0%~100%，百分比越高，路径越平滑。
- 填充新画笔描边：选中此选项，则将填色应用于路径，此选项在绘制闭合路径时发挥着极大的作用。

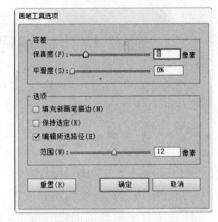

图 12-8　"画笔工具选项"对话框

- 保持选定：确定绘制出一条路径后，是否将此路径保持选定。
- 编辑所选路径：确定是否可以用"画笔工具"改变一条现有路径。
- 范围：控制鼠标或光笔必须与现有的路径相距多大距离之内，才可使用"画笔工具"来编辑路径。该选项只有在选择了"编辑所选路径"选项后才可使用。

12.3.3　删除画笔描边

在确定画笔描边不再需要的情况下，可以将应用到路径上的描边删除，具体操作步骤如下。

① 选中应用了画笔描边的路径。

② 从"画笔"面板菜单中选择"移去画笔描边"命令，或单击"画笔"面板底部的"移去画笔描边"按钮。

12.3.4　创建与修改画笔

在Illustrator CS6中除了应用系统提供的预设画笔之外，还可以根据自己的实际需要创建新的画笔。应该注意的是，对于散布画笔、图案画笔和艺术画笔，首先应该创建要使用的图稿，而创建书法画笔时则可以直接创建。下面以图案画笔为例说明如何创建画笔和修改画笔。下面以散点画笔为例说明如何新建画笔和修改画笔。

① 选择用于创建散点画笔的图稿，如可以使用光盘中的例子文档"散点画笔.ai"中的图稿，如图12-9所示。

② 使用"选择工具"选中插图窗口中的三个星星。

③ 单击"画笔"面板中右下角的"新建画笔"按钮，打开"新建画笔"对话框。

④ 在"新建画笔"对话框中选择画笔类型为"散点画笔"，如图12-10所示。选择完毕，单击"确定"按钮。

⑤ 在"散点画笔选项"对话框中输入新画笔的名称，如"五角星"，并设置其他选项，如图12-11所示。这里使用默认设置。单击"确定"按钮。

⑥ 如果在"画笔"面板中看不到新建的画笔，可以单击"画笔"面板菜单中的"显示散点画笔"命令，显示出散点画笔，就可以看到新建的画笔了，如图12-12所示。

图 12-9　例子文档"散点画笔.ai"

图 12-10　选择画笔类型

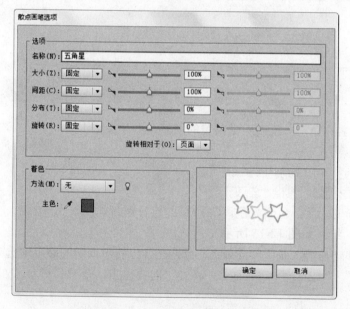

图 12-11　"散点画笔选项"对话框

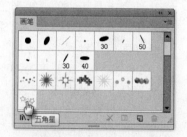

图 12-12　查看新建的画笔

⑦ 在插图窗口中随意画一条路径，并应用新建的"五角星"散点画笔查看效果，如图 12-13 所示。

图 12-13　应用"五角星"散点画笔

提示　　画笔创建完毕，仍然可以修改画笔的选项。方法是在"画笔"面板中选中要修改的画笔后，单击"画笔"面板下方的"所选对象的选项"按钮，或者直接双击该画笔。不过打开的对话框会略有不同，双击会打开如图 12-11 所示的对话框，单击按钮则会打开如图 12-14 所示对话框，少了名称和预览图。

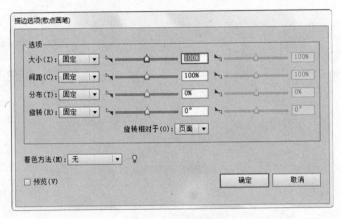

图 12-14　"描边选项（散点画笔）"对话框

12.4　实例演练

在本实例中，我们结合前面所学的知识，绘制一张精美的信笺，具体操作步骤如下。

① 打开 Illustrator CS6，新建一个文档。
② 选择工具箱中的"矩形工具"，在窗口中绘制矩形。
③ 单击右侧的"渐变"面板图标，弹出"渐变"面板。
④ 在面板中设置为"径向"渐变，从白色到粉色，CMYK 的值分别为 0、0、0、0，22、68、0、0，透明度为 50%，结果如图 12-15 所示。
⑤ 确认矩形处于选中状态，单击右侧"画笔"面板图标，在弹出的面板中的菜单中选择"打开画笔库"|"边框"|"边框_新奇"命令，在弹出的面板中选择"心形"，效果如图 12-16 所示。

图 12-15　绘制矩形并设置渐变

图 12-16　应用画笔描边

⑥ 使用工具箱中的"钢笔工具" ，在插图窗口中绘制一个心形，单击右侧的"渐变"面板图标 ，弹出"渐变"面板。

⑦ 在面板中设置为"径向"渐变，从白色到粉色，CMYK 的值分别为 0、0、0、0，22、68、0、0，调整其位置。

⑧ 使用工具箱中"直线工具" ，在心形中绘制一条直线段，颜色为白色，描边属性为无。调整好位置，复制直线段，调整其长度和位置，结果如图 12-17 所示。

⑨ 使用工具箱中的"椭圆工具" ，绘制一个椭圆，然后单击右侧的"渐变"面板图标 ，弹出"渐变"面板。在面板中设置为"径向"渐变，从白色到粉色，CMYK 的值分别为 0、0、0、0，22、68、0、0，描边属性设置为无，复制椭圆，调整其位置，效果如图 12-18 所示。

⑩ 使用工具箱中的"钢笔工具" ，在插图窗口中绘制如图 12-19 所示的线条和花朵，线条填充色颜色为粉色，花朵为径向渐变，颜色值与心形颜色值基本一致，调整好位置，信笺绘制完成，如图 12-19 所示。

图 12-17　绘制心形和线段

图 12-18　绘制并复制椭圆

⑪ 选择工具箱中的"文字工具" ，在窗口中输入"想念"，字体设置为"华文行楷"，字体大小为"72pt"，调整好位置，设置透明度为 50%。

⑫ 选择工具箱中的"文字工具" ，在窗口中输入"miss you"，字体设置为"Brush Script MT Italic"，字体大小为"72pt"，调整好位置，设置透明度为 50%，最终效果如图 12-20 所示。

图 12-19　绘制线条和花朵

图 12-20　最终效果

12.5 疑难与技巧

12.5.1 如何将画笔描边转为轮廓

在 Illustrator CS6 中可以将画笔描边转换为轮廓，然后再编辑用画笔绘制的线条上的各个路径，其具体操作步骤如下。

① 选择一条应用了画笔描边的路径。
② 选择"对象"|"扩展外观"命令。

将画笔转换为轮廓路径后，可以看到路径上的许多锚点，这样就可以用编辑路径的方法对其进行编辑。

12.5.2 如何使用毛刷画笔？

如果要使用毛刷画笔，需要先选择一种毛刷画笔，方法是从"画笔"面板菜单中选择"打开画笔库"|"毛刷画笔"|"毛刷画笔库"命令。

使用毛刷画笔最好是配备 6D 美术笔以及 Wacom Intuos 3 或更高级的数字绘图板，这样可以体验与发挥毛刷画笔的全部功能，否则只用鼠标的话，效果与功能都会差强人意。

12.6 巩固练习

1. 自己创建一种书法画笔和艺术画笔。
2. 怎样将画笔描边转换成可编辑的路径？

第 13 章

图层使用详解

在 Illustrator CS6 中，用户所进行的所有操作都是在图层上完成的。在 Illustrator 文档中，至少存在一个图层。在绘制比较复杂的图形或图稿时，利用图层可以有效地管理图稿中的大量对象。本章将主要介绍图层的各种基础与高级操作，主要包括创建新图层、设置图层选项、在图层间移动对象、将项目释放到图层、合并图层和拼合图稿等。

 学习重点

- 认识图层面板
- 创建新图层
- 设置图层选项
- 在图层间移动对象
- 将项目释放到图层
- 合并图层和拼合图层

13.1 认识图层面板

图层可以帮助组织与管理文档中的所有项目。借助图层，在编辑、查找对象时就会很方便地找到或者单个编辑这些项目。图层的使用是在"图层"面板中进行的，在通常情况下，文档中的所有项目都会被组织到一个单一的父图层中。图层结构是由用户自己决定的，可以很简单，也可以很复杂。

在"图层"面板中可以进行的操作包括创建图层和子图层、重命名图层、移动图层、选择图层、锁定图层和隐藏图层等。"图层"面板用于列出、组织和编辑文档中的对象。选择"窗口"|"图层"命令或单击窗口右侧的"图层"面板图标，可以显示或隐藏"图层"面板，"图层"面板的组成如图 13-1 所示。

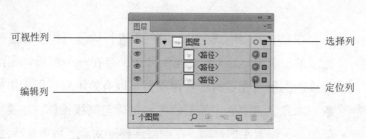

图 13-1 "图层"面板

默认情况下，"图层"面板中的每个图层都被分配唯一的颜色。当选择图层中的一个或多个对象时，图层的选择列中会显示相应的颜色，这时颜色也会显示在所选对象的选择列中。

"图层"面板在图层列表的左右两侧提供了四个列，单击这些列可以实现如下功能。

- 可视性列：控制项目是可见还是隐藏，如果有眼睛图标显示，则项目是可见的。
- 编辑列：控制项目是锁定还是未锁定，如果有锁状图标显示，则表示项目被锁定，不可编辑；如果为空白，则是非锁定状态，可以对其进行编辑。
- 定位列：用于对项目进行定位，以编辑"外观"面板中的属性并应用效果。如果是双环图标，则表示已定位项目；如果是单环图标，表示未定位项目。
- 选择列：用于选择项目以对其进行编辑。如果有选择框，则表示项目被选择。

使用"图层"面板，还可以用轮廓形式显示某些项目，而以最终图稿中的样式显示其余项目，也可以使链接的对象变暗，以方便快捷地在图像上编辑图稿。

13.2 创建新图层

下面通过实例来练习如何创建新图层。打开本章的例子文档"图层练习.ai"，如图 13-2 所示。文档中包含一幅置入的位图，将这幅位图作为临摹的对象。

① 单击窗口右侧的"图层"面板图标，打开"图层"面板。

② 单击"图层"面板右下角的"创建新图层"按钮，此时一个新的图层 2 出现在原来图层的上方，且当前活动图层是新建的图层 2，如图 13-3 所示。

图 13-2　例子文档"图层练习.ai"

图 13-3　新建的图层 2

③ 在"图层"面板中双击"图层 2",打开"图层选项"对话框,如图 13-4 所示。在对话框中输入新图层的名称,单击"确定"按钮。

④ 如果要为某个图层创建新的子图层,可以单击"图层"面板下方的"创建新子图层"按钮,"图层"面板的新子图层如图 13-5 所示。

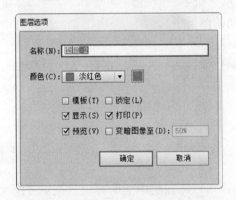

图 13-4　"图层选项"对话框

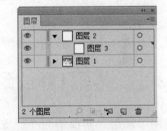

图 13-5　新子图层

提示
　　在创建新的图层或新的子图层时,也可以使用"图层"面板菜单中的"新建图层"或"新建子图层"命令,然后在弹出的"图层选项"对话框中进行必要的选项设置。

13.3　设置图层选项

在"图层"面板中双击项目名称可弹出"图层选项"对话框,也可以在选中项目后,单击"图层"面板菜单中"(项目名称)的选项"命令打开"图层选项"对话框(图 13-4)。"图层选项"对话框中各选项简要介绍如下。

- 名称：在文本框中输入"图层"面板中显示项目的名称。
- 颜色：指定图层的颜色模式（仅适用于图层）。可以从菜单中选择颜色，也可以双击"颜色"面板选择颜色。
- 模板：将图层设置为模板图层（仅适用于图层）。
- 锁定：锁定后将无法对项目进行更改。
- 显示：显示画板图层中所包含的所有图稿对象。
- 打印：图层中所包含的图稿可供打印（仅适用于图层）。
- 预览：以颜色而不是按轮廓来显示图层中饮食的图稿（仅适用于图层）。
- 变暗图像至：将图层中所包含的链接图像和位图图像的强度降低到指定的百分比（仅适用于图层）。

13.4 在图层间移动对象

在"图层"面板中可以很方便快捷地将对象在其他图层中移动，从而有效地组织多个对象，具体操作步骤如下。

① 选中要移动的对象。

② 单击"图层"面板中要移动到图层的名称。

③ 选择"对象"|"排列"|"发送至当前图层"命令。也可以将选中的图稿，直接拖动到要移动的图层中去，如图 13-6 所示，可以按住所指示处，然后将其拖放到上方的图层 2，则图层 1 中的图稿会被移动到图层 2。

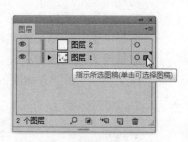

图 13-6　拖移可移动图稿

13.5 将项目释放到图层

使用"图层"面板中的"释放到图层"命令，可以将图层中的所有项目重新分配到各图层中，并根据对象的排列顺序在每个图层中构建新的对象。这一功能可以用于准备 Web 动画文件（如 GIF 或 Flash 动画）。

打开光盘中的例子文件"排列对象.ai"，用于练习"释放到图层"命令。

① 在"图层"面板中选中要释放的项目"星形气球"。

② 单击"图层"面板右上角的面板按钮，打开面板菜单，从中选择"释放到图层（顺序）"命令。这样可以将每个项目都释放到新的图层，如图 13-7 所示。

③ 在"图层"面板中选中要释放的项目"圆形气球"。

④ 单击"图层"面板菜单中的"释放到图层（累积）"命令，这样可以将项目释放到图层并复制对象以创建累积顺序，如图 13-8 所示。

提示　　注意观察每一图层的缩略图。可以观察到最底部的对象出现在每个新建的图层中，而最顶部的对象仅出现在最顶层的图层中。这一命令对创建累积动画顺序非常有用。

第 13 章 | 图层使用详解

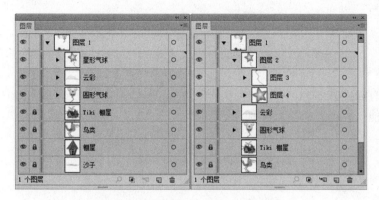

图 13-7 释放到图层（顺序）前后对比

图 13-8 释放到图层（累积）

13.6 合并图层和拼合图稿

合并图层和拼合图稿的功能基本类似，都可以将对象、组和子图层合并到一个图层或一个组中。不同之处在于，合并图层可以选择要合并哪个项目，而拼合图稿则将图稿中所有可见项目都合并到一个图层中。无论使用以上哪个功能，合并时图稿中对象的排列顺序都会保持不变。

下面通过实例练习合并图层和拼合图稿。打开光盘中本章的例子文档"排列对象.ai"，具体操作步骤如下。

① 按住 Ctrl 键的同时单击"图层"面板中星形气球、云彩和圆形气球 3 个项目，将它们全部选中（也可以按住 Shift 键的同时单击星形气球和圆形气球）。

② 单击面板菜单中的"合并所选图层"命令。从图 13-9 中可以看到，合并得到的新图层以最后单击的图层命名。

③ 单击"图层 1"名称选中图层 1，然后单击面板右下角的"创建新图层"按钮，在图层 1 上方创建一个新图层 2，并在新建的图层 2 上随意绘制图形。

④ 确认选中图层 2，单击面板菜单中的"拼合图稿"命令。可以看到拼合图稿后只剩下一个图层 2，展开图层 2 可以看到原来图层 1 中的项目都被拼合到图层 2 中，如图 13-10 所示。如果拼合前选中图层 1，则拼合后便只会有一个图层 1。

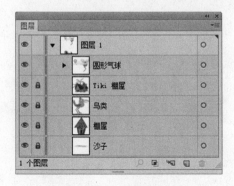

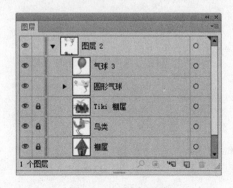

图 13-9 合并所选图层

图 13-10 拼合图稿

13.7 巩固练习

1. 创建新图层或新子图层有哪些方法?
2. 合并图层和拼合图稿功能一样吗?有什么区别和联系?

第 14 章

对象的高级操作

在 Illustrator CS6 中编辑图形时，经常会用到对象的各种高级操作，这样可以有助于制作更加复杂的图稿。这些高级操作包括快速定位对象、使用路径查找器、使用混合对象功能创建特殊效果、剪切、分割与裁切对象、使用剪切蒙版等。

 学习重点

- 快速定位对象
- 使用路径查找器组合对象
- 使用混合对象功能创建特殊效果
- 剪切、分割与裁切对象
- 复合路径
- 使用剪切蒙版

14.1 快速定位对象

在图稿中选择了某一个项目时,使用"图层"面板菜单中的"定位对象"命令可以在面板中快速定位到该项目所在的位置,具体操作步骤如下。

① 在窗口中选中一个对象,如果选择了多个对象,则会定位到排列顺序最靠前的对象。
② 选择面板菜单中的"定位对象"命令,即可完成定位操作。如果在面板选项设置中选择了"仅显示图层",则此命令就会变为"定位图层"命令。

14.2 使用路径查找器

在 Illustrator CS6 中可以将多个矢量对象用不同的方式组合到一起,从而创建出新的形状。采用不同的组合方法,所产生的路径或形状也会有所不同。路径或形状的组合通常是使用"路径查找器"完成的。下面通过实例来说明如何使用"路径查找器"组合对象。

14.2.1 路径查找器实例体验

路径查找器在制作各种 Q 版插画人物、标志、按钮以及其他常见的类似图形时很有用处。例如,先来使用其中一种功能制作一个简单的 Q 版人物,体会一下路径查找器的强大而易用的特性。最终效果如图 14-1 所示。

图 14-1 Q 版人物

① 选择"文件"|"新建"命令,打开"新建文档"对话框。
② 输入文档名称"Q 版人物",其他选项采用默认设置,如图 14-2 所示。
③ 单击"确定"按钮,完成新文档的创建。
④ 选择工具箱中的"椭圆工具" ,在画板中绘制 3 个椭圆,其大小和位置如图 14-3 所示,并适当设置描边粗细及填色。

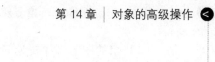

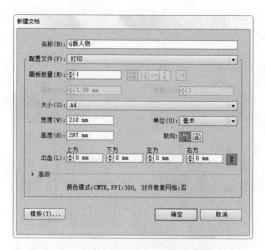

图 14-2 设置文档选项

图 14-3 绘制 3 个椭圆

⑤ 使用工具箱中的"选择工具" ，选中 3 个椭圆。
⑥ 选择"窗口"|"路径查找器"命令，打开"路径查找器"面板。
⑦ 单击面板中的"联集"按钮，如图 14-4 所示。应用联集后的图形如图 14-5 所示，这样可以得到人物的发型。

图 14-4 单击面板中的"联集"按钮

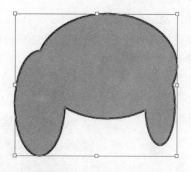

图 14-5 联集后的图形

⑧ 使用"椭圆工具" 绘制一个椭圆，填充为白色，作为人物的面部，然后在其上绘制两个黑色的小圆形作为眼睛，如图 14-6 所示。作为面部的图形要将其排列到底层（选中后，右击，然后选择弹出菜单中的"排列"|"置于底层"命令）。

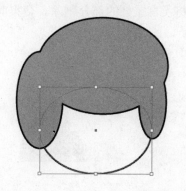

图 14-6 绘制面部和眼睛

⑨ 其余的图形制作较为简单，使用椭圆工具或圆角矩形工具直接绘制，或者使用上述方法来制作，直到得到最终效果。

14.2.2 路径查找器效果全面介绍

在"路径查找器"面板中，包含联集、减去顶层、交集、差集、分割、修边、合并、裁剪、轮廓、减去后方对象等效果。下面将这些效果分别简要介绍如下。

■ 联集

联集使用起来比较频繁，多个对象在联集时，会将重叠的部分去掉，只保留所有对象的外轮廓，组合后的对象应用组合之前最顶层对象的填色与描边。联集前后的对象如图14-7所示。

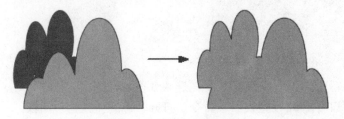

图14-7　联集前后的对象

■ 减去顶层

减去顶层也是比较常用的效果之一，它是指从位于底层的对象中减去最顶层的对象。可以结合在"图层"面板中改变对象的排列顺序来删除插图中的某些区域。减去顶层前后的对象如图14-8所示。

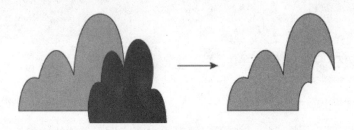

图14-8　减去顶层前后的对象

■ 交集

交集可以保留多个对象互相重叠的部分，而将没有重叠的部分删除。交集前后的对象如图14-9所示。

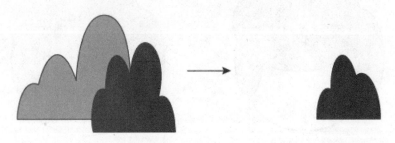

图14-9　交集前后的对象

- 差集

差集与交集正好相反，它可以保留多个对象的未重叠部分，而将重叠的部分删除。差集前后的对象如图 14-10 所示。

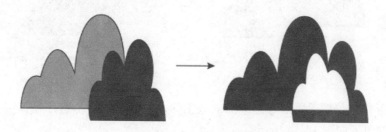

图 14-10　差集前后的对象

- 分割

分割可以将多个对象相互重叠交叉的部分分离，从而生成多个独立的部分。分割生成的独立部分可以使用"直接选择工具"拖动使其分开，分割前后的对象如图 14-11 所示（最右边是使用"直接选择工具"分开后的对象）。

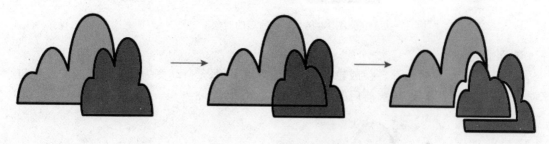

图 14-11　分割前后的对象

- 修边

修边会删除多个对象重叠的部分，并将所有描边删除，但不会合并相同颜色的对象。使用"直接选择工具"移动修边后的对象，可以看到被删除的区域。修边前后的对象如图 14-12 所示（最右边是使用"直接选择工具"分开后的对象）。

图 14-12　修边前后的对象

- 合并

合并会删除多个对象重叠的部分，并将所有描边删除，但会合并相同颜色的对象。合并前后的对象如图 14-13 所示。

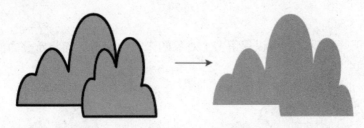

图 14-13 合并前后的对象

- 裁剪

裁剪会将所有落在最顶层对象之外的部分删除，并删除所有描边，仅保留重叠部分的填色。裁剪前后的对象如图 14-14 所示。

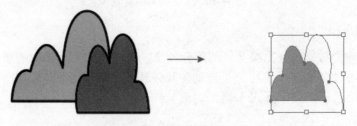

图 14-14 裁剪前后的对象

- 轮廓

轮廓是指把所有对象都转换成轮廓，轮廓线的宽度都会自动变为 0，轮廓线的颜色与原来对象的填色颜色相同。轮廓前后的对象如图 14-15 所示。

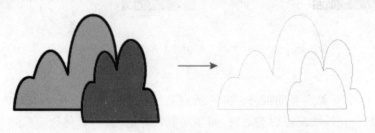

图 14-15 轮廓前后的对象

- 减去后方对象

减去后方对象是指从最前面的对象中减去后面的对象，与减去顶层正好相反。减去后方对象前后的对象如图 14-16 所示。

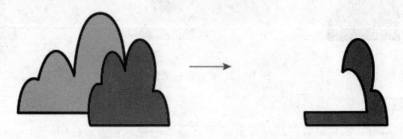

图 14-16 减去后方对象前后的对象

14.3 使用混合对象功能创建特殊效果

混合对象可以创建形状,并在两个对象之间平均分布形状。也可以在两个开放路径之间进行混合,在对象之间创建平滑的过渡;也可以组合颜色和对象的混合,在特定对象形状中创建颜色过渡。

在对象之间创建了混合之后,就会将混合对象作为一个对象看待。如果移动了其中一个原始对象,或编辑了原始对象的某个锚点,则混合将会随之变化。此外,原始对象之间混合的新对象不会具有其自身的锚点。

妙用混合功能可以实现许多常规方法所不能实现的效果,时常起到事半功倍的作用。例如,如图 14-17 所示即是一幅在多处采用了混合功能的图稿。

● 标有圆点处使用了
混合功能

图 14-17 使用了混合对象功能的图稿

下面通过实例来体验如何混合对象,希望这些实例能起到抛砖引玉的作用。读者可以运用这些基本方法,拓展自己的思路,创作出更好的混合效果。

打开光盘中本章的例子文档"混合对象.ai",如图 14-18 所示。文档中包含若干个已经制作好的图形对象,将用于练习混合对象功能。

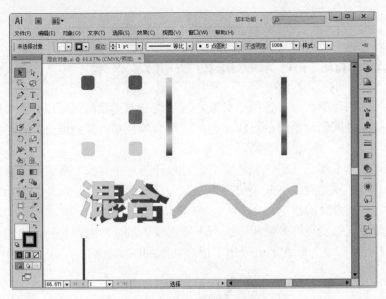

图 14-18　例子文档"混合对象.ai"

14.3.1　实例 1——基本的颜色混合

借助本实例,我们来熟悉一下有关混合对象的一些基本操作和选项设置。

① 选中左上角的两个在一条竖直线上的圆角矩形(红色和黄色)。

② 选择"对象"|"混合"|"建立"命令(或按快捷键 Ctrl+Alt+B),完成两个对象的混合,其前后对比如图 14-19 所示。

提示

观察混合结果,可以发现出现了红色到黄色的过渡矩形,不过这些形状现在还不是独立的实体。如果要在混合之后得到独立的路径,可以使用"对象"|"混合"|"扩展"命令将其扩展为普通路径。

③ 选中混合后的对象,选择"对象"|"混合"|"混合选项"命令,打开"混合选项"对话框。

④ 在"间距"右侧列表中选择"指定的步数",并在其右侧文本框中输入更大的数值,如 30,选中"预览"复选框可以即时查看混合效果,步数越高则颜色过渡越不明显,整个效果看上去更加平滑,如图 14-20 所示。设置完毕单击"确定"按钮关闭对话框。

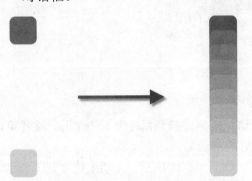

图 14-19　基本的颜色混合

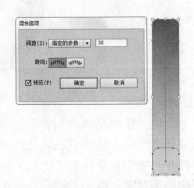

图 14-20　设置混合选项

⑤ 使用"添加锚点工具" 单击混合对象中间的混合轴中间某位置,在此处添加一个锚点。

⑥ 使用"直接选择工具" 拖动刚刚添加的锚点,改变混合轴的形状,其前后对比如图 14-21 所示。

⑦ 重新打开"混合选项"对话框,将"取向"由"对齐页面"改为"对齐路径",并观察混合对象的变化,会发现圆角矩形变为沿路径对齐。

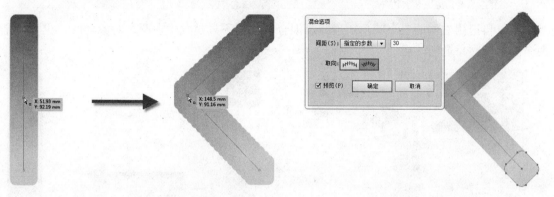

图 14-21　改变混合轴的形状　　　　　　　　图 14-22　改变取向

⑧ 将"指定的步数"改为稍小的数值,如 12。单击"确定"按钮,关闭"混合选项"对话框。

⑨ 使用"转换锚点工具" 将混合轴中间的锚点转换为平滑点,并使用"直接选择工具" 适当调整混合轴为平滑的曲线,如图 14-23 左图所示。

⑩ 将"取向"再改回"对齐页面",此时可更清晰地看到两种取向的不同,如图 14-23 右图所示。

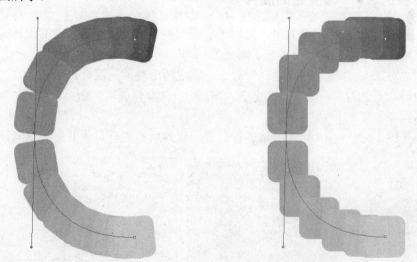

图 14-23　混合轴改为曲线后的混合对象

⑪ 确保工具箱底部"填色与描边"按钮现在是"填色"按钮在上。使用"直接选择工具" 选中混合对象中上端的红色圆角矩形,然后在"色板"面板中选择一种其他颜色,如绿色,观察混合对象的变化,会发现整个混合对象也会随之变化。

⑫ 使用"直接选择工具"选中底端圆角矩形,选中后切换为"选择工具",然后试着改变该圆角矩形的大小、位置、角度等,观察混合对象的变化。

从上面的例子可以看出,创建混合对象之后,可以通过改变混合轴,或者改变原图形的各种属性,来改变整个混合对象的外观。

> **提示** 如果希望将混合对象还原为原来的独立对象,则可以选择"对象"|"混合"|"释放"命令。如果释放之前对原对象或混合轴进行了更改,则更改不会还原。

可以自己用右侧的三个圆角矩形练习混合,混合不只是发生在两个对象之间,也可以是两个以上的对象之间。

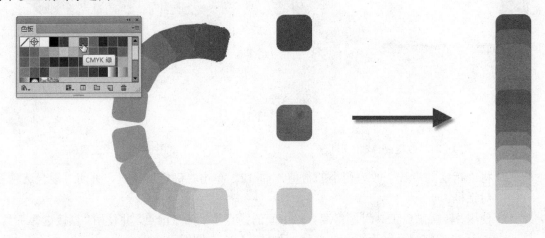

图 14-24 改变上端圆角矩形的填色　　　图 14-25 混合可以发生在两个以上的对象之间

14.3.2 实例 2——渐变色的混合

本例用于观察渐变色的混合效果,可用于实现一些常规方法无法实现的设计。

① 接上例,选中右上角两个填充了渐变的矩形。
② 选择"对象"|"混合"|"建立"命令,实现两个对象的混合。
③ 选中混合后的对象,选择"对象"|"混合"|"混合选项"命令,打开"混合选项"对话框。
④ 分别按图 14-26～图 14-28 所示进行设置,观察所得混合对象效果的不同。

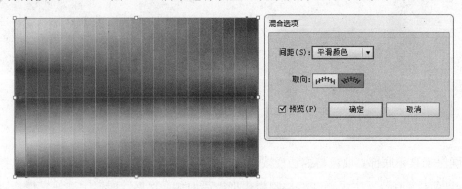

图 14-26 平滑颜色

图 14-27 指定步数为 20

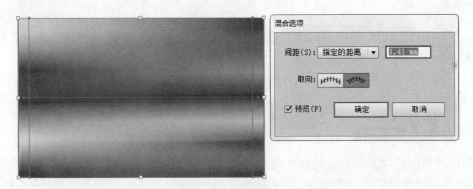

图 14-28 按指定距离混合

14.3.3 实例 3——巧用混合功能制作立体字

使用混合功能可以快速制作立体字，不过需要先将文字转为轮廓。混合时多变换一下选项，或者变换原对象的属性，可以得到许多种可能的效果。

① 接上例，选中例子文档中已经转为轮廓的文字。
② 选择"对象"|"混合"|"建立"命令，实现两个对象的混合。
③ 选中混合后的对象，选择"对象"|"混合"|"混合选项"命令，打开"混合选项"对话框。
④ 选中"预览"复选框，试着改变不同的选项，以得到不同的立体字效果，如图 14-29 所示。

图 14-29 用混合功能制作立体字

提示

如果灵活地改变原对象的属性，也可以得到不同的混合效果，甚至可以对原对象进行变形等操作，如图 14-30 所示。可以发挥你的想象力，尝试各种可能性。

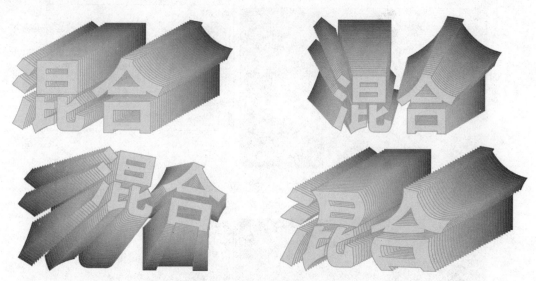

图 14-30　各种混合效果

14.3.4　实例 4——制作鼠标线效果

本例体验如何使用混合对象功能将两条只有描边的路径混合为具有立体效果的鼠标线。

① 选中例子文档中的弯曲线条。这条曲线是用"钢笔工具"绘制得到的，只有描边色，没有设置填色颜色。看上去这么粗是因为将描边的粗细设置成了 30pt。

② 按快捷键 Ctrl+C 复制曲线。选择"编辑"|"贴在前面"命令（快捷键为 Ctrl+F），这样可以将曲线粘贴在原位置，并且位于原曲线的上层。保持上层这条曲线的选中状态，在"描边"面板中将其描边粗细改为 1pt，并将描边颜色改为白色，取消选择后，可以看到如图 14-31 所示的效果。

③ 使用"选择工具"框选两条曲线，然后按快捷键 Ctrl+Alt+B（也可以选择"对象"|"混合"|"建立"命令）混合两个对象，取消选择后，可以看到如图 14-32 所示的效果。

图 14-31　曲线副本的效果　　　　　　图 14-32　混合对象后得到类似鼠标线的效果

14.4　剪切、分割与裁切对象

Illustrator CS6 提供了多种方法可以剪切、分割和裁切对象，这些方法包括使用"分割下方对象"命令、使用"分割为网格"命令、使用"美工刀工具" 、使用"复合路径"命令等。下面将分别介绍这些方法。

14.4.1 分割下方对象实例——制作标志

使用分割下方对象命令时,先将用作切割器的对象放置到要被剪切的对象上面,然后进行分割,常用于制作各种标志类的图形。下面通过实例来演示其运用方法,结合前面学过的对象变换操作,完成一个标志图形的制作。

① 使用"椭圆工具" 绘制一个浅蓝色的圆形,如图 14-33 所示。
② 在浅蓝圆形上方绘制一个白色的椭圆,如图 14-34 所示。两者都只有填色没有描边。

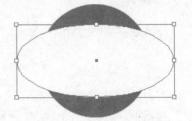

图 14-33　绘制一个浅蓝色的圆形　　　　图 14-34　绘制一个白色的椭圆

③ 选中圆形与椭圆,选择"窗口"|"对齐"命令,打开"对齐"面板,并单击其中的"水平居中对齐"按钮和"垂直居中对齐"按钮,如图 14-35 所示。

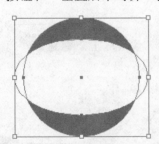

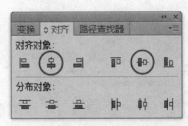

图 14-35　对齐对象

④ 只选中椭圆形,然后选择"对象"|"路径"|"切割下方对象"命令,得到如图 14-36 所示的结果。
⑤ 选中切割后位于中间的图形,然后按 Delete 键将其删除,只余上下两个月牙形状,如图 14-37 所示。

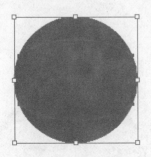

图 14-36　切割下方对象　　　　图 14-37　只余上下两个月牙形状

⑥ 选中上方的月牙形状,选择"对象"|"变换"|"对称"命令,打开"镜像"对话框,按如图 14-38 所示进行设置,并单击"确定"按钮,使月牙形状水平翻转。

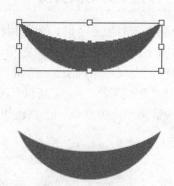

图 14-38　水平翻转图形

⑦ 保持上方月牙形状的选中状态，选择"对象"|"变换"|"缩放"命令，打开"比例缩放"对话框，并按如图 14-39 所示进行设置，然后单击"确定"按钮，将该形状缩小为原来的 62%。

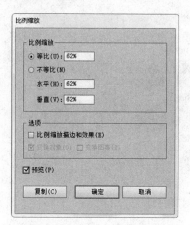
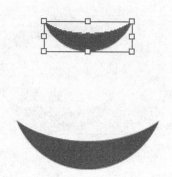

图 14-39　缩小形状

⑧ 选中下方的月牙形状，将其向上移动一段距离，如图 14-40 所示。

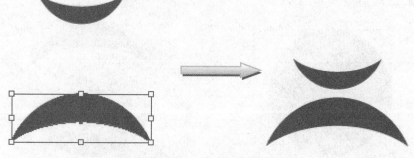

图 14-40　移动形状位置

⑨ 选中上方的月牙形状，选择"对象"|"变换"|"旋转"命令，打开"旋转"对话框，按如图 14-41 所示进行设置，然后单击"确定"按钮，将图形顺时针旋转 28°。
⑩ 在两个月牙形状的上方绘制一个较小的红色圆形，完成标志的制作，如图 14-42 所示。

第 14 章 | 对象的高级操作

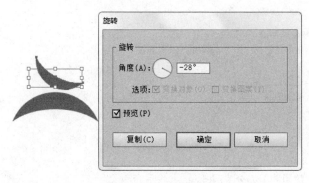

图 14-41　旋转图形　　　　　　　　　　　　图 14-42　完成标志制作

14.4.2　分割为网格

使用"分割为网格"命令可以将选中的图形分割为自定义的网格，下面通过实例来说明具体操作方法。

① 选中本章的例子文档"剪切分割.ai"中的渐变色矩形。
② 选择"对象"|"路径"|"分割为网格"命令。
③ 在"分割为网格"对话框中设置行与列的各个选项。在这里设置行数为 4、列数为 18，行与列之间的间距都设置为 2.01mm，其他采用默认设置，如图 14-43 所示，然后单击"确定"按钮。分割为网格前后的对象如图 14-44 所示。

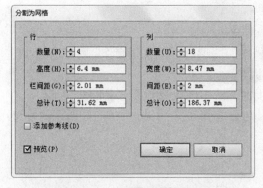

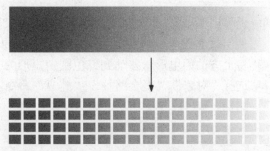

图 14-43　"分割为网格"对话框　　　　　　图 14-44　分割为网格前后的对象

14.4.3　使用美工刀

使用美工刀工具可以在不选中图形的情况下对图形进行分割，下面通过实例说明具体操作方法。

① 打开本章的例子文档"剪切分割.ai"，不必事先选中最下方的圆形。
② 单击工具箱中的"美工刀工具" ，在圆形上方拖动出如图 14-45 中左图所示的形状。
③ 先在按住 Ctrl 键的同时单击圆形以外的空白处取消对对象的选择，然后不要松开 Ctrl 键再单击美工刀所划出的一小块形状，将其选中，按 Delete 键将其删除，得到如图 14-45 中右图所示的形状。

215

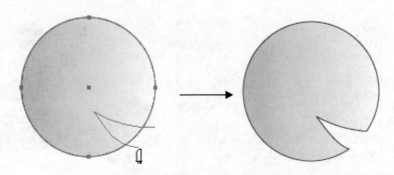

图 14-45　使用美工刀分割图形

14.5　复合路径

使用"复合路径"命令可以将两个或两个以上的开放或闭合的已上色路径组合到一起，路径重叠的部分将被挖空呈现出透明的孔洞，而且复合路径中的所有对象都将应用原来位于最上层的对象的填色与样式属性。

复合路径跟编组类似，也是将多个路径组合到一起，但是它跟编组是有区别的。使用"直接选择工具"虽然可以选中复合路径中的单独组件进行编辑，但却不能更改单独组件的外观属性、图形样式或效果，也不能单独操作"图层"面板中的组件。

14.5.1　创建复合路径

① 仍使用例子文档"剪切分割.ai"。如果对文档中的图形进行了某些操作，则可选择"文件"|"恢复"命令还原到刚刚打开文档的状态。
② 将上方的闪电形状移动到红色圆角矩形的上面。选中闪电形状和红色圆角矩形。
③ 选择"对象"|"复合路径"|"建立"命令，可以看到如图 14-46 中最右图所示的复合路径。

图 14-46　复合路径的过程（选中图形|复合路径|取消选择）

14.5.2　释放复合路径

复合路径虽然能够产生独特的形状，但如果图稿中复合路径过多和过于复杂，则会严重影响计算机运行的速度，降低工作效率。因此，如果有暂时不用的复合路径，可以先将其释

放。如果要将复合路径恢复到原来的组件，可以选择"对象"|"复合路径"|"释放"命令。释放之后，原来的挖空效果也就不复存在。

14.6 使用剪切蒙版

剪切蒙版是一个可以使用本身的形状遮盖其他图稿的对象，这样就可以挡住底层图稿中不希望显示出来的部分，只能看到蒙版形状内的区域。剪切蒙版所实现的效果相当于将图稿剪切为蒙版的形状。剪切蒙版和被蒙版的对象一起被称为"剪切组合"，在"图层"面板中会用虚线标出。

用来作为蒙版的对象可以是任何一种路径，开放的、闭合的或复合路径都可以。在创建蒙版之前，用来作为蒙版的对象必须位于被蒙版对象的上层。

14.6.1 创建剪切蒙版

打开光盘中本章的例子文档"剪切蒙版.ai"，如图 14-47 所示，文档中包含一幅绘制好的矢量图形。我们将绘制一个圆形，然后用圆形作为蒙版对象，而矢量图将作为被蒙版的对象。

图 14-47　例子文档"剪切蒙版.ai"

① 选择工具箱中的"椭圆工具" ，在矢量图形上方绘制一个圆形，如图 14-48 所示。
② 使用"选择工具" 同时选中椭圆及原来的矢量图形。
③ 选择"对象"|"剪切蒙版"|"建立"命令（快捷键为 Ctrl+7），建立蒙版，得到如图 14-49 所示的效果。

图 14-48　绘制一个圆形　　　　　　　　　　　图 14-49　蒙版效果

注意

如果要用多个对象作为蒙版对象，则事先应将这些对象编组。

提示

当图稿中对象较多时，如果要为一个编组或一个图层创建剪切蒙版，则需要先将要用作蒙版的对象与要被蒙版的对象编入同一个组或图层，而且要在"图层"面板中确认蒙版对象位于被蒙版对象的上方，然后单击"图层"面板底部的"建立/释放剪切蒙版"按钮（或从面板菜单中选择"建立/释放剪切蒙版"命令）。

14.6.2　编辑剪切蒙版

建立剪切蒙版后，可以随时编辑剪切蒙版的内容，如使用"直接选择工具"移动被蒙版对象，或者修改剪切蒙版的锚点从而改变蒙版的形状，或者改变剪贴路径的填色与描边。

① 使用"选择工具"选中剪切蒙版，或在"图层"面板中选择剪切组合。
② 选择"对象"|"剪切蒙版"|"编辑内容"命令，进入蒙版编辑状态，如图 14-50 所示。
③ 单击工具箱中的"直接选择工具"，单击并拖动被蒙版对象，从而改变出现在蒙版区域内的图稿内容，如图 14-51 所示。

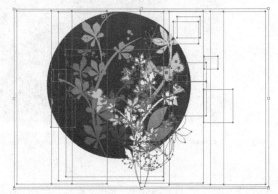

图 14-50　编辑蒙版对象　　　　　　　　　　图 14-51　移动被蒙版对象

④ 也可以使用"直接选择工具"改变剪切路径的形状，如图 14-52 所示。在修改时，先将指针移动到剪切路径的边缘并单击，将剪切路径选中，然后再进行修改。

14.6.3 向被蒙版图稿中添加对象

可以将文档中的其他对象添加到被蒙版图稿的编组中，从而改变蒙版对象的外观。

① 接上例，按快捷键 Ctrl+Z 撤消到刚建立剪切蒙版的状态。使用"选择工具"将蒙版对象下方的一个蝴蝶图形拖动到蒙版对象中，位置如图 14-53 所示。

图 14-52　编辑剪切路径

图 14-53　移动蝴蝶图形的位置

② 如果没有显示"图层"面板，则选择"窗口"|"图层"命令或按 F7 键将其显示出来。在"图层"面板中将蝴蝶图形拖动到上方编组中的"剪贴路径"下方，如图 14-54 所示。这样就将火焰图形加入被蒙版图稿中了。按 Ctrl 键在插图窗口空白处单击取消所有对象的选择后，可以看到蒙版效果如图 14-55 所示，试与图 14-53 的效果比较前后的不同之处。

图 14-54　移动蝴蝶图形到蒙版编组中

图 14-55　添加蝴蝶图形后的蒙版效果

14.7　实例演练

14.7.1　混合直线段

在本例中我们将练习使用不同的方法混合对象及设置混合选项。

① 打开本章的例子文档"混合对象.ai",选中左下角红色的直线段,使用"选择工具"，按住 Alt+Shift 键的同时水平向右拖动,复制出一条同样的直线段,然后适当修改它的长度,并将描边改为蓝色。

② 选中红色和蓝色两条直线段,然后选择"对象"|"混合"|"混合选项"命令,打开如图 14-56 所示的"混合选项"对话框,设置"间距"为"指定的步数",并在右侧文本框中输入 8,取向使用默认的"对齐页面",然后单击"确定"按钮。

③ 选择"对象"|"混合"|"建立"命令(快捷键为 Ctrl+Alt+B),可以得到如图 14-57 所示的结果。可以看到颜色从红色到蓝色渐变,直线段的长度也从长到短逐渐变化。

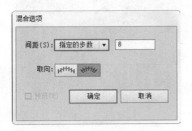
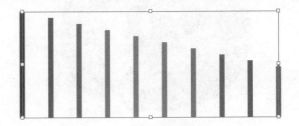

图 14-56　"混合选项"对话框　　　　图 14-57　按指定步数混合对象

④ 保持混合对象的选中状态,再次选择"对象"|"混合"|"混合选项"命令,打开"混合选项"对话框,设置"间距"为"指定的距离",并输入数值 5。这时请注意"预览"复选框是可用的,而图 14-56 中的是不可用的,即只有当创建了混合对象后再打开"混合选项"对话框这一选项才可用。这样即使不单击"确定"按钮,也可以观察到混合对象的变化,如图 14-58 所示。

⑤ 再将"间距"设置为"平滑",可以看到如图 14-59 所示的结果。

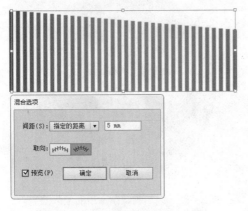
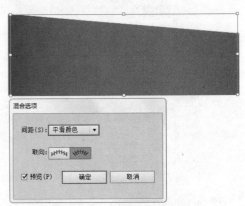

图 14-58　按指定的距离混合对象　　　　图 14-59　按平滑颜色混合对象

⑥ 单击"取消"按钮关闭"混合选项"对话框,并按快捷键 Ctrl+Z 取消混合,回到只有红色和蓝色两条直线段的状态。

⑦ 下面使用另外一种方法混合对象。单击工具箱中的"混合工具"，移动指针到红色直线段,当指针变为形状时单击红色直线段,再移动指针到蓝色直线段,当指针变为形状时单击蓝色直线段,这样可以按照最近一次在"混合选项"对话框中的设置混合对象。

⑧ 混合对象也可以释放或扩展。方法是选中混合对象后，选择"对象"|"混合"|"释放"命令（或扩展）。释放一个混合对象会删除新对象并恢复原始对象。扩展一个混合对象会将混合分割为一系列不同的对象，可以像编辑其他对象一样编辑其中的任意一个对象。

提示

> 此外，还可以通过更改混合对象的混合轴来改变混合对象的外观。混合轴是指混合对象中各步骤对齐的路径。默认情况下，混合轴是一条直线。可以使用"直接选择工具"拖动混合轴上的锚点或路径线段来编辑混合轴的形状。也可以在别处画一条路径，然后在选中该路径和混合对象后选择"对象"|"混合"|"替换混合轴"命令。还可以通过选择"对象"|"混合"|"反向混合轴"命令来反转混合在轴上的顺序。可以使用本例练习有关混合轴的操作，这里不再具体举例。

14.7.2 使用混合功能制作花朵图案

本例练习用混合功能快速制作一个花朵图案，并可在制作过程中体会"反向堆叠"的作用。

① 选中本章的例子文档"混合对象.ai"最下方的橙色花朵图形。按快捷键 Ctrl+C 复制图形，然后按快捷键 Ctrl+F 将其贴在上层。保持上层图形的选中状态，使用"选择工具"在按住 Alt + Shift 键的同时将其缩小到如图 14-60 所示大小，然后释放鼠标左键。

② 将复制得到的图形填色改为黄色。

③ 选中两个花朵图形，按快捷键 Ctrl+Alt+B 混合这两个对象，然后取消对象的选择，可以看到如图 14-61 所示的花朵效果。

④ 对象混合后，仍然可以使用"直接选择工具"选择其中某个对象进行修改，从而改变整个混合对象的外观。例如，这里使用"直接选择工具"单击最外层的花，然后将其填色改为红色，则混合对象会变化为如图 14-62 所示的效果，花瓣的颜色成为由红色到黄色的渐变。

图 14-60　较小的花朵形状　　图 14-61　混合后的得到的花朵效果　　图 14-62　修改填色后的混合对象

⑤ 使用"直接选择工具"向右拖动最外层的花，可以得到如图 14-63 所示的效果。

⑥ 使用"直接选择工具"选中最大的花，然后选择"对象"|"混合"|"反向堆叠"命令，可以改变花的排列顺序，得到如图 14-64 所示的结果。

图 14-63　移动单个对象后得到的效果　　　　　图 14-64　反向堆叠后的效果

14.7.3　使用混合功能制作高光效果

混合功能也常用于制作高光，下面的练习演示了制作过程。

① 绘制一个如图 14-65 所示的图形，填色为粉红色，描边为无。
② 在粉红图形上方绘制一个白色的形状，如图 14-66 所示。
③ 选中两个图形，然后选择"对象"|"混合"|"建立"命令，得到如图 14-67 所示的混合对象。

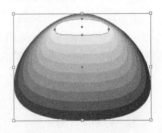

图 14-65　绘制一个图形　　　图 14-66　绘制一个白色的形状　　　图 14-67　得到混合对象

④ 选择"对象"|"混合"|"混合选项"命令，调整为如图 14-68 所示的设置，得到较为理想的高光效果，如图 14-69 所示。

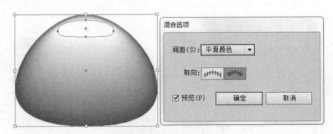

图 14-68　调整为平滑颜色

图 14-69　高光效果

14.8 疑难与技巧

14.8.1 怎样才能正确掌握剪切蒙版的用法？

对象和剪切组合在"图层"面板中组合成一组。如果要创建图层级剪切组合，则图层顶部的对象会剪切下面的所有对象。对对象剪切组合执行的所有操作（如变换和对齐）都基于剪切蒙版的边界，而不是未遮盖的边界。在创建对象的剪切蒙版之后，只能通过使用"图层"面板、"直接选择"工具，或隔离剪切组合来选择剪切的内容。

下列规则适用于创建剪切蒙版。

- 蒙版对象将被移到"图层"面板中的剪切蒙版组内。
- 只有矢量对象可以作为剪切蒙版；不过，任何图稿都可以被蒙版。
- 如果使用图层或组来创建剪切蒙版，则图层或组中的第一个对象将会遮盖图层或组的子集的所有内容。
- 无论对象先前的属性如何，剪切蒙版会变成一个无填色也无描边的对象。

14.8.2 混合对象的堆叠顺序可以更改吗？

在通常情况下，使用混合对象功能可以创建许多特殊效果的图形，从而使作品更吸引人。即使创建了混合对象的堆叠顺序，在 Illustrator 中也是可以更改的。其方法是选择"对象"|"混合"|"反向堆叠"命令，这时混合对象的堆叠顺序是反向的。

14.9 巩固练习

1. 打开光盘中本章的练习文档"查找练习.ai"，使用文档中的两个图形（图 14-70），练习使用路径查找器中的各种效果组合对象。

图 14-70　"查找练习.ai"中的图形

2. 打开光盘中本章的练习文档"蒙版练习.ai",如图14-71所示。文档中包含一幅位图、一个白色的圆形。使用白色圆形和位图制作剪切蒙版效果如图14-72所示。

图14-71 练习文档"蒙版练习.ai"

图14-72 制作剪切蒙版后的效果

第15章 透明度和混合模式

透明度非常紧密地集成在 Illustrator 中，在绘制图稿时可能不知不觉中就会用到它。使用透明度可以帮助我们创建出更富有创意的作品。透明度与混合模式是在设计作品时经常用到的功能，是创作方面比填色与描边更为高级的表现手段。掌握了透明度和混合模式的使用技巧，将会在很大程度上增强图稿创作能力。

 学习重点

- 设置对象的不透明度
- 使用不透明度蒙版
- 编辑不透明度蒙版
- 改变混合模式
- 隔离混合

15.1 设置对象的不透明度

使用"透明度"面板或控制面板中的"不透明度"选项都可以对对象的不透明度进行设置。透明度越低,越可以看清楚底层的图稿,从而制作出一些特殊的效果。

打开例子文档"透明度对象.ai",如图 15-1 所示。文档中包含多个图形,以下我们将用其中的白色图形、心形和圆形来练习设置对象的不透明度,其他对象已经被事先锁定。

图 15-1 例子文档"透明度对象.ai"

① 使用工具箱中的"选择工具"选择左下方白色的图形。
② 选择"窗口"|"透明度"命令或单击窗口右侧的"透明度"面板图标,弹出如图 15-2 中左图所示的"透明度"面板。

提示　单击面板按钮,在弹出的菜单中选择"显示选项"命令,便可以将隐藏的选项显示出来,如图 15-2 中右图所示。

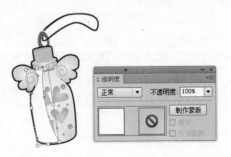 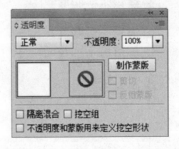

图 15-2 "透明度"面板

③ 在"透明度"面板中,"不透明度"右侧的文本框中输入 30(也可单击右侧下拉按钮,然后从弹出的菜单中选择预设的比例),然后按 Enter 键,效果如图 15-3 所示。
④ 按住 Shift 键的同时使用"选择工具"依次选择心形图案,然后在"透明度"面板中,"不透明度"右侧的文本框中输入 60,按 Enter 键。
⑤ 用同样的方法设置圆形的不透明度为 30%(如果左下角的圆形不方便选择,可以先将最先设置了透明度的白色图形锁定),最终效果如图 15-4 所示。

图 15-3　设置杯体不透明度　　　　　　图 15-4　最终效果

15.2　创建不透明度蒙版

创建不透明蒙版时,"透明度"面板中被蒙版的图稿缩览图右侧将显示蒙版对象的缩览图。如果未显示缩览图,则从面板菜单中选择"显示缩览图"命令。在默认情况下,将链接被蒙版的图稿和蒙版对象(面板中的缩览图之间会显示一个链接)。

移动被蒙版的图稿时,蒙版对象也会随之移动;而移动蒙版对象时,被蒙版的图稿却不会随之移动。可以在"透明度"面板中取消蒙版链接,以将蒙版锁定在合适的位置并单独移动被蒙版的图稿。可以用作蒙版的可以是 Illustrator 中创建的任何对象,也可以是从其他程序中置入的图像文件。

下面通过实例练习创建不透明蒙版。打开例子文档"蒙版.ai",如图 15-5 所示。文档中包含一副置入的矢量图、一个填充渐变颜色的矩形和文字。
① 使用"选择工具"选中渐变矩形和文字对象。
② 选择"窗口"|"透明度"命令或单击右侧的"透明度"面板图标,打开"透明度"面板。
③ 单击"透明度"面板按钮,在弹出的菜单中选择"建立不透明蒙版"命令,或者直接单击面板中的"制作蒙版"按钮,此时就用这两个对象创建了不透明蒙版,如图 15-6 所示。

在"透明度"面板中可以显示不透明蒙版缩览图,左侧的缩览图表示不透明蒙版,右侧的缩览图表示蒙版对象,如图 15-7 所示。

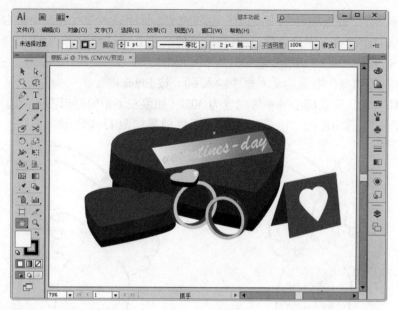

图 15-5　例子文档"蒙版.ai"

图 15-6　建立不透明蒙版

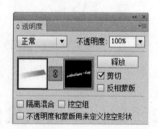

图 15-7　建立不透明蒙版后的"透明度"面板

15.3　编辑不透明蒙版

在创建完不透明蒙版后，可以使用"透明度"面板对其进行编辑操作。例如，编辑蒙版对象以改变蒙版的形状或透明度，停用和重新启用蒙版，取消链接和重新链接蒙版，也可以将蒙版整个删除。

编辑"透明度"面板的具体操作步骤如下。

① 单击窗口中的不透明蒙版将其选中，此时的蒙版如图 15-7 所示。

② 如果编辑蒙版对象，则单击"透明度"面板中的蒙版缩览图（即右侧的缩览图），将其选中。

提示　　按住 Alt 键的同时单击该蒙版缩览图，则可将窗口中的所有其他图稿隐藏，只显示蒙版对象，这样便于我们对其进行操作。

③ 选中蒙版对象后，使用前面所介绍过的图形编辑方法对其进行编辑，此处将路径文字的描边改为黑色，取消选择文字观察其变化，此时可以看到文字的路径变暗变细。

④ 单击"透明度"面板中的图稿缩览图（即左侧的缩览图），退出蒙版编辑模式。

⑤ 单击两个缩览图之间的链接符号 ，可以取消蒙版链接。也可以从面板菜单中选择"取消链接不透明蒙版"命令。此时蒙版对象被锁定，而被蒙版对象可以独立于蒙版来移动和调整大小，如图 15-8 所示。

如果不再使用不透明蒙版，则可以将其移去，其方法是选择被蒙版图稿后，选择"透明度"面板菜单中的"释放不透明蒙版"命令（或者直接单击面板中的"释放"按钮）即可。

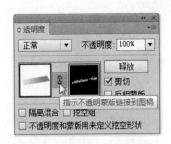

图 15-8　不透明蒙版链接到图稿

15.4　改变混合模式

使用混合模式可以用不同的方法将对象颜色与底层对象的颜色混合。当将一种混合模式应用于某一对象时，在此对象的图层或组下方的任何对象上都可看到混合模式的效果，如图 15-9 所示。

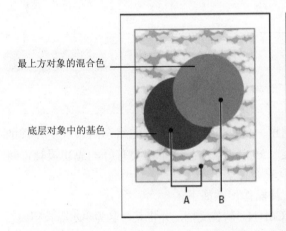
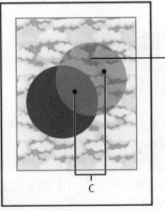

图 15-9　混合模式原理

这里涉及的几个名词简要介绍如下。
- 混合色：是选定对象、组或图层的原始色彩。
- 基色：是图稿的底层颜色。
- 结果色：是混合后得到的颜色。

Illustrator 中共提供了 16 种混合模式，简要介绍如下。
- 正常：使用混合色对选区上色，而不与基色相互作用，这是默认模式。
- 变暗：选择基色或混合色中较暗的一个作为结果色。
- 正片叠底：将基色与混合色相乘，得到的颜色总是比基色和混合色都要暗一些。
- 颜色加深：加深基色以反映混合色，与白色混合后不产生变化。
- 变亮：选择基色或混合色中较亮的一个作为结果色。
- 滤色：将混合色的反相颜色与基色相乘。得到的颜色总是比基色和混合色都要亮一些。
- 颜色减淡：加亮基色以反映混合色，与黑色混合则不发生变化。

- 叠加：对颜色进行相乘或滤色，具体取决于基色。图案或颜色叠加在现有的图稿上，在与混合色混合以反映原始颜色的亮度和暗度的同时，保留基色的高光和阴影。
- 柔光：使颜色变暗或变亮，具体取决于混合色。此效果类似于漫射聚光灯照在图稿上。
- 强光：对颜色进行相乘或过滤，具体取决于混合色。此效果类似于耀眼的聚光灯照在图稿上。
- 差值：从基色减去混合色或从混合色减去基色，具体取决于哪一种的亮度值较大。
- 排除：创建一种与"差值"模式相似但对比度更低的效果。与白色混合将反转基色分量；与黑色混合则不发生变化。
- 色相：用基色的亮度和饱和度以及混合色的色相创建结果色。
- 饱和度：用基色的亮度和色相以及混合色的饱和度创建结果色。在无饱和度（灰度）的区域上用此模式着色不会产生变化。
- 颜色：用基色的亮度以及混合色的色相和饱和度创建结果色。这样可以保留图稿中的灰阶，对于给单色图稿上色以及给彩色图稿染色都会非常有用。
- 明度：用基色的色相和饱和度以及混合色的亮度创建结果色。此模式创建与"颜色"模式相反的效果。

15.5 实例演练

15.5.1 水晶按钮

在实际的操作过程中，一般情况下不应用单一的功能或命令，而应结合两项或更多项的功能或命令，这样设计出的作品才会更加完美。好的创意作品，不但要有好的思想灵魂，特殊效果也起着至关重要的作用。

接下来我们设计常见的照明灯水晶按钮。其操作步骤如下。

① 选择"文件"|"新建"命令或按快捷键 Ctrl+N，新建文档，并将其命名为"水晶按钮.ai"。

② 选择工具箱中的"椭圆工具"，在窗口中绘制出一个椭圆。将其设置为从白色到绿色的径向渐变，如图 15-10 所示。

③ 使用工具箱中的绘图工具，分别绘制出以下图形，前两个图形设置为从白色（CMYK 的值分别为 0、0、0、0）到蓝色（CMYK 的值分别为 80、0、0、0）的径向渐变，将椭圆的透明度设置为 10%，第三个图形设置为从白色（CMYK 的值分别为 0、0、0、0）到蓝色（CMYK 的值分别为 80、0、0、0）的线性渐变。

图 15-10 绘制椭圆并设置填充

④ 调整三个图形的位置，如图 15-11 所示。

⑤ 使用工具箱中的绘图工具，分别绘制两个椭圆，将第一个椭圆设置为从淡紫色（CMYK 的值分别为 50、50、0、0）到白色（CMYK 的值分别为 0、0、0、0）的径向渐变。将第二个椭圆设置填充色为灰色（CMYK 的值分别为 0、0、0、50），调整好位置，如图 15-12 所示。

图 15-11 绘制图形

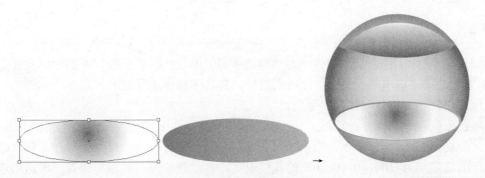

图 15-12 绘制两个椭圆并调整位置

⑥ 使用工具箱中的绘图工具,绘制出一个照明灯的轮廓填充黄绿色(CMYK 的值分别为 50、0、100、0)并确认其为选择状态。

⑦ 选择"对象"|"创建渐变网格"命令。在弹出的"创建渐变网格"对话框中设置行数和列数的值都为 2,外观选择"至中心",单击"确定"按钮,效果如图 15-13 所示。

⑧ 使用绘图工具,绘制出如下图形,并为大路径填充为灰度渐变,滑块的值分别为 0、45、0、50、0。将小路径填充为灰度渐变,滑块的值分别为 10、55、18、62、12。大的椭圆设置填充色为黑色,小的椭圆设置为深灰色(CMYK 的值是 0、0、0、80)。

⑨ 调整各个图形的位置,效果如图 15-14 所示。

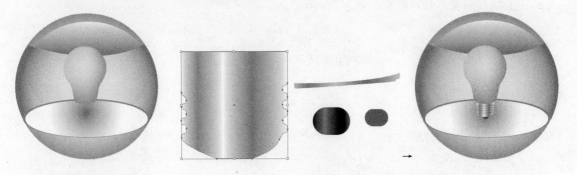

图 15-13 绘制照明灯　　　　　图 15-14 绘制灯头和焊锡触点

⑩ 接下来绘制照明灯的内部结构,效果如图 15-15 所示。

⑪ 使用绘图工具,绘制出如下图形,调整其位置,如图 15-15 所示。

⑫ 继续使用绘图工具,绘制水珠,复制并调整其大小,最终效果如图 15-16 所示。

图 15-15 绘制照明灯内部结构和其他图形　　　　图 15-16 最终效果

15.5.2 甜点

通过以下这个实例,我们加强学习"椭圆工具" 、"钢笔工具" 的熟练操作方法、渐变填充和使用"透明度"面板制作高光效果。其具体操作步骤如下。

① 新建文档,将其命名为"甜点.ai"。

② 在工具箱中选择一种绘图工具,绘制如下图形,并将其设置为从蓝色(CMYK 的值分别为 100、0、0、0)到白色(CMYK 的值分别为 0、0、0、0)再到蓝色(CMYK 的值分别为 100、0、0、0)的线性渐变,在"透明度"面板中设置"不透明度"为 38%,效果如图 15-17 所示。

③ 在工具箱中选择一种绘图工具,绘制如图 15-18 所示的路径,并复制,调整好其位置。

④ 选择工具箱中的"椭圆工具" 在窗口中绘制两个椭圆,将下方的椭圆设置为从白色(CMYK 的值分别为 0、0、0、0)到蓝色(CMYK 的值分别为 45、0、0、0)的线性渐变,在"透明度"面板中设置"不透明度"为 39%,调整好位置。

⑤ 将上方的椭圆填充为蓝色(CMYK 的值分别为 20、0、0、0),在"透明度"面板中设置"不透明度"为 50%,效果如图 15-18 所示。

⑥ 在工具箱中选择一种绘图工具,绘制如图 15-19 所示的路径,设置填充颜色为淡黄色(CMYK 的值分别为 0、0、10、0)到浅黄色(CMYK 的值分别为 0、9、23、0.25)的线性渐变,线性渐变的角度为–90°。

图 15-17 绘制杯体　　　　图 15-18 绘制路径及椭圆　　　　图 15-19 绘制杯内物质

⑦ 继续在工具箱中选择一种绘图工具，绘制如图 15-20 所示的路径，设置填充颜色为淡黄色（CMYK 的值分别为 0、0、10、0）。确认此步绘制的路径为选择状态，复制两个同样的路径，调整好位置，如图 15-20 所示。

⑧ 继续在工具箱中选择一种绘图工具，绘制如图 15-21所示的高光点，设置填充颜色为黄色（CMYK 的值分别为 0、4、28、0）。

⑨ 使用绘图工具绘制两个半月牙路径，上方的月牙填充为灰色（CMYK 的值分别为 0、0、0、50），在"透明度"面板中设置"不透明度"为 20%。下方的月牙为填充为白色，效果如图 15-21 所示。

图 15-20　绘制杯沿物质

图 15-21　绘制高光点

⑩ 继续在工具箱中选择一种绘图工具，绘制如图 15-22 所示的吸管，并为最上面的路径填充从红色（CMYK 的值分别为 0、81、0、0）到深红色（CMYK 的值分别为 0、95、0、23）的线性渐变，设置高光的填充颜色为红色（CMYK 的值分别为 0、80、0、0）。

⑪ 选择"文件"|"置入"命令，从光盘中找到并选中"草莓.ai"文件，单击"置入"按钮，调整草莓的位置，最终效果如图 15-23 所示。

图 15-22　绘制吸管

图 15-23　置入"草莓.ai"文件

15.6 疑难与技巧

15.6.1 如何才能为对象应用透明渐变？

使用"透明度"面板或控制面板中的"不透明度"选项都可以对对象的不透明度进行设置。

15.6.2 包含了透明度和渐变的文档为何不能正常输出菲林？

因为透明度和渐变是适用于网络图形的办法，灰度图也可，但完稿输出不可以。因为其空间混合模式为 RGB，屏幕混合色彩同印刷 CMYK 差异太大，所以包含了透明度和渐变的文档不能正常输出菲林。

15.7 巩固练习

1. 绘制几个图形，设置为不同的颜色，将它们重叠在一起，练习改变其不透明度。
2. 怎样创建不透明蒙版？
3. 绘制两个图形，为其填充不同的颜色，让它们重叠在一起，改变对象的混合模式，观察其结果有什么不同？

中文版 Illustrator CS6 标准教程

第 16 章

网格对象与图案

在 Illustrator CS6 中，网格工具也是一种重要的图形绘制工具，而且还是绘制不规则颜色渐变的基本途径。可以基于矢量对象（复合路径和文本对象除外）来创建网格对象，但无法通过链接的图像来创建网格对象。此外，本章还介绍了如何创建与使用图案。

- 创建网格对象
- 创建图案

16.1 创建网格对象

使用"网格工具"或"创建渐变网格"命令可以将图形形状转换为网格对象，这样就能够在多个方面将颜色混合到形状中去，创建出类似水彩画或喷笔效果的复杂填色，从而制作出细节更逼真的矢量图。网格对象是一种多色对象，这种对象上面的颜色可以沿不同方向顺畅分布且从一点平滑过渡到另一点。

16.1.1 创建规则渐变网格

渐变网格对象包括"规则渐变网格对象"和"不规则渐变网格对象"两种，下面举例说明如何创建具有规则网格点的渐变网格对象。

① 选择工具箱中的"矩形工具"，确认"填色"按钮在上，将填色改为蓝色，描边设置为无，然后在插图窗口中绘制一个矩形。

② 确认矩形处于选中状态，选择"对象"|"创建渐变网格"命令，此时会弹出如图16-1所示的"创建渐变网格"对话框。

③ 在对话框中设置行数和列数，从"外观"下拉列表中选择一种外观，并根据需要设置"高光"的百分比，选中"预览"复选框可实时预览网格的状态。"外观"下拉列表中有三种高光的指向，如图16-2所示。

图 16-1　"创建渐变网格"对话框

- 平淡色：无层次在表面上均匀应用对象的原始颜色，从而导致没有高光。
- 至中心：在对象中心创建高光。
- 至边缘：在对象边缘创建高光。

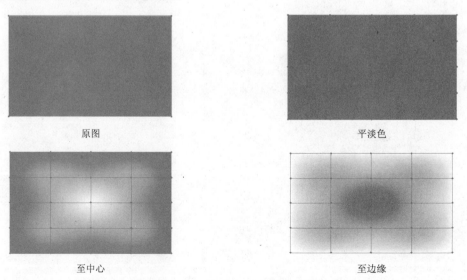

图 16-2　渐变网格的不同外观

④ 单击"确定"按钮,完成渐变网格的创建。

16.1.2 创建不规则渐变网格

使用"网格工具" 可以轻松创建不规则渐变网格,下面通过一个实例来详细介绍具体操作方法。

打开光盘中本章的例子文件"网格对象.ai",这是一片叶子,由五个叶片构成,每个叶片都是独立的封闭路径。我们将使用"网格工具" 将这些叶片图形转换为网格对象并进行编辑。

① 不要选择任何对象。单击右侧的"颜色"面板图标,打开"颜色"面板。
② 单击"颜色"面板右上角的面板按钮,然后单击"RGB"颜色模式。
③ 将 RGB 颜色数值分别设置为 R-250、G-100、B-0,如图 16-4 所示。

图 16-3 例子文件"网格对象.ai"

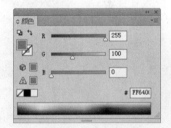

图 16-4 选择颜色

④ 单击工具箱中的"网格工具" (或按快捷键 U),在其中一片叶子的中间部分单击,可以得到如图 16-5 所示的结果。叶片的颜色从中间向边缘出现平滑的过渡,表示已经将叶片图形转换为网格对象。网格对象的各部分名称如图 16-5 所示。

注意

网格点以菱形显示,而锚点以正方形显示。

⑤ 用同样的方法将其他叶片转换为网格对象,得到如图 16-6 所示的效果。

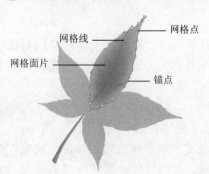

图 16-5 将一个叶片转换为网格对象

图 16-6 将所有叶片转换为网格对象

16.1.3 编辑网格对象

编辑网格对象的操作包括添加、删除和移动网格点，改变网格点和网格面片的颜色等。下面仍以文件"网格对象.ai"中的叶子为例进行介绍。

- **添加、删除与移动网格点**
① 按住 Ctrl 键的同时单击一片已经转换为网格对象的叶子，然后松开 Ctrl 键。
② 单击工具箱中的"网格工具"，移动到网格对象内部，在希望添加网格点的位置单击，即可添加网格点，如图 16-7 所示。
③ 按住 Alt 键的同时使用"网格工具"单击网格点，可以将其删除。
④ 使用"网格工具"可以直接拖动网格点，如图 16-8 所示。也可以使用"直接选择工具"拖动网格点。如果按住 Shift 键的同时拖动，则可以将网格点保持在网格线上，这样可以沿一条弯曲的网格线移动网格点而不改变网格线的形状。

图 16-7　添加网格点

图 16-8　移动网格点

- **改变网格点和网格面片的颜色**
① 选中网格对象。
② 从"颜色"面板或"色板"面板中将一种颜色拖放到网格对象的网格点或网格面片上。

提示　也可以使用"直接选择工具"先选中网格点或网格面片，然后在"颜色"面板或"色板"面板中改变颜色。

16.1.4 将渐变填充对象转为网格对象

在通常情况下，要创建的网格对象不一定是单一的颜色，如果想要创建网格的对象已经填充了渐变，继续应用"对象"|"创建渐变网格"命令就会失去原来的颜色布局。将渐变对象转换成网格对象的操作步骤如下。
① 选择要进行转换的渐变对象。
② 选择"对象"|"扩展"命令，弹出如图 16-9 所示的"扩展"对话框。
③ 在对话框中的"将渐变扩展为"区域中选择"渐变网格"单选钮，单击"确定"按钮即可完成转换。转换前后的对比如图 16-10 所示，将指针移动到转换后的对象上方时可以看到渐变网格。

图 16-9 "扩展"对话框

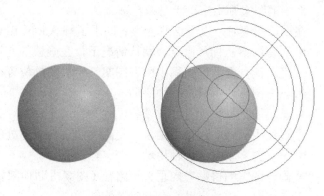

图 16-10 转换前后的对比

16.1.5 从网格对象中获取原路径

在 Illustrator CS6 中制作网格是一个不可逆的过程,即一旦创建无法还原为路径。如果需要使用原始路径,则可以通过以下方式来获取。

① 选中要获取原路径的网格对象。

② 选择"对象"|"路径"|"偏移路径"命令(或"效果"|"路径"|"位移路径"命令),此时会弹出如图 16-11 所示的对话框。

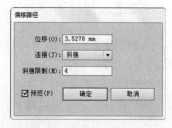

图 16-11 "位移路径"对话框

 注意　在"效果"菜单中位移路径后,需要将外观扩展,而"对象"菜单中命令执行后路径与网格处于分离的状态。

③ 在对话框中设置"位移"的值为 0,单击"确定"按钮,这样得到的就是原始路径。

 提示　在对话框中设置"位移"路径的值为正数时,则会扩展路径,相反输入负数时,就会收缩路径。

16.2 创建图案

图案是平面设计中经常用到的一种素材,我们可以从一些现有的素材库中寻找合适的图案,也可以在 Illustrator 中自己动手制作图案。

16.2.1 图案概述

Illustrator 提供了很多图案,可以在"色板"面板以及 Illustrator 光盘的 Illustrator Extras 文件夹中访问这些图案。当然也可以自定现有图案以及使用任何 Illustrator 工具从头开始设计图案。用于填充对象的图案称为"填充图案",通过"画笔"面板应用于路径的图案称为"画笔图案",这两者在设计和拼贴上都有所不同。要想达到最佳效果,应将填充图案用来填充对象，而画笔图案则用来绘制对象轮廓。

在设计图案时，以下这些内容有助于了解 Adobe Illustrator 拼贴图案的方式。
- 所有图案从标尺原点（默认情况下，在画板的左下角）开始，由左向右拼贴到图稿的另一侧。要调整图稿中所有图案开始拼贴的位置，可以更改文件的标尺原点。
- 填充图案通常只有一种拼贴。
- 画笔图案最多可包含 5 个拼贴，分别用于边线、外角、内角以及路径起点和终点。通过使用额外的边角拼贴，可使画笔图案在边角处的排列更加平滑。
- 填充图案垂直于 x 轴拼贴。
- 画笔图案的拼贴方向垂直于路径（图案拼贴顶部始终朝向外侧）。另外，每次路径改变方向时，边角拼贴都会顺时针旋转 90°。
- 填充图案只拼贴图案定界框内的图稿，对于填充图案，定界框用作蒙版。
- 画笔图案拼贴图案定界框内的图稿和定界框本身，或是突出到定界框之外的部分。

16.2.2 创建图案的准则

创建图案一般分为两种，创建填充图案和创建画笔图案。在创建时有一些规则需要遵循。

创建填充图案时应遵循的规则有以下几种。
- 如要制作较为简单的图案以便迅速打印，则从图案图稿中删除不必要的细节，然后将使用相同颜色的对象编组，使其在堆叠顺序中彼此相邻。
- 创建图案拼贴时，先放大显示图稿，从而更准确地对齐组成元素，然后将图稿缩小显示以进行定稿选择。
- 图案越复杂，用于创建图案的选区就应越小；但选区（与其创建的图案拼贴）越小，创建图案所需的副本数量就越多。如果创建简单图案，可在准备用于图案拼贴的选区中纳入该对象的多个副本。
- 如要创建简单的线条图案，则绘制几条不同宽度和颜色的描边线条，在这些线条后置入一个无填色、无描边的定界框，以创建一个图案拼贴。
- 如要使组织或纹理图案显现不规则的形状，可稍微改变一下拼贴图稿，以生成逼真的效果。可以使用"粗糙化"效果来控制各种变化。
- 为了确保平滑拼贴，在定义图案之前先关闭路径。
- 放大图稿视图，在定义图案之前检查有无瑕疵。
- 如果围绕图稿绘制定界框，要确保该框为矩形形状且是拼贴最后方的对象，并且未填色、未描边。如要使 Illustrator 将该定界框用于画笔图案，则应确保此定界框无任何突出部分。

创建画笔图案时，应遵循的规则有以下几种。
- 尽可能将图稿限制在未上色的定界框内，以便控制图案的拼贴方式。
- 边角拼贴必须是正方形，且与边线拼贴具有相同的高度，以便能够在路径上正确对齐。如果打算在画笔图案中使用边角拼贴，则将边角拼贴中的对象水平对齐边线拼贴中的对象，以便图案可以正确拼贴。
- 为使用边角拼贴的画笔图案创建特殊的边角效果。

16.3 实例演练

16.3.1 绘制蝴蝶

通过以下这个实例来练习图案的绘制，其具体操作步骤如下。

① 使用"钢笔工具" 绘制如图 16-12 所示的蝴蝶轮廓图形。
② 使用"填色"工具将蝴蝶轮廓图形的各部分填充相应颜色，效果如图 16-13 所示。

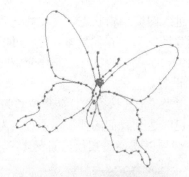

图 16-12　绘制蝴蝶轮廓图形

图 16-13　填充颜色

③ 选中蝴蝶轮廓图绿色翅膀的部分，选择"对象"|"创建渐变网格"命令，弹出如图 16-14 所示的"创建渐变网格"对话框。
④ 在对话框中设置行数和列数，从"外观"下拉列表中选择"至中心"，单击"确定"按钮，并调整各网格点到合适的位置，效果如图 16-15 所示。
⑤ 使用同样的方法完成其他部分的制作，最终效果如图 16-16 所示。

图 16-14　"创建渐变网格"对话框

图 16-15　创建渐变网格

图 16-16　蝴蝶最终效果

16.3.2 制作砖墙图案

本例我们将制作一个砖墙图案，通过本实例来体验在 Illustrator CS6 中创建图案的高效快捷，具体操作步骤如下。

① 使用"矩形工具" 绘制一个矩形，将填色设置为如图 16-17 所示的数值，描边设置为灰色（K=60），适当调整描边粗细。

② 选中绘制的矩形，然后选择"对象"|"图案"|"建立"命令，此时会打开"图案选项"面板，并出现一个提示对话框，提示新图案已添加到"色板"面板中，如图 16-18 所示。观察"色板"面板，可以看到新图案。

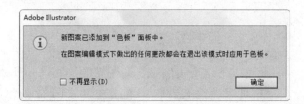

图 16-17　绘制一个矩形　　　　　　　　　图 16-18　出现一个提示对话框

③ 单击"确定"按钮，关闭提示对话框，此时会进入图案编辑状态，在文档选项卡下方插图窗口左上角会出现各种有关控件，如"新建图案"、"存储副本"等。可以看到现在图案预览显示的是整齐的几排矩形（图 16-19），而我们的目标是制作交错的砖形图案，因此要在"图案选项"面板中进行必要的设置。

④ 在"图案选项"面板中，将"拼贴类型"设置为"砖形（按行）"，砖形位移为"1/2"。此时的图案预览如图 16-20 所示。此时的图案已经达到我们的要求，不过，为了弄清其他选项的作用，可以在此时分别调整一下各选项以观察图案预览的变化。

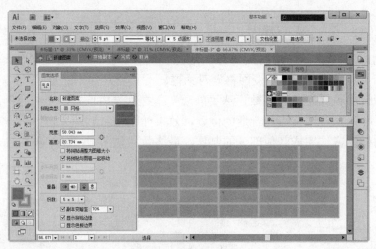

图 16-19　整齐的几排矩形

图 16-20　修改选项后的图案预览

⑤ 单击插图窗口左上角的"完成"按钮，退出图案编辑状态，完成图案的创建。将"色板"面板调整为大缩览图视图，可以看到完成后的图案，如图 16-21 所示。此时可以绘制其他图形并填充图案看一下具体效果。

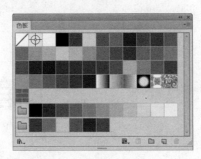

图 16-21　完成后的图案

16.4　巩固练习

1. 创建一个渐变网格对象，并对其进行编辑，如添加、删除、移动网格点，更改网格点和网格面片的颜色等。

2. 创建图案的准则有哪些？

3. 根据本章所介绍的创建图案的方法，试制作一种具有中国古典风格的图案。

中文版 Illustrator CS6 标准教程

第17章

使用图表

在实际生活和工作中，人们经常要用到各种各样的统计图表。图表可以直观形象地统计与比较原本枯燥的数据，比单纯的数据和文字更加能够吸引读者的注意力。Illustrator CS6 提供了非常优秀的图表创建与编辑功能，使用 Illustrator CS6 中的多种图表制作工具，可以制作出各种实用而美观的图表。

学 习 重 点

● 各种图表工具的基本用法
● 使用图表标签
● 设置图表格式
● 使用图表设计

17.1　各种图表工具的基本用法

使用 Illustrator CS6 工具箱中的 9 种图表工具，可以轻松地创建不同外观的图表。在工具箱中按住"柱形图工具" 不放，可以看到隐藏在其中的其他图表工具，这时单击最右侧的拖出按钮，可以弹出如图 17-1 中右图所示的图表工具栏。

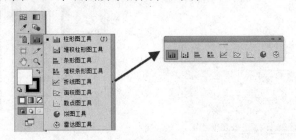

图 17-1　拖出图表工具栏

这 9 种工具按照在工具栏中从左到右的顺序分别简要介绍如下。

17.1.1　柱形图工具

"柱形图工具" 用于创建柱形图。柱形图是默认的图表类型，这种图表用垂直柱形来比较一组或多组数据。下面练习使用"柱形图工具" 创建图表。

① 新建一个文档，文档设置自定，并按快捷键 Ctrl+S 将文档保存为"图表.ai"。

② 选择工具箱中的"柱形图工具" ，然后在插图窗口中拖动出一个矩形框，释放鼠标后会弹出"图表数据"窗口，该窗口用于输入图表的数据，其各部分名称如图 17-2 所示。如果不手动关闭，"图表数据"窗口将保持打开状态。

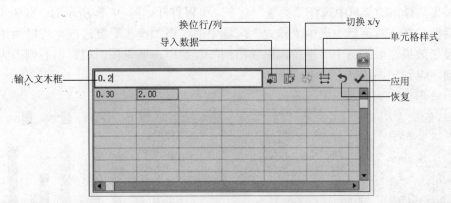

图 17-2　"图表数据"窗口

③ 按 Delete 键将第 1 行第 1 个单元格中的数据删除（删除该单元格内容可以让 Illustrator 为图表生成图例），然后单击第 1 行第 2 个单元格，输入"I 型"，然后按向右方向键或 Tab 键到该行下一个单元格，继续输入"II 型"、"III 型"、"IV 型"。

④ 单击第 2 行第 1 个单元格，输入"华南|销售量|2012"。输入完毕按 Enter 键转到第 3 行第 1 个单元格。用类似的方法将数据全部输入完毕，如图 17-3 所示。

提示

> 提示：输入行标题时，在字符之间输入"|"可以在图表中换行。

⑤ 单击"图表数据"窗口中的"应用"按钮✓，可以看到图表的变化。
⑥ 单击"图表数据"窗口右上角的"关闭"按钮✕将其关闭。使用"选择工具"▶单击插图窗口空白处取消选择图表，则可以看到如图 17-4 所示的图表。

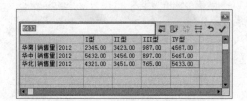

图 17-3　输入数据

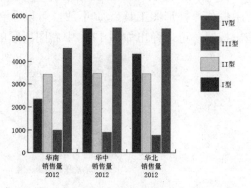

图 17-4　柱形图示例

⑦ 选择工具箱中的"直接选择工具"▶，按住 Shift 键的同时单击黑色的数值轴及图例，将其全部选中，确认工具箱中"填色"按钮在上，单击"色板"面板中的红色色板，将它们的填色改为红色。
⑧ 用同样的方法为其他同一种颜色的数值轴和图例填上彩色，分别为黄色、绿色、蓝色。

提示

> 在使用上述方法选中图表的某部分后，不仅可以为其设置单色填充，还可以填充渐变色、图案，方法与操作普通图形相同。

⑨ 如果要更改数据，可以在图表上右击，从弹出的菜单中选择"数据"命令，打开"图表数据"窗口进行修改。
⑩ 如果从弹出的菜单中选择"类型"命令，可以打开如图 17-5 所示的"图表类型"对话框。在该对话框中选中"样式"区域中的"添加投影"复选框，可以为图表添加投影效果。如果选中"在顶部添加图例"复选框，则将图例位置由右侧改为图表顶部，得到如图 17-6 所示的效果。

图 17-5　"图表类型"对话框

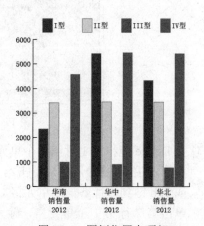

图 17-6　图例位置在顶部

17.1.2 堆积柱形图工具

"堆积柱形图工具"用于创建堆积柱形图。堆积柱形图与普通柱形图类似，但是表达的方式不同，堆积柱形图将柱形堆积起来，而不是互相并列，这种类型的图表可用于表示部分和总体的关系。

在上例中已经创建的图表上右击，从弹出的菜单中选择"类型"命令，然后在图17-5所示的"图表类型"对话框中单击"类型"区域中的"堆积柱形图"按钮，单击"确定"按钮后可以将图表类型改为堆积柱形图。堆积柱形图效果如图17-7所示。

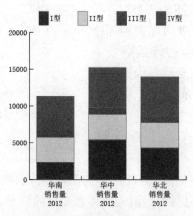

图 17-7　堆积柱形图效果

在下面的几个小节中，我们将使用相同的方法来转换图表类型以查看不同的效果。

17.1.3 条形图工具

"条形图工具"用于创建如图17-8所示的条形图。条形图与柱形图类似，所不同的是条形图水平放置而不是垂直放置。

17.1.4 堆积条形图工具

"堆积条形图工具"用于创建如图17-9所示的与堆积柱形图类似的堆积条形图，所不同的是条形图水平放置而不是垂直放置。

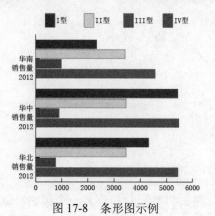

图 17-8　条形图示例

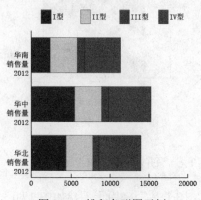

图 17-9　堆积条形图示例

17.1.5 折线图工具

"折线图工具"用于创建如图 17-10 所示的折线图。折线图使用点来表示一组或多组数据，并且将每组中的点用不同的线段连接起来。这种图表类型常用于表示一段时间内一个或多个事物的变化趋势，如可以用来制作股市行情图等。

当使用折线图时，可以在"图表类型"对话框中不选"标记数据点"，这样就可以得到纯粹的折线效果。在创建其他图表时，也会有各自不尽相同的选项，可以试着设置这些选项改变图表的外观，因为采用的方法类似，故后面不再一一介绍。

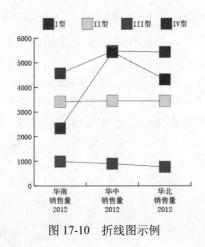

图 17-10　折线图示例

17.1.6 面积图工具

"面积图工具"用于创建如图 17-11 所示的面积图。面积图与折线图类似，它就像一个填充了颜色的折线图，但它会更强调数值的整体和变化的情况。

17.1.7 散点图工具

"散点图工具"用于创建如图 17-12 所示的散点图。散点图沿 X 轴和 Y 轴将数据点作为成对的坐标组进行绘制，可用于识别数据中的图案和趋势，还可以表示变量是否互相影响。如果散点图是一个圆，则表示数据之间的随机性比较强；如果散点图接近直线，则表示数据之间有较强的相关关系。

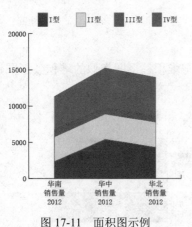

图 17-11　面积图示例

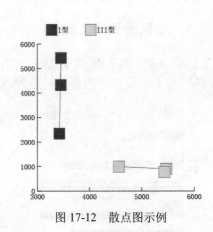

图 17-12　散点图示例

17.1.8 饼图工具

"饼图工具"用于创建如图 17-13 所示的饼图。饼图将数据总和作为一个圆饼，而不同颜色的扇形表示所比较的数值的相对比例。它的缺点在于不能显示各个数据的具体数值。

17.1.9 雷达图工具

"雷达图工具"用于创建如图 17-14 所示的雷达图。雷达图可以在某一特定时间点或特定数据类型上比较数值组,并以圆形格式显示出来,这种图表也称为"网状图"。

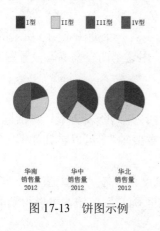

图 17-13 饼图示例

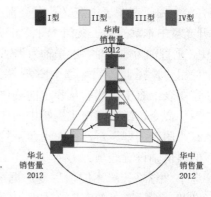

图 17-14 雷达图示例

17.2 添加与设置图表标签

图表标签用于说明要比较的数据组和要比较的种类。在前面创建柱形图时所输入的"I型"、"华南|销售量|2012"等就是图表标签。

在"图表数据"窗口中输入数据时,在单元格的顶行中输入用于不同数据组的标签,在单元格的左列中输入用于类别的标签。这些标签都将在图表中显示出来,并生成图例。如果不输入标签,则不生成图例。

如果所创建的标签只包含数字,则在输入时需要用直引号""将数字引起来,如输入"2012"表示年份。

标签中也可以实现换行,方法是在输入时用竖线"|"将每一行分隔开,如输入"华北|销售量|2012"形式的标签可以得到如图 17-15 所示的标签效果。

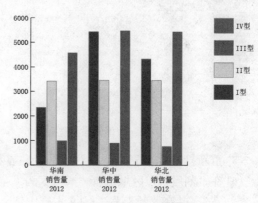

图 17-15 标签换行效果

17.3 更改图表的格式与外观

创建图表后,可以使用多种方法来设置图表的格式,这些方法包括更改图表轴的外观和位置、添加投影、移动图例、组合显示不同的图表类型等。

17.3.1 设置图表轴格式

除饼图之外，所有的图表都有用于显示图表测量单位的"数值轴"，数值轴可以只在图表一侧显示，也可以在图表两侧都显示。对于条形、堆积条形、柱形、堆积柱形、折线和面积图，还有一个用于在图表中定义数据类别的"类别轴"。

打开光盘中本章的例子文档"图表.ai"，可以看到文档中有一个如图 17-15 所示的图表。在该图表中，垂直轴为数值轴，水平轴为类别轴。下面我们使用这个图表来练习设置图表轴格式。

① 使用"选择工具"选中图表。

② 在图表上右击，然后从弹出的菜单中单击"类型"（或者选择"对象"|"图表"|"类型"命令，或者双击工具箱中的任一图表工具），打开"图表类型"对话框。

③ 在"图表类型"对话框左上角下拉列表中选择"数值轴"，可以看到如图 17-16 所示的数值轴设置选项。

④ 选中"忽略计算出的值"复选框可以手动调整刻度值，在"最大值"文本框中输入8000，然后在"刻度"文本框中输入 16，并单击"确定"按钮，可以得到如图 17-17 所示的数值轴效果。

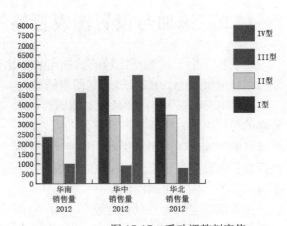

图 17-16　数值轴设置选项图　　　　　图 17-17　手动调整刻度值

⑤ 重新打开"图表类型"对话框，并显示如图 17-16所示的数值轴设置选项。

⑥ 在"刻度线"区域选择"长度"为"全宽"，并在"绘制"右侧文本框中输入2；在"添加标签"区域的"前缀"文本框中输入美元符号"$"。单击"确定"按钮，可以得到如图 17-18 所示的数值轴效果。

⑦ 重新打开"图表类型"对话框，在"图表选项"中选择"数值轴"下拉列表中的"位于两侧"，如图 17-19 所示。单击"确定"按钮可以得到具有两个数值轴的图表，如图 17-20 所示。

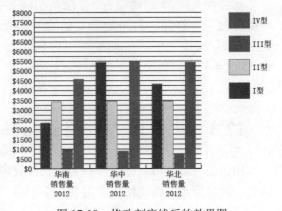

图 17-18　修改刻度线后的效果图

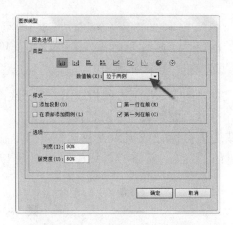

图 17-19 选择数值轴位于两侧

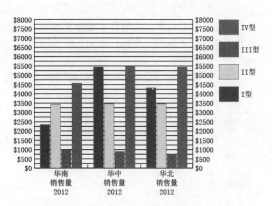

图 17-20 两个数值轴的图表

⑧ 重新打开"图表类型"对话框，从左上角下拉列表中选择"类别轴"。在"类别轴"中也可以设置刻度线的格式，方法与设置数值轴类似，在此不再赘述。

17.3.2 改变图表外观

对于柱形、堆积柱形、条形和堆积条形图，可以更改柱形、堆积柱形、条形和堆积条形的外观，如可调整图表中柱形或条形的宽度、每个柱形或条形之间的空间大小、调整图表中数据类别或数据簇（如图 17-20 中"华南销售量"对应的四种颜色的柱形组成一个数据簇，而如果只有一种颜色的柱形，则为"数据类别"）之间的空间大小。对于折线、散点和雷达图，可以调整线段和数据点的外观。

打开光盘中本章的例子文档"图表.ai"，用于练习改变图表外观。

① 使用"选择工具" 选中插图窗口中的图表，并双击工具箱中的"柱形图工具" ，打开"图表类型"对话框，将"选项"区域中的"列宽"设置为 60%，"簇宽度"也设置为 60%，如图 17-21 所示。其中"列宽"设置的是柱形的宽度。设置完毕，单击"确定"按钮。设置前后的图表外观对比如图 17-22 所示。

图 17-21 设置"列宽"和"簇宽度"

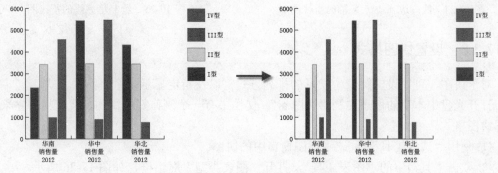

图 17-22 设置前后的图表外观对比

提示 在"列宽"、"条宽"或"簇宽度"文本框中可以输入 1%~1000%的一个数值。大于 100%的数值会导致柱形、条形或簇相互重叠而小于 100%的值会在柱形、条形或簇之间保留空间。值为 100%时，会使柱形、条形或簇相互对齐。

② 使用"选择工具" 选中插图窗口中例子文档"图表.ai"下方的折线图。在折线图上右击，从弹出的菜单中选择"类型"命令，打开"图表类型"对话框。

③ 在"图表类型"对话框中的"选项"区域选中"标记数据点"复选框，可以在折线上显示出数据点。单击"确定"按钮，标记数据点前后的折线图对比如图 17-23 所示。

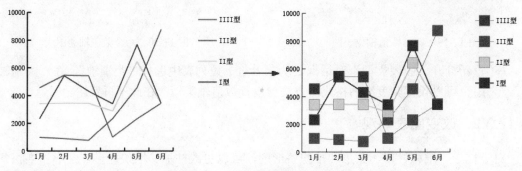

图 17-23　标记数据点前后折线图对比

④ 用类似方法再选中"图表类型"对话框"选项"区域中的"线段边到边跨 X 轴"复选框，可以得到如图 17-24 所示的折线图效果。

⑤ 如果再选中"图表类型"对话框"选项"区域中的"绘制填充线"复选框，并将"线宽"设置为 2pt，则会得到如图 17-25 所示的效果。

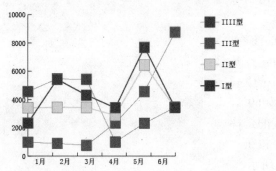

图 17-24　线段边到边跨 X 轴的折线图

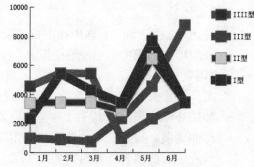

图 17-25　绘制填充线的折线图

17.3.3　设置饼图格式

对于饼图，可以设置图表中楔形的排列方式，以及指定显示多个饼图的方式。

打开光盘中本章的例子文档"饼图.ai"，文档中有一个制作好的饼图，我们将用它来练习设置饼图格式。

① 使用"选择工具" 选中插图窗口中的饼图。

② 双击工具箱中的"图表工具"，打开"图表类型"对话框，如图 17-26 所示。

③ 在"选项"区域中,单击"图例"右侧的下拉按钮,从中选择"楔形图例",并单击"确定"按钮,这样可以将图例由原来的标准图例改变为楔形图例。改变前后的饼图对比如图 17-27 所示。

④ 再用类似方法将"图表选项"对话框"选项"区域中的"位置"选项由"比例"改为"堆积",改变前后的饼图对比如图 17-28 所示。

⑤ 还可以在"排序"右侧选择排序的方式,如选择"全部"和"第一个"排序方式时的饼图分别如图 17-29 中左右两图所示。

图 17-26 "图表类型"对话框

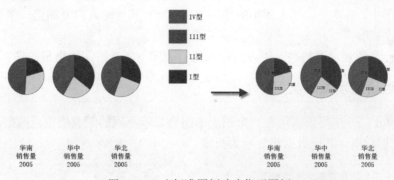

图 17-27 由标准图例改为楔形图例

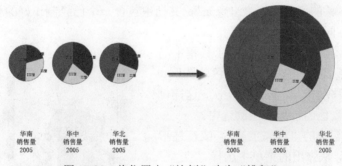

图 17-28 将位置由"比例"改为"堆积"

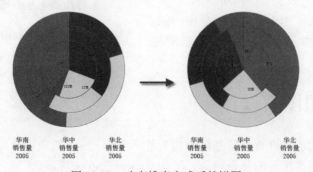

图 17-29 改变排序方式后的饼图

饼图各选项（参考图 17-26）简要介绍如下。
- 图例：在其右侧下拉列表中选择图例的位置。
  - 标准图例：在图表外侧放置列标签，如图 17-27 中左图所示。这是默认情况，将饼图与其他种类的图表组合显示时可以使用此选项。
  - 楔形图例：将标签插入到对应的楔形中，如图 17-27 中右图所示。
  - 无图例：完全忽略图例。
- 位置：指定显示多个饼图的方式。
  - 比例：按比例调整图表的大小。
  - 相等：使所有饼图都有相同的直径。
  - 堆积：每个饼图相互堆积，每个图表按相互比例调整大小。
- 排序：指定楔形排序方式。
  - 全部：在饼图顶部按顺时针顺序从最大值到最小值，对所选饼图的楔形进行排序。
  - 第一个：对所选饼图的楔形进行排序，以便将第一幅饼图中的最大值放置在第一个楔形中，其他将按从大到小的顺序排序。所有其他图表将遵循第一幅图表中楔形的顺序。
  - 无：从图表顶部按顺时针方向输入值的顺序将所选饼图的楔形排序。

17.3.4 组合显示图表类型

在 Illustrator CS6 中可以实现在一个图表中组合显示不同的图表类型。例如，可以让一组数据显示为柱形，而让其他数据组显示为折线。

> **注意**　可以组合除散点图之外的任何其他类型图表，因为散点图不能与其他任何图表类型组合。

打开光盘中本章的例子文档"组合.ai"，文档中包含一个已经制作好的柱形图，我们将用它练习组合显示不同的图表类型。

1. 确认柱形图没有被选中，选择工具箱中的"编组选择工具"，单击蓝色的图例，然后不要移动指针，再单击一次，这样可以将所有蓝色的柱形及图例选中。
2. 双击工具箱中的"图表工具"，或在柱形图上右击，从弹出的菜单中选择"类型"命令，打开"图表类型"对话框。
3. 单击"面积图"按钮，然后单击"确定"按钮，可以得到如图 17-30 所示的组合图表。

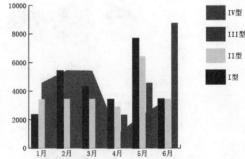

图 17-30　将柱形图和面积图组合到一个图表中

17.4 使用图表设计

使用图表设计功能允许将矢量插图添加到柱形和标记中，图表设计可以是简单矢量图形，也可以是包含图案和参考线的复杂对象。在 Illustrator CS6 中可以自己创建独具特色的图表设计，并将其存储在"图表设计"对话框中。

17.4.1 创建柱形设计

可以自己绘制图形，对其填色、描边、填充图案或者填充渐变色等，然后将其定义为柱形设计。下面以实例说明如何创建柱形设计。

① 打开光盘中本章的例子文档"图表设计.ai"。

② 使用"矩形工具" 在画板外的空白区域绘制一个小的矩形，并为其填充从左到右方向的"蓝|黄|红"渐变色（具体方法请参考前面相关内容），如图 17-31 所示。

③ 选中矩形，选择"对象"|"图表"|"设计"命令，打开"图表设计"对话框。

④ 单击"新建设计"按钮，可以看到如图 17-32 所示的结果，矩形出现在"预览"框中，并且在左侧列表中有"新建设计"字样，这是柱形设计的默认名称。

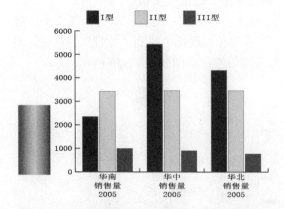

图 17-31 在画板外绘制一个矩形并填充渐变色

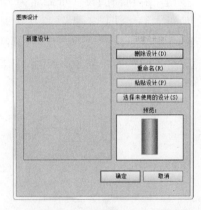

图 17-32 "图表设计"对话框

⑤ 单击"重命名"按钮为其重新起一个名称，如"矩形"，然后单击"确定"按钮。这样就创建了一个名为"矩形"的柱形设计。

⑥ 如果要对文档中的柱形图表应用该自定义柱形设计，则使用"编组选择工具" 选中某组柱形，然后选择"对象"|"图表"|"柱形图"命令，打开"图表列"对话框，从"选取列设计"下方的柱形设计中找到"矩形"并选中，如图 17-33 所示。

⑦ 单击"确定"按钮，可以看到应用自定义柱形设计后的柱形图，如图 17-34 所示。

图 17-33 找到"矩形"柱形设计并选中

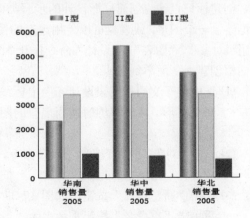

图 17-34 应用自定义柱形设计的柱形

17.4.2 为柱形设计添加数目显示

可以在创建柱形设计时为其添加数目显示,即在图形上或附近位置显示出该柱形所代表的数目。

① 接上例,使用文本工具在已经绘制好的矩形上或附近某位置单击,然后输入一个百分号(%),接着再输入两个数字,第一个数字用于指定小数点以前显示几位数,第二个数字用于指定小数点之后显示几位数。例如,在这里输入"%52",表示显示的数目类似于23453.34这样的数字。文字和矩形效果如图17-35所示。

② 选中文本与矩形,选择"对象"|"编组"命令(快捷键为Ctrl+G),将两个对象编为一组。

③ 选择"对象"|"图表"|"设计"命令,打开"图表设计"对话框,单击"新建设计"按钮,并将新的设计重命名为"数目",然后单击"确定"按钮。

④ 使用"编组选择工具" 选中某组柱形,选择"对象"|"图表"|"柱形图"命令打开"图表列"对话框,从"选取列设计"下方的柱形设计中找到"数目"并选中,然后单击"确定"按钮。应用"数目"柱形设计后的柱形图如图17-36所示。

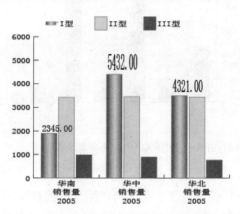

图 17-35　文字和矩形的相对位置　　　　图 17-36　柱形上方显示出数目

17.4.3 创建标记设计

创建标记设计与创建柱形设计的步骤类似,首先要自己绘制一个图形,或者也可以使用现有的图形,然后使用"对象"|"图表"|"设计"命令打开"图表设计"对话框创建。下面举例说明。

① 选中例子文档"图表设计.ai"中折线图左侧的箭头图形,我们将练习使用现有的图形创建标记设计。

② 选择"对象"|"图表"|"设计"命令,打开"图表设计"对话框。

③ 单击"新建设计"按钮,如图17-37所示。然后单击"重命名"按钮重命名为"箭头"。

图 17-37　"图表设计"对话框

④ 使用"编组选择工具" 单击折线图中的红色小方块,再在同一位置单击两次,将折线图中所有红色标记选中。

⑤ 选择"对象"|"图表"|"标记"命令,打开"图表标记"对话框,在列表底部找到刚创建标记设计"箭头",如图 17-38 所示,然后单击"确定"按钮。应用自定义标记设计的折线图如图 17-39 所示。

图 17-38　"图表标记"对话框

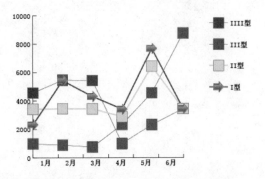

图 17-39　应用自定义标记设计的折线图

17.4.4　图表设计的再利用

以前创建的图表设计也可以重新粘贴到图稿中,然后再进行编辑使之成为新图表设计。

① 接上例,确认没有选中任何对象。
② 选择"对象"|"图表"|"设计"命令,打开"图表设计"对话框。
③ 在对话框中选中文档中已经存在的图表设计,如前面创建的"箭头"图表设计。
④ 单击"粘贴设计"按钮,然后单击"确定"按钮。这时图表设计会粘贴到画板的中央,可以对其进行编辑然后使用前面介绍的方法将其定义为新的图表设计。

17.5　巩固练习

1. 使用各种不同的图表工具练习创建图表,并试着在"图表类型"对话框设置每种图表的选项,通过反复练习熟悉这些选项的功能。
2. 使用光盘中的例子文档"图表设计.ai"练习创建并应用柱形设计和标记设计。

第18章 创建特殊效果

通过为对象应用填色、描边、效果、样式等外观属性，以及使用 Illustrator CS6 提供的众多图形样式和效果，能够快速而方便地创建出令人印象深刻的特效。

   学习重点

- 使用外观面板
- 复制外观属性
- 使用图形样式
- 使用效果
- 创建对象马赛克

18.1 使用外观面板

外观属性是指对象所具有的一组属性,如填色、描边、透明度和效果等。这些属性能够为对象创建多种多样的外观,但又不影响对象的基础结构。我们可以将某一个外观属性应用到对象后再使用"外观"面板编辑或删除这个属性,该对象及对象的其他外观属性不会发生改变。

在实际应用中,常结合图层和组来为对象应用外观属性。例如,一个图层中包含多个对象,则为图层应用投影属性后,图层中的所有对象也将应用同样的投影属性。但如果将对象移出图层,则该对象将不再具有投影效果。

处理对象的外观属性主要在"外观"面板中进行。"外观"面板使得这种工作变得井井有条,因为当一个图稿中对象繁多、层次复杂时,对象的外观属性也会非常多,而"外观"面板可以显示已经向对象、组或图层所应用的填色、描边和图形样式,如此一来便可以很方便地编辑这些外观属性。

选择"窗口"|"外观"命令可以显示或隐藏"外观"面板,如图 18-1 所示。

打开光盘中本章的例子文档"变形的五角星.ai",如图 18-2 所示,文档中包含三个经过变形处理的五角星,我们将使用它们来练习使用"外观"面板。

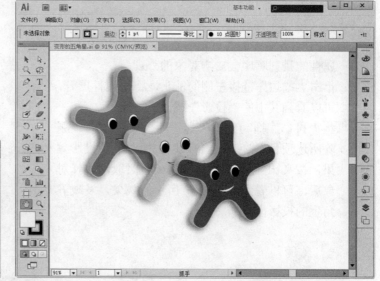

图 18-1 "外观"面板　　　　图 18-2 例子文档"变形的五角星.ai"

① 使用"选择工具"选中插图窗口中填色为红色的五角星,然后在"外观"面板中观察它所具有的外观属性,这时的"外观"面板如图 18-1 所示。

② 在"外观"面板中单击"描边"图标激活"描边"按钮,再次单击则会弹出"色板"面板,如图 18-3 所示。观察工具箱中"填色与描边"按钮的变化,如果原来是填色按钮在上,则现在一定会变成描边按钮在上,表示现在可以修改五角星的描边颜色。

③ 单击"色板"面板中的蓝色色板,将描边改为蓝色。

提示　如果按住 Shift 键的同时单击"描边"图标，则会弹出替代色彩用户界面，如图 18-4 所示。如果单击"描边"链接，则会弹出"描边"面板，然后根据需要更改描边的相关选项。

图 18-3　弹出"色板"面板

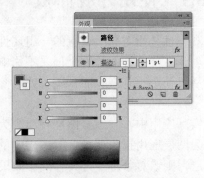

图 18-4　弹出替代色彩用户界面

④ 同样的道理，如果单击"外观"面板中的"填色"图标，则可以设置五角星的填色颜色，如此处将填色颜色改为白色。

 提示　描边和填色设置完毕，可以看到"外观"面板中"填色"和"描边"右侧的两个小图标也随之发生了变化。此外，双击"外观"面板中的"填色"选项，可以打开"颜色"面板。这也是"外观"面板的功能之一，双击某一属性可以快速显示与之相关的面板或对话框。例如，双击"投影"选项（也可以单击"投影"链接）可以打开如图 18-5 所示的"投影"对话框对投影效果进行设置。

⑤ 将"投影"拖动到"描边"属性上，可以得到如图 18-6 所示的效果，可见在"外观"面板中，属性的排列顺序会影响对象的外观。

⑥ 单击"描边"链接左侧的箭头，将该属性展开，可以看到其中的"投影"属性。

⑦ 将"投影"拖动到"外观"面板右下角的"删除所选项目"按钮上，可以去掉对象的投影效果，按 Ctrl 键单击文档空白处暂时取消选择对象后，可以看到如图 18-7 所示的效果，发现五角星的投影没有了。

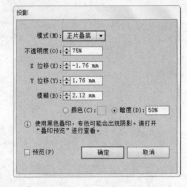

图 18-5　"投影"对话框

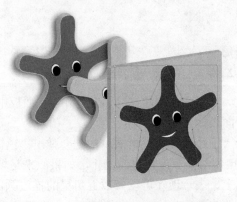

图 18-6　改变投影排列顺序后的效果

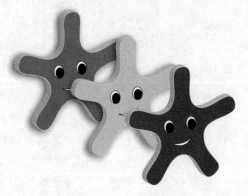

图 18-7　清除投影属性

⑧ 将"描边"属性拖动到"外观"面板下方的"复制所选项目"按钮 上,可以复制出一个相同的"描边"属性,如图18-8所示。

⑨ 将"3D Extrude & Bevel"属性用上面的办法删除。

注意　删除某属性时不要拖动链接,而要拖动名称右侧的空白处。

⑩ 在"外观"面板中,分别单击并设置两种描边属性,结合"色板"面板和"描边"面板将位于上方的描边改为蓝色4pt粗细的描边,下方的改为黑色12pt粗细的描边,可以得到如图18-9所示的效果。

图18-8　复制外观属性

图18-9　应用两种描边属性

18.2 复制外观属性

通过复制外观属性可以对一个对象快速应用另一个对象的外观。复制外观属性的方法有多种,通过实例一一介绍。

① 接上例,练习复制外观属性的方法。使用"选择工具" 选中中间的黄色五角星。

② 按住"外观"面板中位于最上层的名为"路径"的小缩览图,将其拖放到右边第一个五角星(即最初是橙色的那个)上面。这时可以看到右边的五角星应用了中间五角星的所有外观属性。复制前后的五角星外观如图18-10所示。

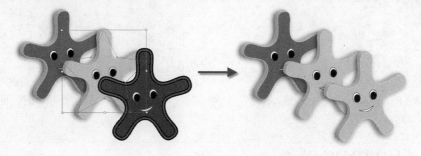
图18-10　复制外观属性前后的对比

注意　必须拖放缩览图才能实现复制,拖放名称不会起作用。如果没有显示缩览图,可以单击"外观"面板右上角面板按钮,从面板菜单中选择"显示缩览图"命令。

③ 按快捷键 Ctrl+Z 撤消外观属性的复制，练习下一种方法。

如果没有显示"图层"面板，则选择"窗口"|"图层"命令（或按快捷键 F7）将其显示出来。

④ 在"图层"面板中单击"图层1"左侧的向右小箭头，将其展开，这样就可以看到其中的项目。为了方便说明问题，单击"图层"面板右上角的面板按钮，从面板菜单中选择"面板选项"命令，打开"图层面板选项"对话框。

⑤ 在"图层面板选项"对话框中选中"行大小"为"大"，单击"确定"按钮，这样可以显示较大的缩览图，现在的"图层"面板应如图 18-11 所示。

⑥ 在"图层"面板中按住排列顺序为中间的五角星（即黄色五角星）右侧的单环（如果已经选中则显示为双环），按住 Alt 键的同时将其拖放到上层红色五角星的单环上。这样就将黄色五角星的外观属性复制给了上层的五角星。在拖放时，如果不按 Alt 键，则会将外观属性移动给上层五角星，而不是复制。

⑦ 按快捷键 Ctrl+Z 撤消外观属性的复制，练习下一种方法。

⑧ 使用"选择工具" 选中最右边五角星。

⑨ 单击工具箱中的"吸管工具" （快捷键为 I），指针变为 形状，移动指针到中间的黄色五角星上并单击，可以将黄色五角星的填色和描边属性复制到最右边五角星上，最右边五角星的填色变为黄色。

注意

"吸管工具" 只能复制对象的填色和描边属性（如果是文字对象，还会复制字符、段落属性），不能复制投影等特殊效果，从上面的例子也可以看出来。双击工具箱中的"吸管工具"，可以打开如图 18-12 所示的"吸管选项"对话框。在对话框中可以选择"吸管工具" 能够选取并应用的外观属性，可以取样的外观属性包括透明度、各种填色和描边属性，以及字符和段落属性。

图 18-11　现在的"图层"面板

图 18-12　"吸管选项"对话框

18.3　使用图形样式

"图形样式"是指一组可供反复使用的外观属性，使用图形样式可以快速为对象指定预设的外观，让作品充满个性。Illustrator CS6 提供了大量预设的图形样式，使用"图形样式"面板可以方便地将图形样式应用给文档中的对象。

在具体应用时,可以将图形样式应用于单个对象,也可以将其应用于一个组或一个图层,从而使组或图层中的对象都能够同时应用该图形样式。

下面通过实例来说明使用图形样式的具体操作步骤。

① 新建一个文档,文档设置自定。使用工具箱中的"圆角矩形工具"在画板上画一个圆角矩形,如图 18-13 所示。

② 保持圆角矩形的选中状态。选择"窗口"|"图形样式"命令,打开"图形样式"面板。

③ 单击面板右上角的面板按钮,从面板菜单中选择"打开图形样式库"|"按钮和翻转效果"命令,打开如图 18-14 所示的"按钮和翻转效果"图形样式面板。

④ 单击其中的图形样式并查看圆角矩形的变化,如单击名为"凸边-正常"的样式后,圆角矩形的效果(取消选择后)如图 18-15 所示。

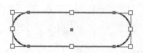
图 18-13　绘制圆角矩形

图 18-14　"按钮和翻转效果"图形样式面板

图 18-15　"凸边-正常"按钮效果

⑤ 使用这种方法可以快速制作出适合网页中使用的各种按钮效果。应用不同样式得到的按钮如图 18-16 所示。在按钮上加上必要的文字就可以应用到网页中了,例如如图 18-17 中所示的效果。

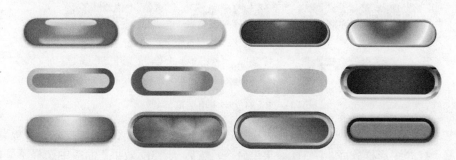

图 18-16　各种不同样式的按钮

图 18-17　加上文字后的 Web 按钮示例

⑥ 使用"矩形工具"在画布上画一个较大的矩形。

⑦ 从"图形样式"面板菜单中选择"打开图形样式库"|"图像效果"命令,打开如图 18-18 所示的"图像效果"图形样式面板。

提示　　单击"图形样式"面板左下角的"图形样式库菜单"按钮,也可以快速选择不同的图形样式库,或者可以单击某打开的图形样式库面板下方的向左箭头或向右箭头来快速切换不同的图形样式库。

⑧ 保持矩形的选中状态，单击"图像效果"图形样式面板中的某种样式，可以制作出各种背景效果，如单击"背面阴影"样式后的矩形效果如图 18-19 所示。制作出这样的背景后，就可以在上层添加文字或其他对象，如可以制作出如图 18-20 所示的效果。

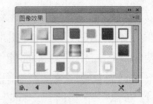

图 18-18　"图像效果"图形样式面板

图 18-19　应用"背面阴影"样式

图 18-20　背景的应用

⑨ 又如，使用图形样式也可以为文字快速应用各种特殊效果，在文档窗口中输入文字"世纪新城"，选择一种字体，如"方正超粗黑简体"，适当调整文字大小。保持文字的选中状态。从"图形样式"面板菜单中选择"打开图形样式库"|"文字效果"命令，然后从"文字效果"面板中选择不同的样式，可以得到不同的文字效果，如图 18-21 所示。

图 18-21　对文字应用图形样式

⑩ 文字并不只是可以应用"文字效果"图形样式，如可以从"图形样式"面板菜单中选择"打开图形样式库"|"3D 效果"命令，然后从"3D 效果"面板中选择不同的样式，得到如图 18-22 所示的不同三维立体文字效果。

图 18-22　不同的三维文字效果

对于应用了图形样式的对象，可以随时断开图形样式链接，然后编辑对象的任何外观属性，如填色、描边、透明度或效果等。断开链接并非清除样式，而只是这些外观属性不再与原来应用的图形样式相关联。方法是选中对象后，选择"图形样式"面板菜单中的"断开图形样式链接"命令，或者单击"图形样式"面板下方的"断开图形样式链接"按钮。

我们也可以创建自己的图形样式。例如，在文档窗口中绘制一个图形，对其应用某种填色和描边、透明度等外观属性，然后将其拖放到"图形样式"面板中，即可新建一种图形样式。也可以将现有的图形样式删除，方法是在"图形样式"面板将要删除的图形样式拖放到面板下方的"删除图形样式"按钮上。

18.4 使用效果

在 Illustrator CS6 中可以使用效果和滤镜来更改对象的外观，从而生成许多特殊的效果。

效果是实时的，对象应用了某种效果后，就会在"外观"面板中显示出该效果，我们可以继续使用"外观"面板随时编辑、移动、复制或删除效果，或者将效果存储为图形样式的一部分。对象应用了效果之后，必须经过扩展才能编辑新的锚点。

如果要为对象应用效果，可以使用"效果"菜单中的相关命令来完成。应用效果的基本步骤如下：先选中对象或组（或者在"外观"面板中选中对象的某一特定属性，如填色或描边），然后从"效果"菜单中选择一种效果命令，如图 18-23 所示。对对象应用效果后，都可以从"外观"面板中看到该效果，并能够双击该效果名称重新设置相关选项。

"效果"菜单分 4 个区域，最上方第 1 个区域的两个命令"应用上一个效果"可以快速再使用上次的效果，"上一个效果"命令可以再一次打开上一个效果的设置对话框进行设置，再应用效果。

第 2 个区域只有一个命令——"文档栅格效果设置"，单击该命令可以打开如图 18-24 所示的"文档栅格效果设置"对话框。在该对话框中，可以为一个文档中的所有栅格效果设置选项，栅格化矢量对象时也可以设置这些选项。

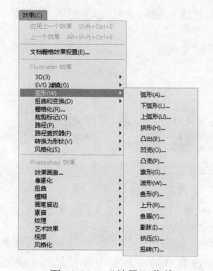

图 18-23　"效果"菜单

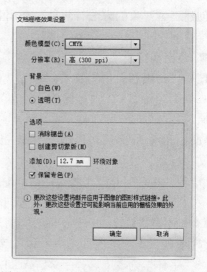

图 18-24　"文档栅格效果设置"对话框

第 3 个区域列出了 Illustrator CS6 中的所有效果命令，按照功能的不同分为 9 个效果组。所有第三个区域的效果命令都可用于矢量对象，对位图图像则一般情况下不会起作用。使用时可以从子菜单中选择具体的效果命令，大部分效果命令后面都跟有"..."，表示单击后会打开一个对话框，进行具体的选项设置。例如，当选择"效果"|"变形"菜单中的"弧形"命令后，会打开如图 18-25 所示的"变形选项"对话框，在该对话框中可以具体设置弧形变形的相关选项。

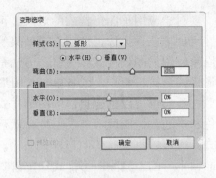

图 18-25　"变形选项"对话框

提示　这个区域中也有少数效果命令可以作用于位图对象。例如，如果位图对象具有填色和描边属性，则可以使用"外观"面板为这些属性应用效果。另外，"3D"、"SVG 滤镜"、"变形"子菜单中的所有效果，以及"变换"、"投影"、"羽化"、"内发光"、"外发光"效果都会对位图对象起作用。

第 4 个区域列出了所有的 Photoshop 效果命令，所有这些命令都是栅格效果，它们既可作用于位图对象，也可作用于矢量对象。使用这些效果命令时，将按照在"文档栅格效果设置"对话框中所做的设置作用于对象。

注意：Photoshop 效果中的"艺术效果"、"画笔描边"、"扭曲"、"素描"、"风格化"、"纹理"、"视频"子菜单中的效果不能应用于 CMYK 颜色模式的文档。在 CMYK 模式的文档中打开这些子菜单时，会看到这些命令是灰色不可用的。

本节将要介绍的是 Illustrator 效果。Photoshop 效果的应用可以参考相关 Photoshop 教程。

18.4.1　应用 3D 效果

使用 3D 效果可以使用二维图形创建出三维立体图形，并且能够通过设置高光、阴影、旋转及其他属性来控制 3D 对象的外观，同时还支持贴图功能，可以将图稿贴到 3D 对象的每个表面上，从而帮助设计者创建出逼真的三维对象。

创建三维对象的方法有两种：凸出和绕转。创建三维对象后，还可以使用"旋转"命令在三维空间中对其进行旋转操作。

■ 凸出和斜角

使用"凸出和斜角"效果命令可以将一个二维对象沿其 Z 轴拉伸成为三维对象。原理如图 18-26 所示。

"凸出和斜角"效果可以用于制作三维立体文字标题。

① 启动 Illustrator CS6，按快捷键 Ctrl+N 新建一个文档，文档大小及方向等采用默认设置，单击"确定"按钮。

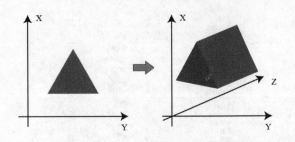

图 18-26　"凸出和斜角"效果的工作原理

② 单击工具箱中的"文字工具" T ，在画板上输入文字"APPLE"，并在控制面板中的"字体"列表中选择字体"Arial Black"（如果没有这种字体则选择其他相似效果的字体），这是一种较粗的字体，比较适合制作三维文字效果。

③ 使用"选择工具" 拖动文字周围的定界框适当更改文字的大小。

④ 右击文字，然后选择弹出菜单中的"创建轮廓"命令，将文字转为路径。

⑤ 保持文字路径的选中状态，单击工具箱中的填色图标，并在"色板"面板中选择一种绿色。然后单击工具箱中的"描边"按钮，在"色板"面板中选择白色。这样就将文字的填色和描边分别设置为绿色和白色，白色的描边可能在画板中看不出来，但在"外观"面板中可以清楚地看到文字的这两种外观属性。

⑥ 保持文字的选中状态，选择"效果"|"3D"|"凸出和斜角"命令，打开"3D 凸出和斜角选项"对话框，单击右侧的"更多选项"按钮，在对话框的下方显示出更多的选项，如图 18-27 所示。拖动该对话框到合适的位置，以能够看到下面的文字为宜。

⑦ 在对话框中的"位置"右侧下拉列表中选择一种位置，这里选择"离轴-前方"。

> 提示："位置"区域用于设置对象如何旋转以及观看对象的透视角度，除了可以在下拉列表中选择预设的角度外，还可以在下方的文本框中自己输入数值，或者在圆形的旋转框中旋转出自定义的角度。旋转时，可以拖动圆形，也可以拖动里面正方体的棱和面。选中右侧的"预览"复选框可以实时观察到对象应用三维效果的变化情况。

⑧ 在"凸出和斜角"区域的"凸出厚度"右侧文本框中输入数值 30pt，也可以单击右侧的小箭头使用滑块调整数值。凸出厚度可以设置为 0～2000 之间的值。

⑨ 确认在"端点"右侧选中的是"开启端点以建立实心外观"。如果选择"关闭端点以建立空心外观"，则会建立空心的三维文字对象。

⑩ 确认在"斜角"右侧选中的是"无"，即不使用斜角。在这个下拉列表中可以为三维对象选择斜角边缘的样式。有时选择某种斜角样式时可能会降低计算机的运行速度。

⑪ 在"表面"右侧下拉列表中选择"塑料效果底纹"，然后将"光源强度"设置为 100%，"环境光"设置为 50%，"高光强度"设置为 60%，"高光大小"设置为 90%，混合步骤设置为 25%。

⑫ 对话框中其他选项使用默认设置，所有设置如图 18-27 所示，单击"确定"按钮。

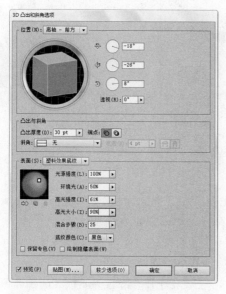

⑬ 现在文字已经呈现出三维效果，如图 18-28 所示为取消选择后的文字。使用"选择工具"选中文字，选择"效果"|"（Illustrator 效果中的）风格化"|"投影"命令，在"投影"对话框中将"X 位移"设置为–3mm，"Y 位移"设置为–2mm，其他选项采用默认设置（图 18-29），然后单击"确定"按钮，取消选择文字后可以看到如图 18-30 所示的最终效果。

图 18-27 "3D 凸出和斜角选项"对话框   图 18-28 三维文字效果

图 18-29 "投影"对话框

图 18-30 最终效果

提示

　　三维文字制作完成后，仍然可以选中它，然后改变其填色和描边颜色，就像改变普通图形的填色和描边一样。可以打开光盘中本章的例子文件"凸出斜角.ai"查看不同的效果。

■ 绕转

"绕转"是指使一条路径或一个剖面围绕全局 Y 轴旋转做圆周运动，从而创建出一个 3D 对象。在进行绕转之前，应该先绘制开放或闭合路径，使之正好是要生成的 3D 对象垂直剖面的一半，如图 18-31 所示是绕转一个 2D 对象得到 3D 对象的前后对比。

打开光盘中本章的例子文档"3D 绕转.ai"，如图 18-32 所示，文档中包含一个用钢笔工具绘制的保龄球垂直剖面一半的图形，还有一个用于制作保龄球贴图的锯齿状图形。这两个图形都可以用前面介绍过的方法制作，所以在本例中不再详细介绍其制作方法。

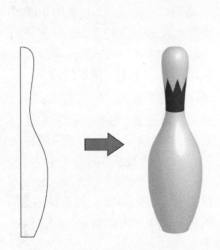

图 18-31 绕转一个对象

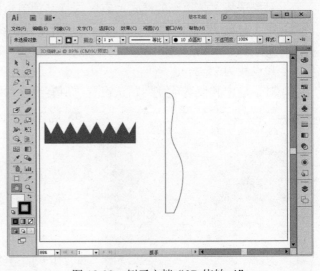

图 18-32 例子文档"3D 绕转.ai"

① 因为在为 3D 对象贴图时，要使用符号，所以先用准备好的锯齿状图形来制作贴图所用的符号。选择"窗口"|"符号"命令，让"符号"面板显示在前端。

② 选中要用作贴图的锯齿状图形，然后单击"符号"面板中的"新建符号"按钮 。

③ 在"符号选项"对话框中输入符号的名称"保龄球"，如图 18-33 所示。

④ 单击"确定"按钮，关闭"符号选项"对话框，此时如果打开"符号"面板（选择"窗口"|"符号"命令），则可以看到新创建的符号。

⑤ 使用"选择工具"选中要用来绕转出保龄球的路径，然后选择"效果"|"3D"|"绕转"命令。

⑥ 在"3D 绕转选项"对话框中的"位置"右侧下拉列表中选择"离轴-前方"，并按如图 18-34 所示设置"表面"区域的各项属性，其他选项采用默认设置。此时也可选中"预览"复选框查看实际效果。如果保龄球是黑色的，是因为还没有去掉黑色描边。

⑦ 单击"3D 绕转选项"对话框中的"贴图"按钮，打开"贴图"对话框，单击"表面"右侧的"下一个表面"按钮，切换到"4/4"即第 4 个表面。

⑧ 单击"贴图"对话框左上角的"符号"右侧的"选择贴图用图稿"下拉列表，从中选择刚刚创建的符号"保龄球"，在下方的表面示意图中就会出现该符号，拖动符号周围的句柄适当缩放与移动其位置，大致如图 18-35 所示。可以选中对话框右侧的"预览"复选框边查看实际效果边调整符号的大小和方向。

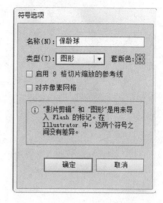

图 18-33 "符号选项"对话框

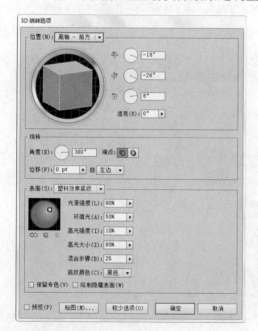

图 18-34 设置各选项

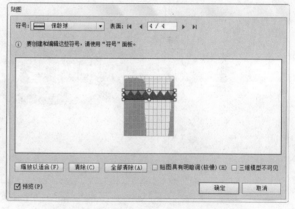

图 18-35 "贴图"对话框

⑨ 调整完毕，单击"确定"按钮，回到"3D 绕转选项"对话框，再单击"确定"按钮，就可以看到如图 18-36 所示的保龄球效果。

⑩ 制作完毕的保龄球，仍然可以修改其 3D 绕转选项，方法是在"外观"面板中双击"3D 绕转"选项，然后在打开的"3D 绕转选项"对话框中进行设置。也可以在选中 3D 保龄球后，从"色板"面板中为其选择其他填色颜色，从而得到不同颜色的保龄球。

⑪ 如果复制出几个保龄球，用前面讲过的对象变换与排列方法适当改变其大小、位置、排列顺序等，并为其绘制阴影，还可以得到如图 18-37 所示的保龄球排列效果，可以将其用于平面广告或其他用途。

图 18-36　保龄球效果

图 18-37　应用示例

■ 旋转

使用 3D 旋转效果命令可以在三维环境中旋转所选对象。虽然下面的例子中使用的是三维对象来练习旋转，但所选的对象原来并不一定必须是三维的，二维的图形也可以。

打开光盘中本章的例子文档"3D 旋转.ai"，如图 18-38 所示，文档中包含一个使用"3D 凸出和斜角"效果命令制作出来的三维文字"RAINBOW"，我们将用它来练习 3D 旋转。

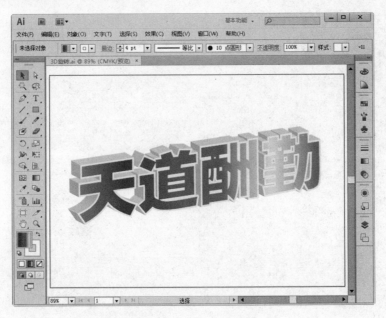
图 18-38　例子文档"3D 旋转.ai"

① 使用"选择工具"选中插图窗口中的三维文字"天道酬勤"。
② 选择"效果"|"3D"|"旋转"命令，这时会出现如图 18-39 所示的提示对话框，出现此对话框的原因是原来的文字已经应用了一种 3D 效果。
③ 单击"应用新效果"按钮，打开如图 18-40 所示的"3D 旋转选项"对话框。
④ 在"3D 旋转选项"对话框中，选中"预览"复选框。拖动对话框到合适的位置，以能够清楚地看到后面的三维文字为宜。
⑤ 在"位置"区域通过输入数值或旋转立方体的方法旋转三维文字，并观察插图窗口中文字的变化。

第 18 章 创建特殊效果

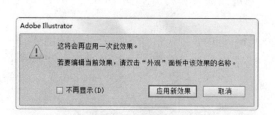

图 18-39　提示对话框

图 18-40　"3D 旋转选项"对话框

⑥ 在"表面"区域设置表面的各种选项。
⑦ 单击"确定"按钮确认旋转。

 提示　如果要修改应用到对象的效果，在"外观"面板中双击效果名称即可。如果要删除该效果，则拖动该效果到"外观"面板下方的"删除所选项目"按钮 🗑 上。

18.4.2　应用 SVG 滤镜

　　SVG 是一种将图像描述为形状、路径、文本和滤镜效果的矢量图像格式。与传统的位图图像格式相比，使用 SVG 格式生成的文件很紧凑，在 Web 上、印刷媒体上甚至是资源十分有限的手持设备中都可提供高质量的图形。

　　用户在屏幕上放大 SVG 图像时，不会牺牲锐利程度、细节或清晰度。此外，SVG 提供对文本和颜色的高级支持，它可以确保用户看到的图像和 Illustrator 画板上所显示的一样。

　　使用 SVG 滤镜效果，可以为图形或图像添加各种属性，如投影、高斯模糊等。SVG 效果完全基于 XML，它不依赖于分辨率，因此与位图效果不同，事实上 SVG 效果是一系列描述各种数学运算的 XML 属性。

　　打开光盘中本章的例子文档"SVG.ai"，如图 18-41 所示，文档中包含一幅嵌入的位图图像，我们将用它来练习应用 SVG 滤镜效果。

图 18-41　例子文档"SVG.ai"

① 使用"选择工具"选中插图窗口中的位图。
② 选择"效果" | "SVG 滤镜" | "应用 SVG 滤镜"命令，打开如图 18-42 所示的"应用 SVG 滤镜"对话框，选中"预览"复选框。
③ 在对话框中的 SVG 滤镜列表中选择一种滤镜效果，并观察插图窗口中位图的变化。在本例中选择"AI_磨蚀 6"，然后单击"确定"按钮。应用该 SVG 滤镜效果后的位图如图 18-43 所示。

图 18-42　"应用 SVG 滤镜"对话框

图 18-43　应用"AI_磨蚀 6"SVG 滤镜效果后的位图

提示　除了使用上述方法之外，也可以在选中对象后，选择"效果" | "SVG 滤镜"命令，然后从子菜单中直接选择一种效果命令。

④ 如果要修改应用到对象的效果，在"外观"面板中双击效果名称即可。如果要删除该效果，则拖动该效果到"外观"面板下方的"删除所选项目"按钮上。
⑤ 如果选择"效果" | "SVG 滤镜" | "导入 SVG 滤镜"命令，会打开"选择 SVG 文件"对话框，然后可以找到一个 SVG 文件，将其中的 SVG 效果导入到当前文档中。

18.4.3　应用变形效果

使用"变形"效果命令可以方便地改变对象的形状，而且它不会永久改变对象的基本几何形状。应用变形效果后，可以随时使用"外观"面板修改或删除效果。

打开光盘中本章的例子文档"变形效果.ai"，如图 18-44 所示，文档中有一个木马图形，我们将用它来练习各种变形效果。

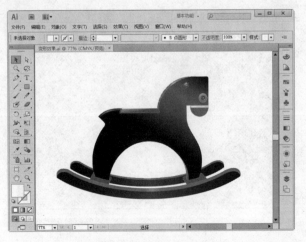
图 18-44　例子文档"变形效果.ai"

① 使用"选择工具" 选中插图窗口中的木马图形。
② 选择"效果"|"变形"|"弧形"命令，打开"变形选项"对话框，选中对话框中的"预览"复选框，并拖动对话框到合适的位置，以能够观察到图形的变形为宜，如图18-45所示。
③ 在对话框中的"样式"下方选择"水平"或"垂直"，并改变"弯曲"的百分比，以及"扭曲"区域的"水平"、"垂直"百分比，观察图形变形情况。
④ 在"样式"右侧的下拉列表中选择其他变形效果，并改变每种效果的具体选项，查看图形的变形情况。各种效果的具体作用可以通过试验一目了然，不再具体介绍。在这里改变不同的效果命令与使用"效果"|"变形"子菜单中的各种效果命令是完全相同的。
⑤ 设置完毕，单击"确定"按钮确认变形。

图 18-45 "变形选项"对话框

提示

如果要修改应用到对象的效果，在"外观"面板中双击效果名称即可。如果要删除该效果，则拖动该效果到"外观"面板下方的"删除所选项目"按钮 上。

18.4.4 应用扭曲和变换效果

"扭曲和变换"效果主要用于扭曲对象的形状，或者改变对象的大小、方向、位置等。其中的"变换"效果与使用"对象"|"变换"|"分别变换"命令是基本相同的，只是有一个一次复制几份的选项不同。在此主要介绍其他"扭曲和变换"效果命令。

打开光盘中本章的例子文档"扭曲变换.ai"，如图18-46所示，文档中包含一个星形，我们将用它来练习各种扭曲效果命令。

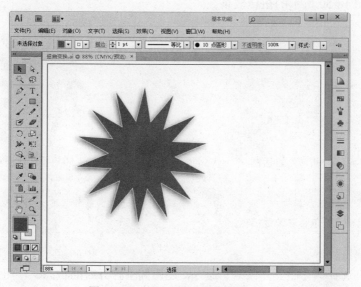

图 18-46 例子文档"扭曲变换.ai"

■ 扭拧与扭转

① 使用"选择工具" 选中插图窗口中的星形。
② 选择"效果"|"扭曲和变换"|"扭拧"命令,打开"扭拧"对话框,将"数量"区域的"水平"和"垂直"扭拧的百分比都设置为5%,其他采用默认设置,如图18-47所示。
③ 单击"确定"按钮,取消选择对象后可以看到如图18-48所示的扭拧效果。

图18-47 "扭拧"对话框　　　　　　　　图18-48 扭拧效果示例

 提示　　"扭拧"效果随机地向内或向外弯曲和扭曲路径段。使用绝对量或相对量可以设置垂直和水平扭曲。在"修改"区域中可以指定是否修改锚点、移动通向路径锚点的控制点("导入"控制点)、移动通向路径锚点的控制点("导出"控制点)。

④ 选择"文件"|"恢复"命令,还原到刚打开时的状态。使用"选择工具" 选中插图窗口中的星形。
⑤ 选择"效果"|"扭曲和变换"|"扭转"命令,打开"扭转"对话框,在"角度"右侧文本框中输入90°,如图18-49所示,并单击"确定"按钮,取消选择对象后可以看到如图18-50所示的扭转效果。

图18-49 "扭转"对话框　　　　　　　　图18-50 扭转效果示例

 提示　　"扭转"效果可以旋转一个对象,中心的旋转程度比边缘的旋转程度大,输入一个正值将顺时针扭转,输入一个负值将逆时针扭转。

■ 收缩和膨胀

① 接上例,选择"文件"|"恢复"命令,还原到刚打开时的状态。使用"选择工具" 选中插图窗口中的星形。

② 选择"效果"|"扭曲和变换"|"收缩和膨胀"命令，打开"收缩和膨胀"对话框，在文本框中输入–30%，如图 18-51 所示，并单击"确定"按钮。取消选择对象后可以看到如图 18-52 所示的收缩效果。

③ 使用"选择工具" 重新选中收缩后的对象，在"外观"面板中双击"收缩和膨胀"选项，打开"收缩和膨胀"对话框，将数值由–30%改为 30%，并单击"确定"按钮，取消选择对象后可以看到如图 18-53 所示的效果。

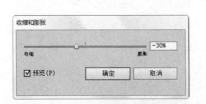

图 18-51　"收缩和膨胀"对话框　　　　图 18-52　收缩效果　　　　图 18-53　膨胀效果

提示　　"收缩和膨胀"效果可以在将线段向内弯曲（收缩）时，向外拉出矢量对象的锚点，或在将线段向外弯曲（膨胀）时，向内拉入锚点。这两个选项都可以相对于对象的中心点来拉出锚点。当输入数值为负时，则收缩；当输入数值为正时，则膨胀。

■ 波纹效果

① 接上例，选择"文件"|"恢复"命令，还原到刚打开时的状态。使用"选择工具" 选中插图窗口中的星形。

② 选择"效果"|"扭曲和变换"|"波纹效果"命令，打开"波纹效果"对话框，将"每段的隆起数"改为 16，其他选项采用默认设置，如图 18-54 所示，然后单击"确定"按钮。取消选择对象后可以看到如图 18-55 所示的波纹效果。

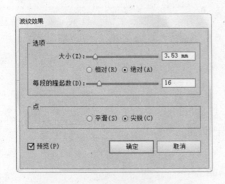

图 18-54　"波纹效果"对话框　　　　　　　　图 18-55　波纹效果

提示　　"波纹效果"可以将对象的路径段变换为同样大小的尖峰和凹谷形成的锯齿和波形数组。使用绝对大小或相对大小可以设置尖峰与凹谷之间的长度。在"每段的隆起数"文本框中设置每个路径段的脊状数量，并可以在"点"区域选择扭曲为波形边缘（平滑）或锯齿边缘（尖锐）。

■ 粗糙化

① 选择"文件"|"恢复"命令,还原到刚打开时的状态。使用"选择工具"选中插图窗口中的星形。

② 选择"效果"|"扭曲和变换"|"粗糙化"命令,打开"粗糙化"对话框,将"大小"设置为1%,"细节"设置为0,"点"设置为"平滑",如图18-56所示。单击"确定"按钮,取消选择对象后可以看到如图18-57所示的粗糙化效果。

图18-56 "粗糙化"对话框

图18-57 粗糙化效果(1)

图18-58 粗糙化效果(2)

③ 使用"选择工具"选中粗糙化后的星形,双击"外观"面板中的"粗糙化"选项,重新打开"粗糙化"对话框,将"大小"设置为3%,"细节"设置为30,并单击"确定"按钮,可以得到如图18-58所示的粗糙化效果。可见,设置的数值不同,效果会大不相同。

提示

"粗糙化效果"可以将矢量路径段变形为具有各种大小尖峰和凹谷的锯齿数组。使用"粗糙化"对话框中的大小可以设置路径段的最大长度,通过调整"细节"大小可以设置每英寸锯齿边缘的密度,在"点"区域可以选择是生成平滑边缘还是尖锐边缘。

■ 自由扭曲

① 选择"文件"|"恢复"命令,还原到刚打开时的状态。使用"选择工具"选中插图窗口中的星形。

② 选择"效果"|"扭曲和变换"|"自由扭曲"命令,打开如图18-59所示的"自由扭曲"对话框。

③ 在"自由扭曲"对话框中拖动四个控制点改变星形的形状,如修改成如图18-60所示的效果(如果希望恢复到图18-59所示的形状,则可以单击"重置"按钮),然后单击"确定"按钮,取消选择对象后可以看到如图18-61所示的效果。

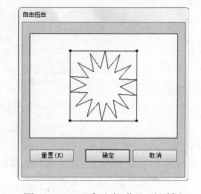

图18-59 "自由扭曲"对话框

第 18 章 创建特殊效果

图 18-60　拖动控制点改变对象形状

图 18-61　自由扭曲效果

18.4.5　栅格化

使用"效果"菜单中的"栅格化"命令可以将矢量图形转化为位图图像,在栅格化的过程中,矢量路径会转换为像素,所生成像素的大小和特征由所设置的栅格化选项决定。"栅格化"命令经常用于制作 Web 图形。

打开光盘中本章的例子文档"栅格化.ai",如图 18-62 所示,文档中包含一个群组的矢量对象,我们将使用它练习栅格化矢量图形。

图 18-62　例子文档"栅格化.ai"

(1) 使用"选择工具" 选中插图窗口中的群组对象。
(2) 选择"效果"|"栅格化"命令,打开"栅格化"对话框。
(3) 假设该图形要用于 Web 页面显示,则可以在"栅格化"对话框中选择"颜色模型"为"RGB",分辨率为"屏幕（72ppi）","背景"为"透明","消除锯齿"为"无",其他采用默认设置,如图 18-63 所示。
(4) 单击"确定"按钮。使用"缩放工具" 局部放大栅格化得到的位图,可以看到如图 18-64 所示的方形像素点。

277

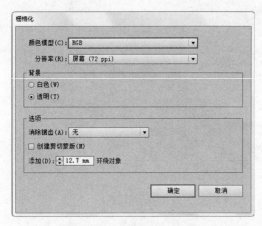

图 18-63 "栅格化"对话框　　　　图 18-64 局部放大位图

 提示　如果在"消除锯齿"右侧下拉列表中选择"优化图稿(超像素取样)",则栅格化后得到的位图会几乎看不到锯齿。

18.4.6 应用路径效果

"路径"效果组中包括 3 个效果命令,分别是"位移路径"、"轮廓化路径"、"轮廓化描边",可用于偏移路径、轮廓化路径和描边。

■ 位移路径

"位移路径"效果命令用于相对于对象的原始路径偏移对象路径,这个命令与"对象"|"路径"|"偏移路径"命令的效果是相同的。

打开光盘中本章的例子文档"路径效果.ai",如图 18-65 所示,文档中包含一个运动员的矢量图形,我们将用它来练习位移路径效果命令。

图 18-65 例子文档"路径效果.ai"

① 使用"选择工具"选中插图窗口中的矢量图形。
② 选择"效果"|"路径"|"位移路径"命令,打开"偏移路径"对话框。
③ 在"偏移路径"对话框中的"位移"右侧文本框中输入 2mm,将"连接"设置为"圆角","斜接限制"设置为 4,如图 18-66 所示。
④ 单击"确定"按钮,取消选择对象后可以看到如图 18-67 所示的效果。

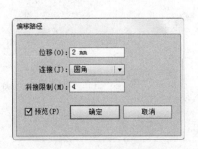

图 18-66 "偏移路径"对话框

图 18-67 位移路径效果示例

■ 轮廓化对象

"轮廓化对象"命令主要用于将文字对象转换为复合路径,然后就可以像编辑和处理普通路径一样来编辑和处理这些由文字转化而来的复合路径了。这个命令与"文字"|"创建轮廓"命令效果是相同的,在"使用文字"一章已经举例介绍过使用方法,在此不再赘述。

■ 轮廓化描边

"轮廓化描边"命令可以将描边转换为复合路径,这样就可以对描边做更进一步的编辑和修改。这个命令与"对象"|"路径"|"轮廓化描边"菜单命令效果是相同的。

① 打开光盘中本章的例子文档"路径效果.ai"。
② 使用"选择工具"选中插图窗口中的矢量图形,选择"窗口"|"描边"使"描边"面板显示在前面,在"描边"面板中将"粗细"设置为 6pt。这样做的目的是为了更清楚地看到接下来的轮廓化描边效果。
③ 选择"效果"|"路径"|"轮廓化描边"命令(或者选择"对象"|"路径"|"轮廓化描边"命令,特别是当前者不起作用时)。
④ 在跑步者图形上右击,从弹出的快捷菜单中选择"取消编组"命令。
⑤ 先不要选择对象,使用"编组选择工具"选中中间绿色填色图形,然后按 Delete 键将其删除,则可看到如图 18-68 所示的效果。这就是轮廓化描边后得到的复合路径。

图 18-68 轮廓化描边后得到的复合路径

18.4.7 应用转换为形状效果

"转换为形状"效果组中的命令可以将选中的图形转换为矩形、圆角矩形或椭圆。使用"转换为形状"效果命令的具体操作步骤如下。

① 使用"选择工具"选中要转换为矩形、圆角矩形或椭圆的对象。

② 选择"效果"|"转换为形状"|"矩形"(或"圆角矩形"/"椭圆")命令。

③ 在如图18-69所示的"形状选项"对话框中设置各选项,并单击"确定"按钮。在"形状选项"对话框的"形状"右侧下拉列表中可以选择将选中对象转换为矩形、圆角矩形或椭圆。对于圆角矩形,可以在"圆角矩形"右侧文本框中输入圆角的大小。

图18-69 "形状选项"对话框

18.4.8 应用风格化效果

"风格化"效果用于创建内外发光、投影、添加箭头、圆角、羽化边缘、涂抹风格等增强对象外观的效果。

打开光盘中本章的例子文档"风格化.ai",文档中包含5个相同的文字轮廓化后得到的路径,我们将使用这些路径练习不同的风格化效果。

■ 内外发光

① 使用"选择工具"选中第1个文字轮廓。

② 选择"效果"|"风格化"|"内发光"命令。

③ 在"内发光"对话框中将"模式"设置为"强光",在右侧将内发光的颜色设置为白色(单击可以打开"拾色器"对话框,从中可以选择不同的颜色),"不透明度"改为75%,"模糊"改为1.5mm,选中下方的"中心"设置为从中心发光,如图18-70所示。

④ 单击"确定"按钮。取消选择对象后可以看到如图18-71所示的内发光效果

图18-70 "内发光"对话框　　　　图18-71 内发光效果

⑤ 使用"选择工具"选中应用内发光效果后的文字轮廓,选择"效果"|"风格化"|"外发光"命令。

⑥ 在"外发光"对话框中设置"模式"、"不透明度"、"模糊"等选项,这里采用默认的设置,如图18-72所示,并单击"确定"按钮。取消选择对象后可以看到如图18-73所示的外发光效果。

图 18-72 "外发光"对话框　　　　　　　　图 18-73 外发光效果

■ 圆角

① 使用"选择工具" 选中第 2 个文字轮廓。
② 选择"效果"|"风格化"|"圆角"命令。
③ 在"圆角"对话框中的"半径"文本框中输入 6mm，如图 18-74 所示。
④ 单击"确定"按钮，取消选择对象后可以看到如图 18-75 所示的圆角效果。

图 18-74 "圆角"对话框　　　　　　　　图 18-75 圆角效果

■ 投影

① 使用"选择工具" 选中第 3 个文字轮廓。
② 选择"效果"|"风格化"|"投影"命令。
③ 在"投影"对话框中设置各选项，如图 18-76 所示。选中"预览"复选框的同时进行调整，可以实时观察到每个选项的作用。
④ 单击"确定"按钮，取消选择对象后可以看到如图 18-77 所示的投影效果。

图 18-76 "投影"对话框　　　　　　　　图 18-77 投影效果

■ 涂抹

① 使用"选择工具" 选中第 4 个文字轮廓。
② 选择"效果"|"风格化"|"涂抹"命令。
③ 在"涂抹选项"对话框中设置各选项，这里采用如图 18-78 所示的设置。选中"预览"复选框的同时进行调整，可以实时观察到每个选项的作用。

④ 单击"确定"按钮，取消选择对象后可以看到如图18-79所示的涂抹效果。

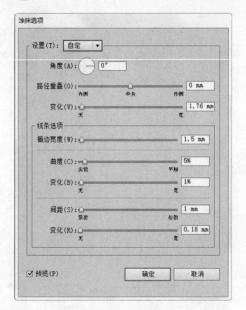

图18-78 "涂抹选项"对话框　　　　　　　　图18-79 涂抹效果

■ 羽化

① 使用"选择工具"选中第5个文字轮廓。
② 选择"效果"|"风格化"|"羽化"命令。
③ 在"羽化"对话框中将"羽化半径"设置为4mm，如图18-80所示。
④ 单击"确定"按钮，取消选择对象后可以看到如图18-81所示的羽化效果。

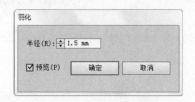

图18-80 "羽化"对话框　　　　　　　　图18-81 羽化效果

18.5 创建对象马赛克

要为位图创建马赛克效果，必须先将位图图像嵌入文档中。下面举例说明具体操作步骤。

① 新建一个文档，文档设置自定。
② 选择"文件"|"置入"命令，在"置入"对话框中找到本章的例子文件"sample.jpg"，并单击"置入"按钮。
③ 现在置入的位图应处于选中状态，单击控制面板中的"嵌入"按钮，将位图图像嵌入文档中。
④ 选择"对象"|"创建对象马赛克"命令，打开"创建对象马赛克"对话框。

⑤ 在对话框中设置各选项。例如，这里将"拼贴数量"中的"高度"和"宽度"都设置为 50，其他选项采用默认设置，如图 18-82 所示。然后单击"确定"按钮。应用对象马赛克滤镜后的位图图像取消选择后如图 18-83 所示。

图 18-82　"对象马赛克"对话框　　　　图 18-83　应用对象马赛克滤镜后的位图图像

"创建对象马赛克"对话框中各选项或按钮简要介绍如下。
- 新建大小：如果要更改生成马赛克图像的整体尺寸，则在这里输入宽度和高度值。
- 拼贴间距：输入马赛克拼贴之间的间距数值。
- 拼贴数量：输入马赛克拼贴的数量，数值越大，则在生成马赛克时运算量越大。
- 约束比例：锁定原始位图图像的宽度和高度尺寸。如果选择"宽度"，则以原来用于宽度的拼贴数为基础，来计算达到所需的马赛克宽度需要的相应拼贴数。如果选择"高度"，则以原来用于高度的拼贴数为基础，来计算达到所需的马赛克高度需要的相应拼贴数。
- 结果：指定最终的马赛克拼贴结果是彩色的还是黑白的。
- 使用百分比调整大小：通过调整宽度和高度的百分比来更改图像大小。
- 删除栅格：选中此项可以删除原始位图图像。
- 使用比率：单击此按钮可以利用"拼贴数量"中指定的拼贴数，使拼贴呈方形。

18.6　巩固练习

1. 练习使用图形样式（按钮和翻转效果）快速创建不同的按钮效果。
2. 练习使用图形样式（3D 效果）快速创建不同风格的立体文字标题。
3. 打开光盘中本章的例子文档"小鸟.ai"，使用本章所介绍的某种效果命令制作出如图 18-84 所示的立体效果。
4. 试用"饼图工具" 和 3D 效果中的某命令，结合使用"直接选择工具"，制作如图 18-85 所示的三维立体饼图。

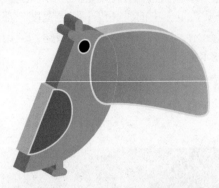
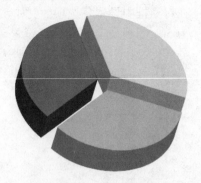

图 18-84　小鸟的立体效果　　　　　　　　图 18-85　三维立体饼图

提示

　　先用"饼图工具" 制作一个普通的平面饼图，然后选中饼图，选择"效果"|"3D 效果"|"凸出和斜角"命令制作立体效果，再用"直接选择工具" 移动饼图的某一部分，并为每一部分应用不同的填色和描边颜色。

　　5. 观察周围的物体，或者想一想所见过的物体，看看有哪些可以用"绕转"效果命令将其制作出来（如酒瓶、易拉罐、炮弹、高脚杯、鱼缸等），并尝试亲自制作。

第19章 使用符号

符号可以在文档中重复使用,当图稿中需要多次使用同一个图形对象时,使用符号可以节省创作的时间,并能够减小文档的大小,而且符号还支持 SWF 和 SVG 格式输出,在创建动画时也非常有用。

- 了解为什么要使用符号
- 创建与删除符号实例
- 符号实例基本操作
- 创建自己的符号和符号库

19.1　符号概述

"符号"是指可以在文档中重复使用的图稿对象,使用它可以快速创建多个形状相同的对象。例如,如果要绘制如图 19-1 所示的树形,可以先绘制几种不同形状和颜色的花朵,然后将其定义为符号,并将该符号的实例多次添加到图稿中,使用各种符号工具修改这些花朵实例的大小、方向、位置、疏密程度等,就能够很快制作出这种树形,如图 19-1 所示。

图 19-1　使用符号快速绘制的插图

19.2　创建与删除符号实例

Illustrator CS6 中提供了许多可以直接使用的符号,本节将使用这些符号练习如何创建与删除符号实例。

19.2.1　创建符号实例

使用"符号"面板可以快速将符号置入到文档中,符号被置入文档后便称为"实例"。使用各种符号工具可以一次添加和操作多个符号实例。下面通过实例说明如何快速创建符号实例。

(1) 选择"文件"|"新建"命令,打开"新建文档"对话框。
(2) 在"新建文档"对话框中将文档的颜色模式设置为 RGB,其他选项自定。
(3) 设置完毕,单击"确定"按钮。
(4) 选择"窗口"|"符号"命令,打开"符号"面板,如图 19-2 所示。
(5) 移动鼠标指针到"符号"面板中某一个符号上,可以看到该符号的名称。

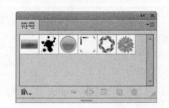

图 19-2　"符号"面板

⑥ 使用"选择工具" 从"符号"面板中将第 1 个符号拖放到插图窗口中，创建该符号的一个实例。

> 也可以先在面板中单击一个符号，然后单击面板下方的"置入符号实例"按钮➡️将符号实例置入插图窗口中。

⑦ 置入到画板中的符号实例默认情况下处于选中状态，使用"选择工具" 调整定界框可以改变符号实例的大小，或者对符号实例进行旋转、缩放等操作，就像对普通图形对象一样进行操作。

> 除了使用默认的符号之外，还可以从符号库中找到更多符号，接下来将练习从符号库中查找与创建符号实例的方法。

⑧ 单击"符号"面板右上角的面板按钮▼≡，指向面板菜单中的"打开符号库"，在子菜单中就会列出 Illustrator CS6 提供的符号库，从中选择"自然"选项，打开如图 19-3 所示的"自然"符号库面板。也可以单击"符号"面板左下角的"符号库菜单"按钮，然后从弹出的菜单中选择该符号库。

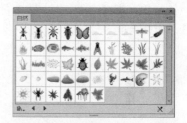

图 19-3 "自然"符号库面板

> 使用第 3 步的方法一次只能创建一个符号实例，而使用"符号喷枪工具"则可以一次性创建多个实例，接下来将练习使用"符号喷枪工具"创建符号实例。

⑨ 选择工具箱中的"符号喷枪工具" （快捷键为 Shift+S），然后单击"自然界"符号库面板中的符号"枫叶"。

⑩ 移动指针到插图窗口，指针成为一个圆形。

> 使用"符号喷枪工具"时，按快捷键 [或] 可以减小或增大圆形指针大小。

⑪ 在插图窗口中按住鼠标左键拖动，可以看到出现许多枫叶形状，如图 19-4 所示。
⑫ 当达到所需要的数量时，释放左键，即可得到多个枫叶符号实例。
⑬ 使用"选择工具" 单击插图窗口空白处取消选择对象后，可以看到如图 19-5 所示的效果。

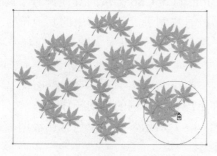

图 19-4 拖动鼠标喷射符号实例

图 19-5 创建出多个符号实例

⑭ 使用"选择工具" 在刚才创建的任一符号实例上单击,可以看到在这些符号实例周围出现一个大的定界框。

> **提示** 使用"符号喷枪工具" 喷射出的是一个符号实例组(以下简称"符号组")。可以将符号组作为一个对象整体进行缩放、移动、旋转等操作。在"符号"面板中选中一个符号后,使用"符号"面板菜单中的"选择所有实例"命令可以选中插图窗口中该符号的所有实例。

19.2.2 添加与删除符号实例

创建了一个符号组后,使用"符号喷枪工具" 可以向组中继续添加原来符号的实例或其他符号的实例,也可以将组中已有的符号实例删除。

接上例,从工具箱中选择"符号喷枪工具" ,并从"自然"符号库面板中选择其他符号,如"枫叶 2",然后在插图窗口的符号组中拖动喷射出新的符号实例,效果如图 19-6 所示。

图 19-6 添加其他符号实例

如果要删除符号组中已有的符号实例,则在选择"符号喷枪工具" 后,按住 Alt 键的同时在符号组中想要删除实例的位置拖动。例如,可以试着用这种办法将原来的"枫叶"符号实例删除掉。

19.3 符号实例基本操作

在插图窗口中创建了多个符号实例后,可以使用 Illustrator CS6 提供的其他符号工具对其进行相关操作,如移动符号实例的位置、缩放与旋转符号实例等。工具箱中的其他符号工具隐藏在"符号喷枪工具" 组中。

19.3.1 移动符号实例的位置

使用"符号移位器工具" 可以移动符号实例和更改符号实例的排列顺序。

打开光盘中本章的例子文档"符号练习.ai",如图 19-7 所示,文档中包含已经用上述方法创建好的一个符号组,我们将用它来完成下面的练习。

① 使用"选择工具" 选中插图窗口中的符号组。
② 选择工具箱中的"符号移位器工具" 。

③ 移动指针到符号组中，指针显示为形状，按快捷键 [或] 可以减小或增大指针大小（以下要介绍的其他符号工具类似，所以不再特别说明）。将指针调整到合适大小后，试着拖动符号组中的实例移动其位置。

注意　如果事先未用"选择工具"选中符号组就用"符号移位器工具"拖动，则会出现一个警告对话框，如图 19-8 所示。

图 19-7　例子文档"符号练习.ai"

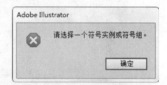
图 19-8　警告对话框

提示　使用"符号移位器工具"拖动的同时按住 Shift 键，可以向前移动符号实例。如果拖动的同时按住 Alt 键，可以向后移动符号实例。这里的前后指的是实例在插图窗口中的排列顺序。

19.3.2　改变符号实例的分布情况

使用"符号紧缩器工具"可以聚拢或分散符号组中的符号实例。仍使用例子文档"符号练习.ai"来完成练习，具体操作步骤如下。

① 使用"选择工具"选中插图窗口中的符号组。
② 选择工具箱中的"符号紧缩器工具"。
③ 单击或拖动要聚拢符号实例的位置，可以缩小符号实例之间的距离。如图 19-9 所示为聚拢符号示例。

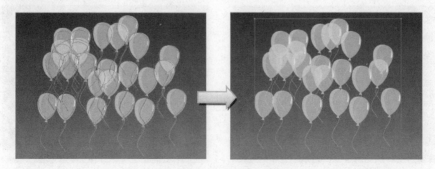
图 19-9　聚拢符号示例

> 提示　按住 Alt 键单击或拖动要分散符号实例的位置，可以扩大符号实例之间的距离。

19.3.3　改变符号实例的大小

使用"符号缩放器工具" 可以更改符号实例的大小。仍使用例子文档"符号练习.ai"来完成练习，具体操作步骤如下。

① 使用"选择工具"选中插图窗口中的符号组。
② 选择工具箱中的"符号缩放器工具"。
③ 在希望放大的实例上单击或拖动，可以放大实例。

> 技巧　按住 Alt 键的同时拖动可以缩小实例。按住 Shift 键的同时单击或拖动实例，可以在缩放时保留符号实例的密度。

如图 19-10 所示为使用"符号缩放器工具"更改符号组中实例大小的示例。

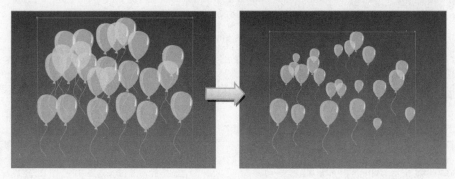

图 19-10　更改实例大小示例

19.3.4　改变符号实例的方向

使用"符号旋转器工具"可以旋转符号实例。仍使用例子文档"符号练习.ai"来完成练习，具体操作步骤如下。

① 使用"选择工具"选中插图窗口中的符号组。
② 选择工具箱中的"符号旋转器工具"。
③ 向希望实例朝向的方向拖动。

如图 19-11 所示为使用"符号旋转器工具"旋转符号实例的示例。

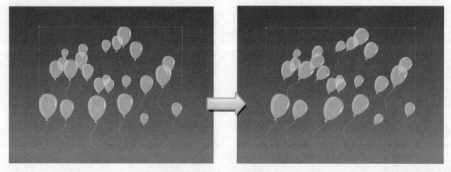

图 19-11　旋转符号实例示例

19.3.5 改变符号实例的颜色

使用"符号着色器工具" 可以为符号实例着色。仍使用例子文档"符号练习.ai"来完成练习，具体操作步骤如下。

① 使用"选择工具" 选中插图窗口中的符号组。
② 选择工具箱中的"符号着色器工具" 。
③ 从"色板"面板中选择一种颜色，或者通过其他途径（如使用"颜色"面板、"拾色器"对话框）选择一种颜色。
④ 单击或拖动希望着色的实例。

如图 19-12 所示为使用"符号着色器工具" 为符号实例着色的示例。

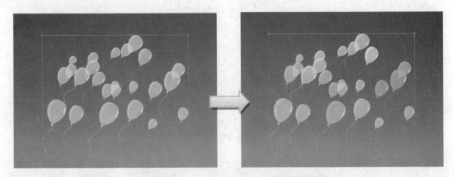

图 19-12　为符号实例着色示例

 技巧　　如果按住 Alt 键的同时单击或拖动，则会减小上色量或恢复上色之前的原始颜色。如果按住 Shift 键的同时单击或拖动，则会保持上色量为常量，同时逐渐将符号实例颜色更改为上色颜色。

19.3.6 改变符号实例的透明度

使用"符号滤色器工具" 可以为符号实例调整透明度。仍使用例子文档"符号练习.ai"来完成练习，具体操作步骤如下。

① 使用"选择工具" 选中插图窗口中的符号组。
② 选择工具箱中的"符号滤色器工具" 。
③ 单击或拖动希望增加符号透明度的位置。

如图 19-13 所示为使用"符号滤色器工具" 增加符号透明度的示例。

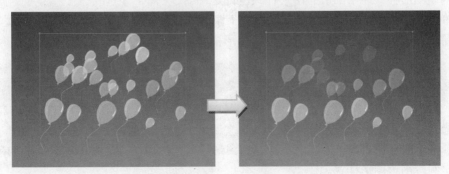

图 19-13　增加符号透明度示例

技巧　　如果按住 Alt 键的同时单击或拖动，则会减小符号透明度。

19.3.7　为符号实例应用图形样式

使用"符号样式器工具"◎可以为符号实例应用图形样式，也可以从符号实例中删除图形样式。

打开光盘中本章的例子文档"图形样式.ai"，如图 19-14 所示，文档中包含一个符号组，我们将用这些符号实例练习应用与删除图形样式。

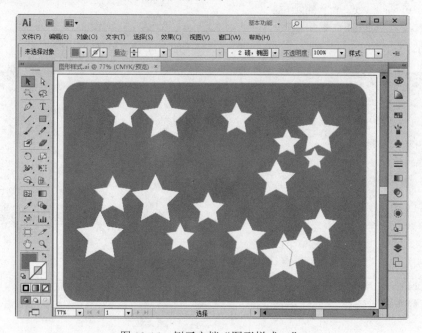

图 19-14　例子文档"图形样式.ai"

① 使用"选择工具"▶选中插图窗口中的符号组。
② 选择"窗口"|"图形样式"命令，打开"图形样式"面板。
③ 单击"图形样式"面板右上角的面板按钮▼≡，从面板菜单中选择"打开图形样式库"|"霓虹效果"命令，打开"霓虹效果"图形样式库。
④ 拖动"霓虹效果"图形样式库面板右下角，使所有样式都能够显示出来。
⑤ 按住 Shift 键的同时单击"霓虹效果"图形样式库中的第 1 个和最后一个图形样式，将该图形样式库中的所有图形样式全部选中。
⑥ 单击"霓虹效果"图形样式库面板右上角的面板按钮▼≡打开面板菜单，选择"添加到图形样式"命令。这样就把选中的图形样式添加到了"图形样式"面板中。

 提示　　因为使用"符号样式器工具"◎时只能使用"图形样式"面板中的样式，所以如果要使用其他图形样式库的样式，必须先把这些样式添加到"图形样式"面板中。

⑦ 选择工具箱中的"符号样式器工具"◎。
⑧ 单击"图形样式"面板中的一种霓虹图形样式，然后在符号组中单击或拖动，为符号实例应用该图形样式。
⑨ 再次从"图形样式"面板中选择其他霓虹图形样式，并应用到其他符号实例。

提示 如果要删除已经应用的图形样式，则按住 Alt 键的同时使用"符号样式器工具" 在符号组中已经应用图形样式的实例上单击或拖动。

如图 19-15 所示为使用"符号样式器工具" 为符号实例应用图形样式的示例。

图 19-15　应用图形样式示例

19.4　创建自己的符号和符号库

除了使用"符号"面板和符号库中预设的符号之外，还可以自己创建符号以满足设计制作的需要。大部分 Illustrator CS6 对象都可以用于创建符号，如路径、复合路径、文本、栅格图像、网格对象和对象组。但链接的图稿及某些组（如图形组）不能用于创建符号。

19.4.1　创建符号

创建符号的具体操作步骤如下。

① 使用"选择工具" 在插图窗口中选择将用于创建符号的对象。

② 将该对象拖放到"符号"面板，或者从面板菜单中选择"新建符号"命令，或者单击"符号"面板右下方的"新建符号"按钮 。

 提示 默认情况下，选定的对象会变为新符号的实例。如果不希望将所选对象变为实例，则在创建新符号时应按住 Shift 键。如果不希望在创建新符号时打开"符号选项"对话框，则在创建此符号时按住 Alt 键（Windows）或 Option 键（Mac OS），Illustrator 会使用默认名称为符号命名，如"新建符号 1"。

③ 在如图 19-16 所示的"符号选项"对话框中，输入名称后单击"确定"按钮即可创建新符号。

图 19-16　"符号选项"对话框

 提示 如果要创建普通符号，则选中"图形"类型。如果要将创建的符号导出到 Flash 中，则选中"影片剪辑"类型。"影片剪辑"指的是 Flash 中默认的符号类型。

19.4.2 创建符号库

在 Illustrator CS6 中也可以自己创建符号库。具体操作步骤如下。

① 将要添加到符号库的符号都添加到"符号"面板中，并删除不需要的符号（在面板中选中符号后单击面板右下方的"删除符号"按钮 可以将符号删除）。

② 单击"符号"面板右上角的面板按钮，打开面板菜单，从菜单中选择"存储符号库"命令。

③ 在"将面板存储为符号库"对话框中输入新符号库的文件名称。

④ 单击"保存"按钮。

> **提示**　在保存文件时，也可以将符号库保存到其他位置，但如果将符号库保存到默认位置，则符号库的名称会显示在"符号"面板菜单的"打开符号库"子菜单中。如果保存在其他位置，则可以使用"符号"面板菜单的"打开符号库"子菜单中的"其他库"命令找到并打开符号库。

19.5　巩固练习

1. 思考：使用各种符号工具，可以完成哪些操作？
2. 创建一个星星符号，并使用该符号绘制一个夜晚的星空。
3. 使用 Illustrator CS6 自带的符号库绘制如图 19-17 所示的景物，并自制一个雪花符号，添加到图中，制作满天飘落的雪花。

图 19-17　使用符号绘制景物

第20章

Illustrator 与其他程序协作

Illustrator CS6 可以与 Adobe 公司的其他软件协作，从而充分发挥每款软件的优点，弥补其他软件矢量绘图方面的欠缺。例如，可以将 Illustrator CS6 中绘制的矢量图形直接置入 Photoshop、Flash、After Effects、Premiere 以及其他一些 3D 软件中，实现矢量图稿资源的共享。

学 习 重 点

- Illustrator 与其他程序
- Illustrator 与 Adobe Photoshop 协作
- Illustrator 与 Adobe Flash 的高度集成
- Illustrator 与 PDF 文件

20.1 Illustrator 与其他程序

虽然从理论上来说，Illustrator 几乎可以创作出任何类型的平面与三维作品，但毕竟尺有所短，寸有所长，如果结合使用其他程序能够提高效率，并且可以开拓创作视野，当然是互相协作更能节省时间和制作出更为优良的作品。

创作者可以将 Illustrator 图稿置入其他程序中，如 Photoshop、3DS Max、Flash 中，从而发挥其矢量绘图的优势，也可以从其他程序中方便地导入艺术对象，如导入 PDF 文件、PSD 文件等。

在与其他程序协作时，最好先充分了解每一种程序的优势，以最大程度地提高生产率为原则。例如，用 Photoshop 处理位图，再到 Illustrator 中置入位图并添加文字以及矢量图形，从而实现快速排版及保证印刷质量，是设计师们经常采用的方法。再如，当需要在 3DS Max 中制作某些片头动画时，可以将在 Illustrator 中绘制的公司 LOGO、动画标题等直接导入到 3DS Max 中，然后再对矢量图形进行放样，快速制作成三维对象。

在程序间共享图稿时，需要考虑是使用复制粘贴操作，还是使用导出导入操作。通常情况下，如果只是使用一个文档中的某个对象，用复制粘贴操作会比较快捷，而如果是要移动整个文档，则可以使用导出与导入功能。另外，不同的程序可能具体的技巧细节有所不同，不能一概而论，需要在实践中逐渐积累经验，找出最省时省力的方法。

还有一个需要考虑的问题是，复制粘贴的对象是矢量对象还是栅格对象，这一问题同样是依赖于具体的应用程序的，需要具体情况具体对待。但需要注意，当作为栅格对象置入文件时，需要事先明确栅格对象的分辨率，以免分辨率过低影响印刷质量，或者分辨率过高导致文件太大影响工作效率。

在下面的几个小节中，将具体介绍 Illustrator 与常见的其他应用程序之间如何各取所长，实现资源与功能的共享。

20.2 Illustrator 与 Adobe Photoshop 协作

对于从事平面设计工作的人来说，Illustrator 与 Photoshop 的共同协作是很常见的，在这两个程序之间移动图稿非常方便，而且 Illustrator 可以直接打开或者导出 Photoshop 文件。从 Photoshop CS2 引入"智能对象"之后，两个程序间实现了矢量对象与栅格化对象的双重交流，从而最大限度地提高了设计师的自由度。

20.2.1 向 Illustrator 中置入 Photoshop 文件

可以在 Illustrator CS6 中置入 Photoshop 文件，并保留源文件的图层复合、图层、可编辑文本和路径，这样就能够在 Illustrator CS6 与 Photoshop 之间轻松传输文件，而不会丢失图稿编辑功能。

具体操作步骤举例说明如下。

(1) 打开要置入 Photoshop 文件的 Illustrator 文档，或新建一个要置入 PSD 文件的 Illustrator

文档。本例中选择"文件"|"新建"命令打开"新建文档"对话框新建一个文档，文档大小设置为B5，方向为横向，颜色模式设置为RGB。设置完毕，单击"确定"按钮。

② 选择"文件"|"置入"命令，在"置入"对话框中找到并选中本书光盘中本章的例子文档"template.psd"，取消选择"链接"复选框，然后单击"置入"按钮。此时将会弹出"Photoshop 导入选项"对话框，如图20-1所示。

提示　　如果选中"链接"复选框，则默认会将 Photoshop 图层拼合为一个图像文件置入文档中。

③ 在"Photoshop 导入选项"对话框中，根据需要设置以下选项。

- 图层复合：如果 Photoshop 文件中包含图层复合，则在右侧列表中指定要导入的图像版本。
- 显示预览：选中此项可以显示所选图层复合的预览图。

图 20-1　"Photoshop 导入选项"对话框

注释　　该文本框用于显示来自 Photoshop 文件的注释。

- 更新链接时：当更新包含图层复合的链接 Photoshop 文件时，可以在右侧列表中指定如何处理图层可视性设置。
- 将图层转换为对象，尽可能保留文本的可编辑性：选中此项可以保留尽可能多的图层结构和文本可编辑性，而不破坏其外观。但是，如果文件包含 Illustrator 不支持的功能，Illustrator 将通过合并和栅格化图层保留图稿的外观。当链接 Photoshop 文件时，该选项不可用。
- 将图层拼合为单个图像，保留文本外观：选中此项可以将 Photoshop 文件作为单个位图图像导入。转换的文件不保留各个对象，文件剪切路径除外。不透明度将作为主图像的一部分保留，但是不可进行编辑。
- 导入隐藏图层：导入 Photoshop 文件中的所有图层，包括隐藏的图层。当链接 Photoshop 文件时，该选项不可用。
- 导入切片：保留 Photoshop 文件中包含的任何切片。该选项仅在打开或编辑包含切片的文件时可用。

④ 设置完毕单击"确定"按钮完成导入。导入后的图稿如图20-2所示，在"图层"面板中可以看到 Photoshop 文件的图层结构。这样导入的 Photoshop 文件最大限度地保留了其可编辑性，可以在 Illustrator CS6 中继续根据需要对其进行编辑。

⑤ 选择"文件"|"存储"命令，将文件保存为"网站首页.ai"。

除了可以置入整个 Photoshop 文件外，也可以在 Photoshop 中复制选区中的像素，然后到 Illustrator CS6 选择"编辑"|"粘贴"命令，将选中的像素粘贴到 Illustrator CS6 中。或者在两个软件都打开的情况下，在 Photoshop 中使用"移动工具"将选中的像素直接拖移到 Illustrator CS6 中。

图 20-2　导入的 Photoshop 文件

如果要从 Photoshop 中移动路径到 Illustrator CS6，可以使用 Photoshop 中的"路径组件选择"工具或"直接选择"工具选择要移动的路径，然后使用复制粘贴或拖移的方法将路径移动到 Illustrator CS6 中。

提示　　如果置入文件时在"置入"对话框中选中了"链接"复选框，则置入的文件还可以使用 Photoshop 进行编辑。方法是选中置入的文件，然后单击控制面板中的"template.psd"链接，并选择弹出菜单中的"编辑原稿"命令（或者直接单击控制面板中的"编辑原稿"按钮），如图 20-3 所示。

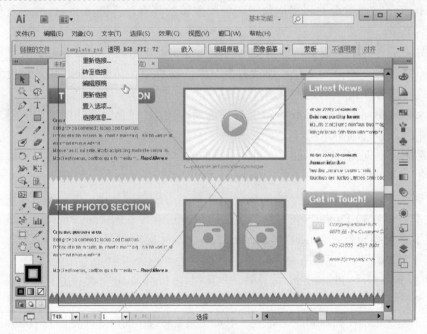

图 20-3　选择"编辑原稿"命令

这时会启动 Photoshop 并打开"template.psd"文件进行编辑。而如果在 Photoshop 中对原稿进行了改动，则可以在 Illustrator 窗口中单击上图所示菜单中的"更新链接"命令，更新置入到 Illustrator 中的图稿。

20.2.2 调整置入到 Photoshop 中的图像

在 Illustrator CS6 中置入 Photoshop 文件后，可以使用 Illustrator CS6 中的各种工具对其进行编辑修改，以满足设计的要求。

打开光盘中本章的例子文档"网站首页.ai"，练习调整置入的各种元素。例如，可以在"图层"面板中展开图层 1，查看组成整副作品的不同部分，如图 20-4 所示。可以看到，原来 PSD 文件中的图层被转换为不同的对象。

例如，可以在"图层"面板中展开"template"编组，直到能看到上图中所示的"COMPANY"，然后单击"COMPANY"右侧的单环，将该对象选中，并改变文字的内容，如图 20-5 所示。

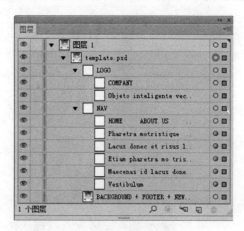

图 20-4　查看组成整副作品的不同部分

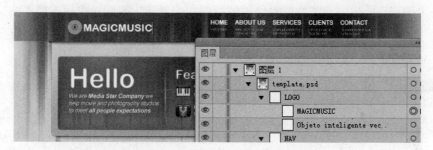

图 20-5　使用"色板"面板改变文字的填色

还可以用前面学过的知识继续进行其他调整操作，如移动位置、改变大小、添加效果、变形、改变填色等。

20.2.3 在 Photoshop CS6 中置入 Illustrator 文件

在 Photoshop 置入 Illustrator 文件后，置入的图稿可以作为"智能对象"出现在单独的图层中。可以在 Photoshop 的"图层"面板中双击该智能对象，启动 Illustrator CS6 对 Illustrator 源文件进行编辑，编辑内容后，选择"文件"|"存储"命令可以将更改后的结果直接更新到 Photoshop CS6 的图稿中。"智能对象"功能极大地提高了这两个应用程序间互相交流的灵活程度，为设计师提供了方便。

具体操作步骤举例说明如下。

① 启动 Photoshop CS6，选择"文件"|"新建"命令，文件大小设置为国际标准纸张 A4，分辨率设置为 72 像素/英寸，其他选项自定，设置完毕单击"确定"按钮，完成文档的创建。

② 选择"文件"|"置入"命令，在"置入"对话框中找到光盘中本章的例子文档"pad.ai"，并单击"置入"按钮，此时会打开"置入 PDF"对话框。

③ 在"置入 PDF"对话框中可以查看缩览图、设置选项。这里采用如图 20-6 所示的设置,然后单击"确定"按钮。这时在 Photoshop CS6 中出现如图 20-7 所示的图稿,其周围有灰色的句柄。

图 20-6 "置入 PDF"对话框

图 20-7 尚未置入的图稿

④ 按 Enter 键,完成置入过程,在"图层"面板中可以看到图稿成为智能对象,其缩览图如图 20-8 所示。

⑤ 在"图层"面板中双击智能对象的缩览图,或者选中智能对象后选择"图层"面板菜单中的"编辑内容"命令,当出现如图 20-9 所示的提示对话框时,单击"确定"按钮,可以启动 Illustrator CS6 编辑图稿内容。

图 20-8 智能对象缩览图

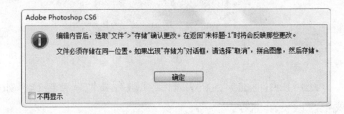

图 20-9 提示对话框

⑥ 在 Illustrator CS6 中编辑图稿。

⑦ 编辑完毕,选择"文件"|"存储"命令,返回到 Photoshop CS6,就能够看到更改的结果。

20.2.4 将 Illustrator 图形粘贴到 Photoshop 中

除了使用置入文件的方法之外,还可以直接在 Adobe Illustrator 中复制图片,然后将其粘贴到 Photoshop 文档中,当需要使用一个文档中的部分对象时,经常使用这种方法。

20.2.4.1 设置复制和粘贴的首选项

要将 Illustrator 图形粘贴到 Photoshop 中,首先在 Illustrator 中设置复制和粘贴的首选项。具体操作步骤如下:

① 按快捷键 Ctrl+K 打开"首选项"对话框,然后从上方列表中选择"文件处理和剪贴板"命令,显示出相关选项,如图 20-10 所示。

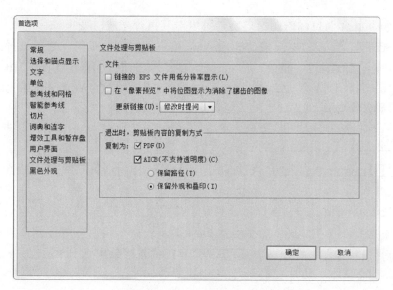

图 20-10 "首选项"对话框

提示　也可以选择"编辑"|"首选项"|"文件处理和剪贴板"命令打开上述对话框。

② 根据需要做如下设置。
- 如果要在将图稿粘贴到 Photoshop 文档时自动将其栅格化,则取消选择"PDF"和"AICB（不支持透明度）"复选框。
- 如果要将图稿作为智能对象、栅格化图像、路径或形状图层进行粘贴,则选中"PDF"和"AICB（不支持透明度）"复选框。

20.2.4.2 将 Illustrator 图形粘贴到 Photoshop 文档中

文件处理和剪贴板首选项设置完毕,则可以按照如下步骤将 Illustrator 图片粘贴到 Photoshop 文档中。

① 在 Illustrator 中打开图稿文件,选中要复制的图形对象。
② 选择"编辑"|"复制"命令。
③ 在 Photoshop 中打开要将 Illustrator 图片粘贴到的文档。
④ 选取"编辑"|"粘贴"命令。

提示　如果在 Illustrator 文件处理和剪贴板首选项中关闭了"PDF"和"AICB（不支持透明度）"选项,则在将图片粘贴到 Photoshop 文档中时会自动将其栅格化,这样可以跳过以下步骤。

⑤ 在"粘贴"对话框中,选择以下一种粘贴 Illustrator 图片的方式,如图 20-11 所示。
- 智能对象：将图片作为矢量智能对象粘贴,这样可以对矢量智能对象进行缩放、变换或移动等操作,同时不会降低图像的质量。置入图片时,其文件数据将嵌入到 Photoshop 文档单独的图层。
- 像素：将图片作为像素进行粘贴,在将图片栅格化并置

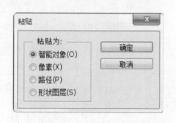

图 20-11 "粘贴"对话框

入 Photoshop 文档自己的图层之前，可以对其执行缩放、变换或移动操作。
- 路径：将图片作为路径进行粘贴，粘贴后可以使用钢笔工具、路径选择工具或直接选择工具对其进行编辑。路径将粘贴到在"图层"面板中粘贴前所选的图层。
- 形状图层：将图片作为新形状图层进行粘贴。该图层包含填充了前景色的路径。

⑥ 单击"确定"按钮。

20.3 Illustrator 与 Adobe Flash 的高度集成

新版的 Illustrator CS6 与 Flash CS6 实现了高度的集成，创作者可以将 Illustrator 图稿移动到 Flash 编辑环境中，或者将其直接移动到 Flash Player 中。可以在程序间复制和粘贴图稿、以 Flash 的 SWF 格式存储文件，或者将 Illustrator 图稿直接导出到 Flash。另外，Illustrator 还提供了对 Flash 动态文本和影片剪辑符号的支持。

20.3.1 从 Illustrator 中导出 SWF 文件

从 Illustrator CS6 中，可以直接导出 SWF 文件，并且其品质和压缩与从 Flash 导出的 SWF 文件相匹配。在进行导出时，可以从各种预设中进行选择，从而确保获得最佳输出，并且可以指定如何处理符号、图层、文本、外观、元数据以及蒙版。

如果要从 Illustrator 中导出 SWF 文件，可以按照以下步骤进行操作（可使用光盘中本章的例子文档"pad.ai"进行练习）。

① 打开要导出的 Illustrator 文档。
② 选择"文件"|"导出"命令，打开"导出"对话框。
③ 选择文档要导出的位置，并输入合适的文件名称。
④ 在"文件类型"列表中选择"Flash（*.swf）"。
⑤ 单击"保存"按钮，此时会打开"SWF 选项"对话框，如图 20-12 所示。
⑥ 在"SWF 选项"对话框中设置以下选项。
- 预设：用于指定预设选项设置文件。如果更改了默认设置，则该选项将会变为"自定"。用户可以将自定义的选项设置存储为新的预设，以便将来可以重新用于其他文件。如果要将选项设置存储为预设，则单击"存储预设"按钮。

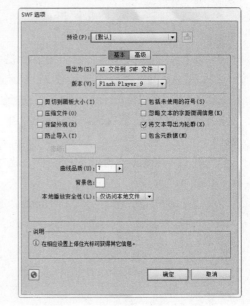

图 20-12　"SWF 选项"对话框

- 导出为：指定转换 Illustrator 图层的方法：
  - AI 文件到 SWF 文件：将图稿导出到一帧中，可保留图层剪切蒙版。
  - AI 图层到 SWF 帧：将每个图层上的图稿导出到单个 SWF 帧，用于创建动画 SWF。
  - AI 图层到 SWF 文件：将每一图层上的图稿分别导出到单独的 SWF 文件中，得到多个 SWF 文件，每个文件包含一个对应 Illustrator 原图稿中单个图层的帧。
- ➢ AI 图层到 SWF 符号：将每个图层上的图稿转换为符号，并将符号导出到单个 SWF 文件。AI 图层将导出为 SWF 影片剪辑符号，并使用符号对应的图层名称来命名这些符号。
- 版本：指定用于浏览导入的文件的 Flash Player 的版本。当指定为旧版本时应注意："压缩文件"选项在 Flash 5 及以前版本中不可用，"动态文本"和"输入文本"选项在 Flash 3 及以前版本中不可用。
- 剪切到画板大小：将完整的 Illustrator 文档页面（包括边框内的任何图稿）导出到 SWF 文件，并将剪切页面边框以外的任何图稿。
- 保留外观：选择此项可以在导出之前将图稿拼合为单一图层，但将限制文件的可编辑性。
- 压缩文件：选择此项则导出时会压缩 SWF 数据，从而产生较小的文件。注意，Flash Player 6 以前版本的 Flash 播放器不能打开或显示压缩文件，所以如果不确定用来查看文件的 Flash Player 的版本，不要选择此项。
- 包括未使用的符号：选择此项会导出"符号"面板中未使用的符号。
- 将文本导出为轮廓：在导出时将文字转换为矢量路径，可以保留文字在所有 Flash 播放器中的视觉外观。但如果希望保留文本的可编辑性，则不要选择此项。
- 忽略文本的字距微调信息：导出文本但不使用字距微调值。
- 包含元数据：选择此项则导出与文件相关的元数据，可以最大程度地减少导出的 XMP 信息以保持文件的大小，如不包含缩览图。
- 防止导入：选择此项可以防止用户修改导出的 SWF 文件，从而起到一定的保护作用。
- 密码：输入密码可以防止未经授权的用户或 Adobe Flash 之外的其他应用程序打开 SWF 文件。
- 曲线品质：在右侧调整数值以决定贝塞尔曲线的精度。值较低时可以减小导出文件的大小，但曲线品质也会随之降低；较高的值会提高贝塞尔曲线重现的精度，但会产生较大的文件。
- 背景色：指定导出的 SWF 文件的背景色。
- 本地回放安全性：指定在回放过程中此文件仅访问本地文件还是访问网络文件。

(7) 如果要指定高级选项，则单击对话框中的"高级"按钮，显示出高级选项，如图 20-13 所示。

(8) 根据需要设置以下选项：
- 图像格式：指定图稿的压缩方式。选择"无损"压缩会保持图像的最高品质，但会导出大 SWF 文件。"有损（JPEG）"压缩会导出较小的 SWF 文件，但会降低图像品质，导致图像看上去不自然。如果希望继续在 Flash 编辑环境中处理文件，可以选择"无损"；而如果要

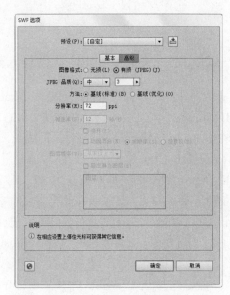

图 20-13　显示出高级选项

直接导出最终的 SWF 文件，则选择"有损"。
- JPEG 品质：指定导出图像的细节级别，可以选择低、中高、高、最高四项之一，也可以设置数值。品质越高，图像越大。要注意的是，该选项仅在选择"有损"压缩时才可用。
- 方法：指定 JPEG 压缩类型。"基线（标准）"为标准压缩类型，而"基准（优化）"会应用额外优化。要注意的是，这些选项仅在选择"有损"压缩时才可用。
- 分辨率：设置位图图像的屏幕分辨率。导出的 SWF 文件的分辨率范围在 72～600 像素/英寸（ppi）之间。分辨率值越大，图像品质越好，但同时会导致文件也越大，所以在选择时应考虑到网络应用的传输速率问题，做好文件大小与传输速率的平衡。
- 帧速率：指定在 Flash Player 中播放动画的速率。要注意的是，该选项仅用于"AI 图层到 SWF 帧"。
- 循环：选中此项使动画在 Flash Player 中播放时可以连续循环播放，而不是播放一次后停止。要注意的是，该选项仅用于"AI 图层到 SWF 帧"。
- 动画混合：指定是否混合动画。选择此选项和导出前手动释放混合对象到图层具有相同效果。混合始终从头至尾，不考虑图层顺序。
- 按顺序：当选择了"动画混合"选项时，可以选择此项将混合中的每个对象导出到动画中的单独帧。
- 按累积：当选择了"动画混合"选项时，可以选择此项建立动画帧中对象的累积顺序。
- 图层顺序：决定动画的时间线。如果选择"从下往上"项，可以从"图层"面板中最底层的图层开始导出图层。如果选择"从上往下"项，可以从"图层"面板中最顶层的图层开始导出图层。要注意的是，该选项仅用于"AI 图层到 SWF 帧"。
- 导出静态图层：指定所有导出的 SWF 帧中将用作静态内容的一个或多个图层或子图层，凡来自所选图层或子图层的内容都将作为背景图稿出现在每个导出的 SWF 帧中。要注意的是，该选项仅用于"AI 图层到 SWF 帧"。

⑨ 单击"确定"按钮，完成导出。

20.3.2 将 Illustrator 文件导入到 Flash

在 Flash CS6 中可以导入 Illustrator 10 或更低版本的 Illustrator AI 文件。如果链接了 Illustrator 中的栅格图像，则只有 JPEG、GIF 或 PNG 以保留的本机格式导入。所有其他文件在 Flash 中都将被转换为 PNG 格式。

Flash CS6 中新的 AI 导入器专用于导入 Illustrator CS6 创建的 AI 文件。尽管导入在 Illustrator 的早期版本中创建的 AI 文件没有已知问题，但最好导入用 Illustrator CS6 创建的 AI 文件。如果导入在 Illustrator 的早期版本的 AI 文件时遇到问题，可以在 Illustrator CS6 中打开该文件，将该 AI 文件另存为与 CS6 兼容的文件，然后将其重新导入 Flash 中。

下面介绍在 Flash CS6 中置入 Illustrator 文件的具体操作步骤。

① 选择"文件"|"导入" | "导入到舞台（或导入到库）"命令。
② 找到并选中要导入的 Illustrator 文件，本例中导入光盘源文件目录中本章的例子文

档"pad.ai"。

③ 单击"确定"按钮。此时会打开"将 Illustrator 文档导入到舞台"或"将 Illustrator 文档导入到库"对话框，如图 20-14 所示。在对话框中可以根据需要设置导入选项。要导入的 Illustrator 文件中对象的类型不同，可以使用的选项也会有所不同。

④ 如果要生成 AI 文件中与 Flash 不兼容的项目的列表，则单击"不兼容性报告"按钮。

注意

当 AI 文件中存在与 Flash 不兼容的项目时，才会显示"不兼容性报告"按钮。"不兼容性报告"会分析并列出 Illustrator 与 Flash 之间可能存在的不兼容项目，如图 20-15 所示。

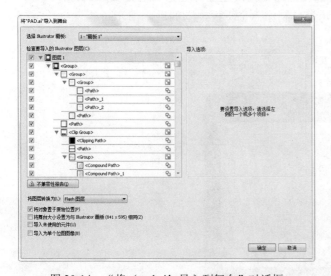

图 20-14 "将'pad.ai'导入到舞台"对话框

图 20-15 "不兼容性报告"对话框

提示

如果选中上面对话框中的"应用推荐的导入设置"复选框，则 Flash 会自动对 AI 文件内的所有不兼容对象应用推荐的导入选项。但是，如果 AI 文档的大小大于 Flash 所支持的文档大小，以及在 AI 文档使用 CMYK 颜色模式时，则不会应用建议的导入设置。如果要更正这两种不兼容项目，可以在 Illustrator CS6 中重新打开文档，并调整文档的大小或将颜色模式更改为 RGB。

⑤ 在"检查要导入的 Illustrator 图层"下方列表中，选择要导入的项目。

⑥ 在"将图层转换为"右侧列表中选择下列选项之一。

● Flash 图层：将导入文档中的每个图层转换为 Flash 文档中的图层。

● 关键帧：将导入文档中的每个图层转换为 Flash 文档中的关键帧。

● 单一 Flash 图层：将导入文档中的所有图层转换为 Flash 文档中的单个平面化图层。

⑦ 根据需要设置其余选项。

● 将对象置于原始位置：使 AI 文件中的对象保持在与 Illustrator 中相同的准确位置。例如，如果某对象在 Illustrator 中位于"X=200 Y=120"处，则在 Flash 舞台上也应具有相同坐标。如果不选此项，则导入的 Illustrator 图层将位于当前视图的中心位置。但将 AI 文件导入到 Flash 库中时，此选项不可用。

● 将舞台大小设置为与 Illustrator 画板相同：将 Flash 舞台大小调整为与原 AI 文件的画

板相同大小。默认情况下，此选项未选中。但将 AI 文件导入到 Flash 库中时，此选项不可用。
- 导入未使用的元件：选中此项，则画板中无实例的所有 AI 文件库元件都将导入 Flash 库中。如果不选此项，则未使用的元件不会导入 Flash。
- 导入为单个位图图像：将 AI 文件导入为单个位图图像，并禁用"AI 导入"对话框内的图层列表和导入选项。

⑧ 单击"确定"按钮，导入 Flash 舞台的 AI 文件如图 20-16 所示。

将 AI 文件导入 Flash 中后，就可以应用 Flash 编辑环境再进行其他必要的编辑。例如，可以使用上述导入的元素，再加上其他元素，制作一个平板电脑的动画演示。

图 20-16　导入 Flash 舞台的 AI 文件

20.3.3　在 Illustrator 与 Flash 之间复制和粘贴

如果只需要用到 Illustrator 图稿中的部分对象，则可以直接在 Illustrator 与 Flash 之间复制和粘贴即可。下面介绍具体操作步骤。

① 在 Illustrator 中选中要复制粘贴的对象，并按快捷键 Ctrl+C（或选择"编辑"|"复制"命令）。

② 在 Flash 中要粘贴的位置按快捷键 Ctrl+V（或选择"编辑"|"粘贴"命令）。

③ 在"粘贴"对话框中设置以下选项，如图 20-17 所示。
- 粘贴为位图：将要复制的插图平面化为一个位图对象。
- 使用 AI 文件导入器首选项粘贴：使用 Flash"首选参数"对话框（选择"编辑"|"首选参数"命令可以将其打开）中指定的 AI 文件导入设置导入文件。
- 应用推荐的导入设置以解决不兼容性：默认情况下，选中"使用 AI 文件导入器首选项粘贴"复选

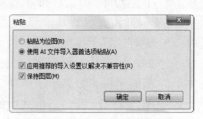

图 20-17　"粘贴"对话框

框时会启用该选项。选中此项后将自动修复在 AI 文件中检测到的任何不兼容项目。
- 保持图层：默认情况下，选中"使用 AI 文件导入器首选参数粘贴"复选框时会启用该选项。选中此项可以将 AI 文件中的图层转换为 Flash 图层。如果不选此项，则所有图层将平面化为一个图层。

④ 单击"确定"按钮，完成粘贴。

20.3.4 在 Illustrator 中创建 Flash 动画

使用 Illustrator CS6 可以轻松创建 Flash 动画，最简单的方法是将动画帧放置到一个单独的图层，然后使用"导出"命令将其导出为 SWF 格式的 Flash 动画。

打开光盘中本章的例子文档"flash.ai"，如图 20-18 所示，文档中包含一个图层，图层中有两个符号，作为动画的背景道具和人物。我们将创建一辆汽车从右边驶向左边的简单动画。可以先使用资源管理器打开光盘中本章文件夹中的"flash.swf"查看完成的动画效果。

① 选择"窗口"|"符号"命令，使"符号"面板显示在最前面，接下来将使用符号创建动画。

提示　使用符号的优点是符号只会定义一次，从而可以减小最后生成文件的大小。

② 单击"符号"面板右上角面板按钮，打开面板菜单，选择"打开符号库"|"提基"命令，打开"提基"符号库面板，如图 20-19 所示。

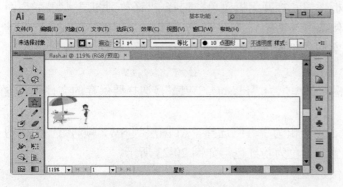
图 20-18　例子文档"flash.ai"

图 20-19　"提基"符号库面板

提示　除了使用现成的符号之外，也可以自己绘制图形并定义为符号，然后用下面的方法制作动画。

③ 使用"缩放工具"适当缩小视图，以便能够看到整个画板。可以双击"抓手工具"，再双击"缩放工具"。

④ 选择"窗口"|"图层"命令，打开"图层"面板。

⑤ 单击面板右下方的"创建新图层"按钮，在图层 1 的上方创建一个新的图层 2。

⑥ 确认在"图层"面板处于选中状态的是图层 2，使用"选择工具"从"提基"符号库面板中将"汽车"符号拖放到画板右侧之外，创建一个符号实例，并适当调整其大小，如图 20-20 所示。必要的时候按 Space 键暂时切换为"抓手工具"移动视图以方便操作。

图 20-20　放置汽车符号实例

⑦ 按住快捷键 Shift+Alt 的同时使用"选择工具" 水平向左拖动汽车符号实例,移动的距离不要太大,有车长的四分之一左右即可,复制出一个汽车符号实例,如图 20-21 所示。

图 20-21　复制出一个汽车符号实例

⑧ 保持复制出的汽车符号实例的选中状态,按 Ctrl+D 再次复制并移动,重复数次,直到复制出的汽车到达画板左边缘之外,如图 20-22 所示。

图 20-22　复制出更多的汽车符号实例

⑨ 单击"图层"面板右上角面板按钮,打开面板菜单,选择"释放到图层(顺序)"命令。这时所有的汽车符号实例都自动粘贴到新的图层,可以在"图层"面板中看到结果。最后复制出的汽车符号实例位于最上面的图层。

⑩ 选择"文件"|"导出"命令。

⑪ 在"导出"对话框中选择"保存类型"为"Flash(*.SWF)",选择要保存的文件夹,输入文件名,然后单击"保存"按钮。

⑫ 在"SWF 选项"对话框中,在"导出为"右侧选择"AI 图层到 SWF 帧",选中"剪切到画板大小"复制框,设置背景色为粉红色,如图 20-23 所示。

⑬ 单击"高级"按钮切换到高级选项。

⑭ 选中"循环"和"动画混合"复选框,并选择"按顺序"单选钮。

⑮ 选中"导出静态图层"复选框,并选择下面列表中的"图层 1",其他设置如图 20-24 所示。

⑯ 设置完毕,单击"确定"按钮,即可完成导出。

⑰ 使用 Windows 的资源管理器打开导出 Flash 动画的文件夹,找到动画文件并打开(要打开 Flash 动画文件,需要安装 Flash Player 或其他相关播放器)。动画播放效果如图 20-25 所示。如果发现动画播放的顺序有误,则需要重新在"SWF 选项"对话框中设置"图层顺序"。

提示

生成的 Flash 动画可以使用网页编辑软件插入到网页中。

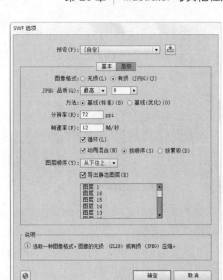

图 20-23　设置基本选项　　　　　　　图 20-24　设置高级选项

图 20-25　动画播放效果

20.4　Illustrator 与 PDF 文件

PDF 的全称为 Portable Document Format（可移植文档格式），该格式可以独立于平台和应用程序，即允许在不同的操作系统（如 Windows、Mac、Unix 等）之间以及不同的应用程序之间方便地传送文件。在 Illustrator 中可以导入 PDF 文件，也可以创建 PDF 文件。

20.4.1　在 Illustrator 中导入 PDF 文件

PDF 文件可以容纳矢量与位图数据，是一种跨平台和应用程序的通用文件格式，常用于在不同平台和应用程序间交流数据。在 Illustrator 中可以使用以下方法将 PDF 文件导入到当前文档中。

- 选择"文件"|"置入"命令，并在"置入"对话框中选中"链接"复选框，可以将 PDF 文件（或多页 PDF 文档中的一页）导入为单个图像。导入后可以使用变换工具修改链接的图像，但是不能选择和编辑其各个组件。
- 使用"文件"|"打开"命令或"文件"|"置入"命令，并取消选择"链接"复选框，即可编辑导入的 PDF 文件的内容。Illustrator 能够识别 PDF 图稿中的各个组件，并可

以将各个组件作为独立对象编辑。
- 使用"编辑"|"粘贴"命令或拖放功能从 PDF 文件中导入选择的组件,包括矢量对象、位图图像和文本。

 注意　因为嵌入的 PDF 图像是文档的一部分,因此发送到打印设备时将进行颜色管理。而链接的 PDF 图像即使对文档的其他部分打开颜色管理功能也不进行颜色管理。

当使用"置入"命令置入 PDF 文件时,会打开"置入 PDF"对话框,如图 20-26 所示。在对话框中,可以指定要导入的页面,也可以通过选择"裁剪到"选项来选择如何裁剪图稿。

下面简要介绍"裁剪到"列表中的各选项。
- 边框:置入 PDF 页的边框,或包围页面中对象的最小区域,包括页面标记。
- 作品框:仅将 PDF 置入作者创建的矩形所定义的区域中,作为可置入图稿(如剪贴画)。
- 裁剪框:仅将 PDF 置入 Adobe Acrobat 显示或打印的区域中。
- 裁切框:如果有裁切标记,则标识制作过程中最终页面将进行物理裁切的地方。
- 出血框:如果有出血区域,仅置入表示应剪切所有页面内容的区域,当需要将页面输出到印刷部门时非常有用。注意,打印页可能包含落在出血区域以外的页面标记。
- 媒体框:置入表示原 PDF 文档物理纸张大小的区域(如 A4 纸的尺寸),包括页面标记。

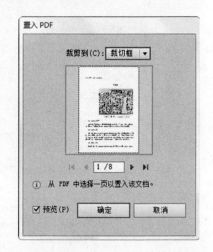

图 20-26 "置入 PDF"对话框

20.4.2 在 Illustrator 中创建 PDF 文件

PDF 格式的文件在印刷出版工作流程中非常实用和高效。如果将 Illustrator 创建的复合图稿存储到 PDF 中,则会创建一个自己或印刷商可以查看、编辑、组织和校样的体积小且可靠的文件。而且在工作流程中,印刷商可以直接输出 PDF 文件,或使用其他工具对其进行处理,如准备检查、陷印、拼版和分色等。

如果要在 Illustrator 中创建 PDF 文件,可以按照以下步骤进行操作。
① 选择"文件"|"存储为"(或"文件"|"存储副本")命令,打开"存储为"(或"存储副本")对话框。
② 在"保存类型"列表中选择"Adobe PDF(*.PDF)"文件格式。
③ 选择要保存的位置并输入文件的名称。
④ 单击"保存"按钮,打开"存储 Adobe PDF"对话框,如图 20-27 所示。
⑤ 根据需要设置各选项,然后单击"存储 PDF"按钮将文件创建为 PDF 格式的文件。

 提示　有关"存储 Adobe PDF"对话框各选项的用途,参见 Illustrator CS6 的联机帮助文件。

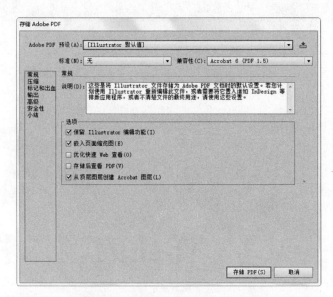

图 20-27 "存储 Adobe PDF"对话框

20.5 巩固练习

1. 新建一个 Illustrator 文档，然后练习置入 Photoshop 文件。
2. 新建一个 Photoshop 文档，然后练习置入 Illustrator 文件。
3. 思考：要在 Illustrator 和 Photoshop 两个应用程序窗口间拖移图像，需要先做什么？（提示：应该能够同时看到两个应用程序窗口。）
4. 除了本章介绍的图像交换方法之外，在 Illustrator CS6 还可以使用"导出"命令将图稿导出为 Photoshop 文件，试着练习这种方法。
5. 思考：在 Illustrator CS6 中链接和嵌入文件有什么区别？
6. 什么是 PDF 文件？PDF 文件有哪些优点？

第 21 章

作品的输入和输出

Illustrator CS6 支持置入几乎所有常用的图像文件格式，同时，Illustrator CS6 也支持将图稿输出为各种常见的格式，从而能够最大限度地与其他软件沟通与合作。当作品完成时，大多数时候要进行打印输出，因此了解有关打印的设置也非常重要。

- 置入文件
- 使用"链接"面板
- 保存作品
- 导出作品
- 与印刷有关的知识
- 打印作品与制作分色

21.1 置入文件

在 Illustrator CS6 中可以置入几乎所有常用的图像文件格式，选择"文件"|"置入"命令，打开"置入"对话框然后在"置入"对话框中单击"文件类型"右侧的下拉按钮，打开如图 21-1 所示的下拉列表，可以看到 Illustrator CS6 能够置入的文件类型。

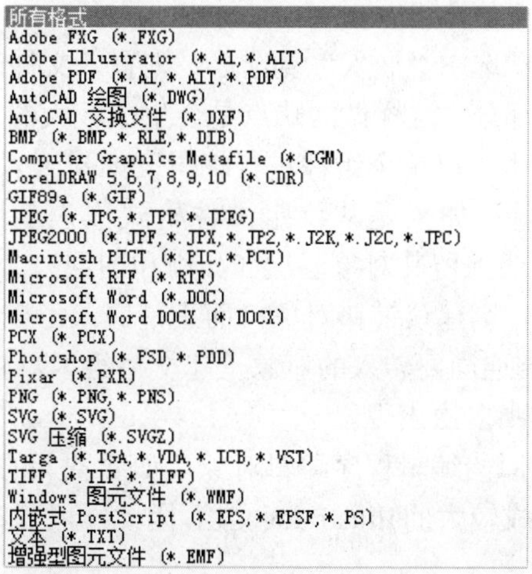

图 21-1　Illustrator CS6 能够置入的文件类型

21.1.1 使用"置入"命令置入文件

使用"文件"|"置入"命令是置入文件的主要方法，它可以对文件格式、置入选项和颜色提供最高级别的支持。当将文件置入到文档后，可以使用"链接"面板来识别、选择、监控和更新文件。

向文档中置入文件的具体操作步骤如下。

① 打开要置入文件的文档。

② 选择"文件"|"置入"命令。

③ 在"置入"对话框（图 21-2）中浏览要置入的文件所在的文件夹，在"文件类型"列表中选择文件的类型（选择"所有格式"则显示所有类型的文件）并将该文件选中。

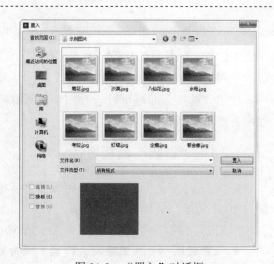

图 21-2　"置入"对话框

④ 如果要链接所选的文件，则选中"链接"复选框。如果不选"链接"复选框，则会将选中的文件嵌入到文档中。如果选中"模板"复选框，则置入的文件会出现于一个新的图层，并被锁定，可用于描摹图形。如果文档中已经存在与所选文件同样的嵌入图像，则可以选中"替换"复选框，使用所选文档替换文档中的嵌入图像。

⑤ 单击"置入"按钮。

21.1.2 关于链接和嵌入

链接：在"置入"对话框选中"链接"复选框，则置入文件时 Illustrator CS6 将不会将图像真正放到文档中，链接的图像文件依然会独立于 Illustrator 文档而存在，这样做的好处是可以生成较小的 Illustrator 文档。但缺点是如果置入的图稿包含多个组件，则只能对图稿进行整体的编辑，不能对单个组件进行编辑。置入到文档中的链接文件，可以随时在选中后单击控制面板中的"嵌入"按钮将其嵌入。

嵌入：在"置入"对话框选中"嵌入"复选框，则置入文件时 Illustrator CS6 将把图稿复制到文档中，成为文档的一部分。这样做的缺点是会生成较大的 Illustrator 文档。优点是如果置入的图稿包含多个组件，则可以单个组件进行编辑；如果置入的图稿包含矢量数据，还可以将其转换为路径进行编辑；如果是从特定文件格式嵌入的图稿（如 Illustrator 文件或 Photoshop 文件），Illustrator 还保留其对象层次（如组和图层）。

如果存在下列情况之一，则建议链接对象，而不是嵌入：
- 希望将 Illustrator 文档连同要转入的对象一起交付给客户。
- 同一对象在同一文档中多次出现。
- 希望能够使用对象的原始编辑程序编辑对象，如要置入的是 PSD 格式的分层文件。

鉴于嵌入对象可能会生成较大的 Illustrator 文档，因此一般只在下列情况才选择嵌入对象：
- 图像文件比较小。
- 正在创建用于 Web 页面的图形，通常这种图形会比较小。
- 需要对置入的图像进行更高级的编辑，如改变其不透明度。
- 希望对图像使用效果或滤镜。

21.2 使用"链接"面板

使用"链接"面板可以查看和管理所有链接或嵌入的图稿，本节将介绍"链接"面板的使用方法与技巧。

21.2.1 "链接"面板概述

选择"窗口"|"链接"命令可以使"链接"面板显示在最前面。"链接"面板如图 21-3 所示。

"链接"面板中的 4 个按钮简要介绍如下。
- 重新链接 ⊖：如果链接文件缺失或希望换一个其他的链接文件，可以在选中文档中的链接图像后单击此按钮打开"置入"对话框，然后重新找到该文件或选择其他文件置入。
- 转至链接 ⇥：在"链接"面板中选中一个链接图像的缩览图后，单击此按钮可以直接选中文档中链接的图像。

图 21-3 "链接"面板

- 更新链接🔄：当在"链接"面板中选中一个链接文件而不是嵌入文件时，如果置入图像的原文件已经发生改变，单击此按钮可以更新置入的图像文件。
- 编辑原稿✏：当在"链接"面板中选中一个链接文件而不是嵌入文件时，单击此按钮可以使用所选链接文件类型的默认编辑程序打开链接的原始文件进行编辑。

21.2.2 查看文件的链接信息

当在"链接"面板中选中一个链接文件时，可以从面板菜单中选择"链接信息"命令，打开"链接信息"对话框查看该文件的链接信息，如图21-4所示。这些信息包括文件的名称、位置、大小、文件类型、文件的创建与修改日期、变换及服务器URL等。查看完毕，单击"确定"按钮关闭对话框。

图21-4　"链接信息"对话框

21.3 存储作品

在使用Illustrator CS6设计图稿时，养成良好的保存文件的习惯是非常必要的。在新建一个文档时，最好立刻存储，在进行了大的修改时，也要立即存储，这样做可以避免意外（如突然停电、死机、意外重启等）所造成的损失。本节将介绍有关存储作品的相关知识。

21.3.1 存储作品概述

Illustrator支持将图稿存储为"本机格式"和"非本机格式"。

"本机格式"指的是6种基本文件格式：AI、PDF、EPS、AIT（Illustrator模板文件）、SVG和SVGZ（SVG压缩格式），这些格式可以保留所有Illustrator数据。

注意　　在存储时，对于PDF和SVG格式，必须选择"保留Illustrator编辑功能"选项才能保留所有Illustrator数据。

除了将图稿存储为本机格式外，Illustrator还支持以多种非本机文件格式导出图稿，以便在Illustrator之外使用。以非本机格式存储的图稿，在Illustrator中重新打开文件后，将无法使用原来的 Illustrator 编辑功能，因此，建议在创建图稿时以 AI 格式存储图稿，直到创建完成再导出为其他所需格式。

21.3.2 以 Illustrator 本机格式存储文件

以 Illustrator 本机格式存储文件的具体操作步骤如下。

① 新建一个文档后，选择"文件"|"存储为"命令，打开如图 21-5 所示的"存储"对话框。

② 在对话框中选择要保存文件的文件夹，输入文件的名称，选择保存的类型（默认为 Illustrator 文件格式，也可以从列表中选择其他格式）。

③ 设置完毕，单击"保存"按钮。

提示　如果要将已经打开的文档换一个名称存储，则可以选择"文件"|"存储为"命令，打开"存储"对话框，设置的方法与使用"存储"命令打开的对话框相同。

④ 在如图 21-6 所示的"Illustrator 选项"对话框中设置各选项。

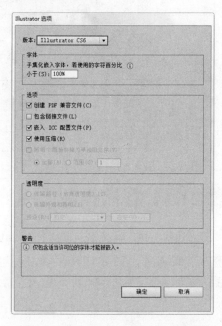

图 21-5　"存储"对话框　　　　　　　图 21-6　"Illustrator 选项"对话框

各选项简要介绍如下。

- 版本：在列表中指定希望文件存储的兼容 Illustrator 版本。旧版的格式可能不支持当前版本 Illustrator 中的某些功能，因此如果选择当前版本以外的版本时，某些存储选项将不可用，并且一些数据会被更改，所以务必阅读对话框底部的警告，这样才可以知道数据将会如何更改。
- 子集化嵌入字体，若使用的字符百分比小于：指定何时根据文档中使用的字体的字符数量嵌入完整字体（相对于文档中使用的字符）。例如，如果字体包含 1000 个字符，但文档仅使用其中 10 个字符，则可以确定不值得为了嵌入该字体而额外增加文件大小。

- 创建 PDF 兼容文件：选中此项则会在 Illustrator 文件中存储文档的 PDF 演示。如果希望 Illustrator 文件与其他 Adobe 应用程序兼容，则选择此选项。
- 包含链接文件：在存储时嵌入与图稿链接的文件。
- 使用压缩：在 Illustrator 文件中压缩 PDF 数据。使用压缩将增加存储文档的时间，因此如果现在的存储时间很长（8～15 分钟），则取消选择此选项。
- 嵌入 ICC 配置文件：创建色彩受管理的文档。
- 透明度：确定当选择早于 9.0 版本的 Illustrator 格式时处理透明对象的方式。选择"保留路径"可放弃透明度效果，并将透明图稿重置为 100%不透明度和"正常"混合模式。选择"保留外观和叠印"可保留与透明对象不相互影响的叠印，与透明对象相互影响的叠印将拼合。

注意　如果图稿中包含复杂重叠区域，并且需要以高分辨率输出，则单击"取消"按钮并指定栅格化设置，然后再继续。

⑤ 单击"确定"按钮，完成存储。

21.3.3　存储为 EPS 格式

EPS（Encapsulated PostScript，封装 PostScript）格式是一种通用格式，几乎所有页面版式、文字处理和图形应用程序都接受导入或置入的封装 PostScript（EPS）文件。EPS 格式能够保留许多使用 Illustrator 创建的图形元素，这样就可以重新打开 EPS 文件并作为 Illustrator 文件对其进行编辑。因为 EPS 文件基于 PostScript 语言，所以它们可以包含矢量和位图图形。

如果要将图稿存储为 EPS 格式，可以按以下步骤进行操作。

① 如果图稿包含透明度（包括叠印），并要求以高分辨率输出，则选择"窗口"|"拼合器预览"命令，以预览拼合效果。

② 选择"文件"|"存储为"或"文件"|"存储副本"命令。

③ 输入文件名，并选择要存储文件的位置。

④ 选择 Illustrator EPS（*.EPS）文件格式，然后单击"存储"按钮，打开"EPS 选项"对话框，如图 21-7 所示。

⑤ 在"EPS 选项"对话框中设置以下所需选项，然后单击"确定"按钮。

- 版本：在列表中指定希望文件兼容的 Illustrator 版本。
- 格式：确定存储在文件中的预览图像的特征。预览图像在不能直接显示 EPS 图稿的应用程序中显示。如果不希望创建预览图像，则从"格式"下拉列表中选择"无"。否则，请选择黑白或颜色格式。如果选择 TIFF（8 位颜色）格式，则需要为预览图像选择背景选项：选择"透明"则生成透明背景，选择"不透明"则生成实色

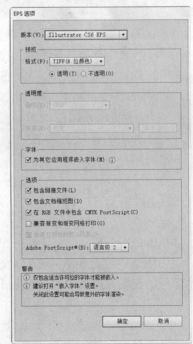

图 21-7　"EPS 选项"对话框

背景。（如果 EPS 文档要用于 Microsoft Office 应用程序，则选择"不透明"。）
- 透明度：确定如何处理透明对象和叠印。可用选项根据用户在对话框顶部选择的格式版本而发生变化。

如果选择 CS 格式，则需要指定如何存储设置为叠印的重叠颜色，并选择拼合透明度的预设值（或选项集），单击"自定"按钮以自定拼合器设置。如果选择早于 8.0 的旧版格式，则选择"保留路径"放弃透明效果，并将透明图稿重置为 100% 不透明度和"正常"混合模式。选择"保留外观和叠印"可保留与透明对象不相互影响的叠印，与透明对象相互影响的叠印将拼合。

- 为其他应用程序嵌入字体：嵌入所有从字体供应商获得相应许可的字体。嵌入字体可以确保如果文件置入另一个应用程序（如 InDesign），则将显示和打印原始字体。但是，如果在没有安装相应字体的计算机上的 Illustrator 中打开该文件，将仿造或替换该字体，这样做的目的是防止非法使用嵌入字体。

选择"嵌入字体"选项会增加存储文件的大小。

- 包含链接文件：嵌入与图稿链接的文件。
- 包含文档缩览图：创建图稿的缩览图图像。缩览图将会显示在 Illustrator"打开"和"置入"对话框中。
- 在 RGB 文件中包含 CMYK PostScript：允许从不支持 RGB 输出的应用程序中打印 RGB 颜色文档。在 Illustrator 中重新打开 EPS 文件时，将保留 RGB 颜色。
- 兼容渐变和渐变网格打印：使旧的打印机和 PostScript 设备可以通过将渐变对象转换为 JPEG 格式来打印渐变和渐变网格。

选择此选项可以使不存在渐变打印问题的打印机上的打印变慢。

- Adobe PostScript：确定用于存储图稿的 PostScript 级别。PostScript 语言级别 2 表示彩色以及灰度矢量和位图图像，并支持用于矢量和位图图形的 RGB、CMYK 和基于 CIE 的颜色模型。PostScript 语言级别 3 提供语言级别 2 没有的功能，包括打印到 PostScript® 3™ 打印机时打印网格对象的功能。由于打印到 PostScript 语言级别 2 设备将渐变网格对象转换为位图图像，因此建议将包含渐变网格对象的图稿打印到 PostScript 3 打印机。

21.4 导出作品

Illustrator CS6 可以将作品导出为多种格式，以便在 Illustrator 以外使用。这些文件格式包括 AutoCAD 绘图和 AutoCAD 交换文件、BMP、GIF、JPEG、PICT、SWF、PSD、PNG、WMF 等。在实际应用时建议先以 Illustrator 的 AI 格式存储图稿，直到创建完成后，再将图稿导出为所需格式。

导出作品的具体操作步骤如下。

① 选择"文件"|"导出"命令。
② 在"导出"对话框中选择要导出的位置、输入文件名、保存类型，如图 21-8 所示。

图 21-8 "导出"对话框

③ 单击"保存"按钮。
④ 在所选格式对话框中设置各选项，然后单击"确定"按钮。

以上是导出作品的基本步骤，有关导出各种格式的对话框选项设置，请参考 Illustrator CS6 的联机帮助。

21.5 与印刷有关的知识

本节将介绍与印刷有关的一些问题和基本概念，包括出片前的注意事项、印刷的种类、打印机分辨率、网频、纸张开度等。

21.5.1 出片前的注意事项

当在计算机中完成图稿的创作后，很多时候需要将文档付之印刷，如公司宣传册、杂志广告、包装盒等。印刷是一门复杂的工艺，在印刷之前需要对自己的作品做一些必要的准备，以便能够达到预期要求的印刷效果。

在出片之前，需要注意下列事项，以作为印刷前的最后确认。

- CMYK：检查彩色图像的颜色是否为 CMYK 模式，如果不是则胶片无法正确输出。
- 图像质量：检查原图的画面是否百分之百清晰没有杂质，边角有没有色块以及不应该出现的线道，是否留有出血。
- 中英文混排：检查中英文混排中是否使用了中文字体来定义英文字体，如果是则容易出现文字跑位、挤在一起等问题。
- 尺寸：检查文件的尺寸是否符合客户要求，是否符合印刷的需要。
- 字体黑色：一定要用 K＝100，而不要使用四色黑或使用"吸管工具"拾取黑色，否则在出菲林后每个胶片上都有文字，印刷时容易导致套不准。
- 文字转曲：检查字体是否全部转曲线，可以按以下方法快速检查：按快捷键 **Ctrl+A** 选择所有对象，然后看一下"文字"菜单中的"创建轮廓"命令是否可用，如果是灰色

- 不可用的，则表示文字已经全部转为曲线。为了保险起见，还可以选择"文字"|"查找字体"命令，查看文档中是否包含字体，如果不包含，则表示已经全部转曲。
- 线数与折手：与印刷厂联系并确认出片线数、拼版以及折手如何处理。如果对折手没有完全的把握，则打印黑白稿做小样检查。
- 拼版：将文件以更经济的形式拼版出片，拼版文件检查正背关系是否正确，各单元文件之间的空隙是否正确。
- 页面：检查是否有角线、是否存在丢字、丢层和文字、图形覆盖的情况，清除画面之外没用的图形，清除游离点，保持页面清洁。
- 蒙版：尽量少用蒙版，特别要少用不透明蒙版，如果太多则最好将其栅格化，因为不同版本的 Illustrator 打开文件查看蒙版会有很大的不同，容易导致出错。
- 标志：检查颜色与路径是否正确，与原稿做对比，看一下是否吻合。
- 检查叠印、陷印与套印（具体将在后续小节中介绍），使用"视图"菜单中的"叠印预览"命令快速检查叠印。
- 版本：出片前应咨询出片公司所用的 Illustrator 版本，一般情况下存储为较低版本，如版本8或9。
- 备份文件：最好以日期作为文件夹的名称，并且不要删除原文件。检查字体与链接图是否与原文件在同一文件夹内，并打开检查。要将出片的文件夹连同要注意的问题和必要的说明一起交给出片的公司。

21.5.2 印刷的种类

印刷的种类按颜色可分为单色印刷和多色印刷。单色印刷并不只限于黑色一种，凡是以一色显示印纹的都属于单色印刷。多色印刷又可以分为增色法、套色法和复色法三类。

如果按工艺分，目前使用的印刷方式主要有平版印刷、凸版印刷、凹版印刷、孔版印刷、无版印刷、特种印刷6类。

■ 平版印刷（Planography）

印版上的图文部分与非图文部分没有高低差别，几乎处于同一平面上，利用水油不相混合的原理来印刷，称为"平版印刷"。平版印刷是由早期石版印刷发展而来的，其优点是操作上极为简便，成本低廉，套色装版准确，印刷版复制容易，印刷物柔和软调，可以承印大数量印刷；而缺点是会因印刷时水和油墨的平衡问题导致色差，色调表现力降低，印刷的色彩表现略受影响。平版印刷主要用于印制海报、说明书、报纸、包装、书籍、杂志、月历等。

■ 凸版印刷（Reliet Printing）

印刷部分与无印刷部分高低差别比较大，凡是印刷面是突出的，而非印纹部分是凹下的，都称为"凸版印刷"，凸版印刷包括铅活版、橡胶版、铜锌版、柔性版等几种。其优点是可以印制许多其他方法不能印刷的物品，如烫金、压裂线、流水号码、连续号码等，油墨表现力强。缺点是制版不易，不适合大版面印刷品，彩色印刷时成本较高，所用纸张昂贵。

■ 凹版印刷（Intaglic Printing）

印刷部分与无印刷部分高低差别比较大，与凸版恰恰相反，印版着墨部分有明显的凹陷状于版面之下，无印纹部分则光泽而平滑，这种印刷方法称为"凹版印刷"。其优点是油墨浓厚，色调表现力最强，能以价格低廉的纸张印制出质量优良的效果，纸张以外的材料也可以印刷，耐印力强，可用于制作大量印刷品（300000次以上），并有较高的防伪性，适合印制纸币、有价证券等。其缺点是制版费较高，印刷费用也昂贵，修改困难，不适合量小的印刷。

- 孔版印刷（Stencil Printing）

孔版印刷的印纹部分呈现孔状，因其表现力独特，应用范围非常广泛。其优点是油墨浓厚，色调表现力强，能够用于任何材料的印刷，还可以进行曲面印刷。其缺点是印刷速度较慢，彩色印刷表现困难，不适用于大量印刷。

- 无版印刷

无版印刷指不用制版，直接将存储介质上的图文转到印刷机上印制出成品。常见的CTP和数码印刷都属于无版印刷。无版印刷的优点是不必经过常规印刷的出片和晒版即可完成印刷，从而可以节省原材料、降低成本，简便快捷，并且没有最低数量要求。

- 特种印刷（Speciality Printing）

凡是采用不同于一般制版、印刷、印后加工方法和材料生产的印刷方式，统称为特种印刷。特种印刷的种类有很多，如我国特有的木版水印，以及软管水印、丝网印刷、彩色喷绘、全息照相式印刷、静电印刷等。特种印刷一般具有下列特点之一：使用特殊性能的油墨在纸张上或其他承印材料上印刷；用特殊的印刷方法在特殊承印材料上印刷；用特殊的印刷加工方法将印刷的图文转到其他承印材料上。特种印刷被广泛用于金融、医疗、卫生、文化娱乐、包装、装饰装潢等领域。

21.5.3 打印机分辨率

"打印机分辨率"指的是打印机在每英寸能打印的墨点数，即dpi（Dot Per Inch，每英寸的点数），是衡量打印质量的一个非常重要的标准。大多数桌面激光打印机的分辨率为600dpi，而照排机的分辨率为1200dpi或更高。喷墨打印机所产生的实际上不是点而是细小的油墨喷雾，但大多数喷墨打印机的分辨率都在300~720dpi之间。

21.5.4 网频

当需要将图稿打印到桌面激光打印机，尤其是要打印到照排机时，还必须考虑"网频"。"网频"指的是打印灰度图像或分色稿所使用的每英寸半色调网点数，又叫"网屏刻度"或"线网"，以半色调网屏中的每英寸线数（lpi，Line Per Inch，即每英寸网点的行数）来度量。

较高的线网数（如150lpi）密集排列构成图像的点，在印刷输出中可以产生更精细的细节，印出的图像渲染细密，呈现出较高的质量；而较低的线网数（60~85lpi）较疏松地排列这些点，使印出的图像显示比较粗糙。一般来说，较高的线网数用于印刷高质量的书籍（133~175lpi）、画册与摄影图集（200lpi），而较低的线网数常用于印刷报纸或新闻稿（85lpi）。需要注意的是，并非线网数越高印刷品质就越好，而只能是将原稿的忠实呈现度提高，要想制作出精美的高档印刷品，还需要有高精细度的图文原稿和高品质的纸张来搭配。

线网数还决定着网点的大小。较高的线网数使用较小的网点；而较低的线网数则使用较大的网点。选择线网数时最重要的因素就是所用的印刷机类型。在出片前需要向印刷厂询问其印刷机能装多细的线网，然后再做出相应的选择。

注意 　印刷品的质量取决于输出设备的分辨率（dpi）和网线数（lpi）两者之间的关系。一般而言，分辨率较高的输出设备使用较高的网线数，可以制作出最高质量的印刷品。举例来说，分辨率2400dpi的输出设备和使用200lpi的网线数所制作的图像，比分辨率为300~600dpi的桌面打印机和85lpi的网线数所制作的图像的质量更高。

21.6　打印作品与制作分色

在打印作品之前，需要先进行颜色设置、查看当前文档的基本信息是否符合要求、设置打印选项。所有这些工作都做好后，才能够开始打印。

21.6.1　颜色管理

使用颜色管理系统进行颜色管理可以确保屏幕色与印刷色之间最精确的匹配。可以在打印之前先为显示器和打印机选择颜色配置文件。颜色配置文件可以控制打印时从 RGB 到 CMYK 的转换。

要选择一种颜色配置文件，可以在打印之前先选择"编辑"|"颜色设置"命令，打开如图 21-9 所示的"颜色设置"对话框，然后从"设置"右侧下拉列表中选择一种颜色配置文件。一般情况下，并不需要对颜色设置的各选项进行更改，除非具备非常丰富的色彩管理知识并对自己所做的更改有十足的把握。

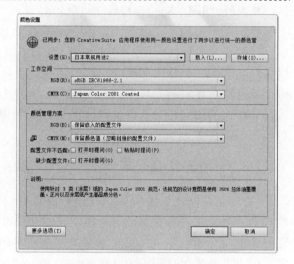

图 21-9　"颜色设置"对话框

21.6.2　打印黑白校样

作为一般性的规则，应该在将作品最终打印或交付印刷之前打印出所有作品的黑白校样，这样可以在输出前检查文档的版式和图文的准确性。

如果要打印作品的黑白校样，可以按照以下步骤进行操作。

① 确保计算机已经连接一台黑白打印机。
② 打开要打印的作品。
③ 选择"文件"|"打印"命令，打开"打印"对话框，并对打印选项做必要的设置。
④ 单击"打印"按钮，完成打印。

21.6.3　校样颜色

在颜色管理工作流程中，可以使用颜色配置文件的精确性，直接在显示器上对作品的颜色进行校样。校样颜色可以直接在屏幕上预览将文档复制到输出设备上时文档的颜色。显示器的质量、显示器配置文件和工作环境的光线决定了校样颜色的可靠性。

下面通过实例说明如何对作品校样颜色。

① 打开光盘中本章的例子文档"CD 封面设计.ai"。

② 选择"视图"|"校样设置"|"自定"命令，打开"校样设置"对话框，如图 21-10 所示。

③ 在"要模拟的设备"右侧下拉列表中选择一种配置文件，如此处选择 Japan Color 2001 Coated。

④ 在"显示选项（屏幕）"区域选择一种模拟显示的方法。

图 21-10　"校样设置"对话框

⑤ 选中"预览"复选框，可以实时查看颜色校样。

⑥ 单击"确定"按钮，关闭"校样设置"对话框。

⑦ 选择"视图"|"校样颜色"命令，查看所选配置文件的校样预览。

⑧ 再次选择"视图"|"校样颜色"命令，关闭校样预览。

21.6.4　查看文档信息

在将作品交付给印前专业人员或自己创建分色之前，可以先使用"文档信息"面板查看文档信息，以确定自己的作品是否满足印刷的要求。

选择"窗口"|"文档信息"命令可以打开"文档信息"面板，如图 21-11 所示。面板中列出了当前文档的名称、颜色模式、颜色配置文件等关键信息，这些信息可以帮助印前专业人员确定需要在作品中包含什么，如是否需要随作品额外提供印前公司所没有的字体副本。

从"文档信息"面板菜单中可以选择更多的命令以查看更为详细的分类信息。例如，当从面板菜单中选择"字体详细信息"命令时，可以看到如图 21-12 所示的字体详细信息。

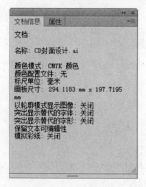

图 21-11　"文档信息"面板

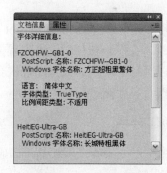

图 21-12　字体详细信息

使用面板菜单底部的"存储"命令可以将所有文档信息存储为一个文本文件。这个文件可以使用任何文本编辑器打开，以查看详细的内容。也可以将文本文件中的内容打印出来，方便与印前人员交流。

21.6.5　使用"打印"对话框

选择"文件"|"打印"命令，可以打开如图 21-13 所示的"打印"对话框。

在"打印"对话框中可以选择打印机、设置纸张的大小和方向以及其他许多选项。所有这些选项设置无误后，单击"打印"按钮即可开始打印。

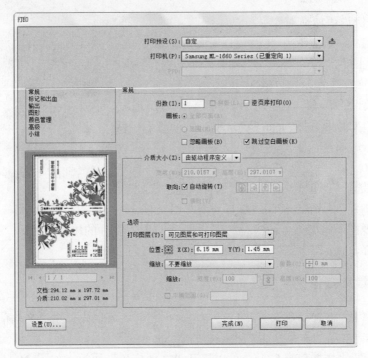

图 21-13 "打印"对话框

- 常规：设置页面大小和方向，指定要打印的页数，缩放图稿，以及选择要打印的图层。
- 设置：指定如何裁剪图稿和更改页面上的图稿位置，以及指定如何打印不适合放在单个页面上的图稿。
- 标记和出血：选择印刷标记与创建出血。
- 输出：创建分色。
- 图形：设置路径、字体、PostScript 文件、渐变、网格和混合的打印选项。
- 颜色管理：选择一套打印颜色配置文件和渲染方法。
- 高级：控制打印期间的矢量图稿拼合（或可能栅格化）。
- 小结：查看和存储打印设置小结。

21.6.6　创建分色

如果要在印刷机上印刷彩色作品，印刷厂商通常会将图稿分为 4 个印版（称为印刷色），分别用于图像的青色、洋红色、黄色和黑色 4 种原色，还可以包括任何专色。将复合作品分解为两种或多种颜色的过程称为"分色"，而用来制作印版的胶片称为"分色片"。

可以在"打印"对话框中设置分色选项。在设置分色选项之前，需要先与负责制作分色片的印刷专业人员讨论自己作品的特定需要，在开始之前和加工过程中多与印刷方面的专家协商。

下面通过实例说明如何创建分色，首先需要打开光盘中本章的例子文档"宣传册外页.ai"。使用"选择工具"选中其中蓝色的矩形，选择"窗口"|"颜色"命令打开"颜色"面板，可以看到蓝色是由青色（C=85）和洋红色（M=50）和黄色（Y）混合而成的，如图 21-14 所示。

图 21-14　查看颜色值

● **选择 PostScript 描述文件**

为了练习本部分，需要事先将一个 PostScript 打印机连接到计算机，或者安装一个 PostScrip 打印机（在系统的控制面板中完成，如可以安装 Tektronix Phaser 740 Plus）驱动程序，否则"打印"对话框中的分色选项将处于不可用状态。

打开光盘中本章的例子文档"CD 封面设计 ai"，用于练习选择 PostScript 描述文件。

① 选择"文件"|"打印"命令，或按快捷键 Ctrl+P，打开"打印"对话框。

② 在"打印机"列表中选择一个 PostScript 打印机，如此处选择 Xerox Phaser 6180MFP-D PS（可以在 Windows 7 的"设备和打印机"中添加这样一个打印机用于练习），如图 21-15 所示。

③ 在"PPD"列表中选择一个 PPD 文件，如此处选择"默认值（Xerox Phaser 6180MFP-D PS）"。也可以单击列表中的"其他…"项，选择其他 PPD 文件。

提示　PPD（PostScript Printer Descriptipn，PostScript 打印机描述）文件包含输出设备的相关信息，其中包括可用的页面尺寸、分辨率、可用的线屏值及网屏角度。

④ 在"介质"区域中，将纸张大小设置为 A4。

⑤ 在"选项"区域中，选中"调整到页面大小"单选钮（当图稿的大小超出了纸张的大小时，该选项用于打印黑白校样等不太在乎实际尺寸的场合）。

图 21-15　选择一个 PostScript 打印机

⑥ 单击左侧选项窗口中的"标记和出血"选项，然后在"标记"区域选择哪些打印标记是可见的，如图 21-16 所示。此处选中"所有印刷标记"复选框，在预览框中可以看到显示出了裁切、颜色条及其他标记。

提示　打印机标记可以帮助打印机在印刷机上校准分色，以及检查油墨的颜色和密度等。

图 21-16　选择打印标记

打印出的各种打印标记如图 21-17 所示。

图 21-17　各种打印标记

- **指定出血区域**

"出血"指的是图稿落在打印边框，或裁切标记以外的部分。在设计作品时，可以在作品中包含出血，将其作为可以允许的误差范围包含在图稿中，这样可以确保页面被裁切后，油墨仍然可以打印到页面的边缘，或者可以保证把图像放入文档中的准线内。当创建了延伸进出血边的图稿后，就可以使用 Illustrator 指定出血的范围。

改变出血会把裁切标记移动到离图像更远或更近的位置，但裁切标记仍然定义了相同大小的打印边框。

作品所使用的出血大小依作品的用途而定。就印刷而言，出血（即溢出打印纸边缘的图像）至少要有 18 磅。如果出血要用于确保图像适合于准线，则其尺寸不应超过 2 或 3 磅。如果有特殊作业，则印刷厂会建议必要的出血尺寸。

如果要指定作品的出血区域，可以在"打印"对话框中单击左侧选项列表中的"标记和出血"，然后在"出血"区域中的"顶"文本框中输入 18pt，以指定 18 磅的出血。默认情况下，"链接"图标处于选中状态，可以自动使其他边的出血量与"顶"的出血量相同，也可以取消选择该图标，自行指定其他边的出血量。

- **打印分色**

如果要打印分色，可以按照以下步骤进行操作。

① 单击"打印"对话框左侧选项列表中的"输出"选项。

② 在"输出"区域"模式"右侧下拉列表中选择"分色（基于主机）"选项，如图 21-18 所示。

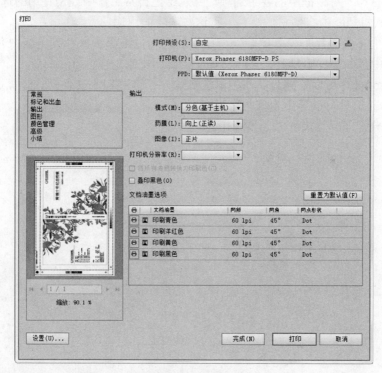

图 21-18　打印分色

在"模式"右侧下拉列表中有以下 3 个选项。

- 复合：将作品保留为一种单色页面用于输出，常用于日常打印到彩色打印机或彩色复印机。
- 分色（基于主机）：这是一种典型的分色模式，通过打开有 Illustrator 的计算机（即主机）指定分色。
- In-RIP 分色：在输出设备的 RIP（光栅图像处理器）上分色。

提示 在"文档油墨选项"下方列表中可以显示出文档中的印刷色与专色。在每种颜色名称的左边有一个打印机图标,表示该颜色要打印。如果文档中包含专色,则在专色名称左侧会有一个专色图标,表示专色将分色打印。此时如果要打印分色,则会将所有颜色包括分色打印到 4 个印版上。如果选中"所有专色转换为印刷色"复选框,则专色会分解成 CMYK 构成色。

21.7　巩固练习

1. 新建一个 Illustrator 文档,然后练习置入不同的图像文件。当置入一个链接文件时,选中它,观察其外观,然后使用控制面板中的"嵌入"命令将其嵌入,看看嵌入前后有什么不同?

2. 总结有关文件操作的快捷键,并在实际应用中使用。总结对自己的操作有帮助的快捷键,并把它们列在一张纸上。

3. 思考:如何查看联机帮助?试着使用帮助查找有关创建分色、叠印、陷印的详细介绍。

4. 思考:在打印作品之前,需要做哪些准备工作?

5. 遍历"打印"对话框中的各个选项,并总结出日常工作中经常使用的选项。对于不熟悉的选项,从联机帮助中找到它们,并了解这些选项的用途。

6. 将自己的多张照片扫描入电脑(或使用数码相机拍摄后保存到电脑中),然后置入到 Illustrator 文档中,并合理地排列,然后将该文档打印出来。

7. Illustrator 文件可以存储为哪几种本机格式?存储为 EPS 文件有什么优点?

8. Illustrator 文件可以导出为哪些格式?

9. 按工艺分,印刷方式可以分为哪几种?

第22章

综合实例

本章将通过6个实例练习综合运用 Illustrator CS6 的各种工具绘制各种不同的作品。这些实例虽然不能涵盖 Illustrator CS6 所有的应用领域，却可以起到抛砖引玉的作用，为读者如何利用 Illustrator CS6 创作出更好的图稿提供一些有益的参考。读者可以举一反三，在实际设计工作中将 Illustrator CS6 的功能发挥到极致，创建出更多更好的作品。

- 绿叶文化传播标志设计
- DVD 盒封面封底设计
- DVD 盘面设计
- 三维图表设计
- 三维厂房鸟瞰图设计
- 城市景观透视图设计

22.1 绿叶文化传播标志设计

本实例通过绘制绿叶文化传播公司的标志，练习基本标志设计的方法，其中包括基本图形的绘制、渐变的运用、不规则路径的绘制等方法和技巧。绿叶文化传播标志设计最终效果如图 22-1 所示。

图 22-1 绿叶文化传播标志设计最终效果

下面介绍具体操作步骤。

(1) 启动 Illustrator CS6，选择"文件"|"新建"命令打开"新建文档"对话框，采用默认设置，并单击"确定"按钮，新建一个空白文档。

(2) 选择"文件"|"存储"命令，打开"存储为"对话框，输入文件名称"绿叶文化传播标志"，然后单击"保存"按钮，此时会弹出"Illustrator 选项"对话框。

(3) 采用默认设置，单击"确定"按钮，完成文件的存储。

(4) 选择工具箱中的"椭圆工具"，按住 Shift 键的同时在插图窗口中按住左键拖动鼠标，绘制一个圆形，并将描边设置为无，填色设置为线性渐变（图 22-2），其角度设置为 0，左侧渐变滑块颜色值设置为 K=30，右侧渐变滑块颜色值设置为 K=10。

(5) 保持圆形的选中状态，选择"对象"|"变换"|"分别变换"命令，打开"分别变换"对话框，按如图 22-3 所示进行设置。

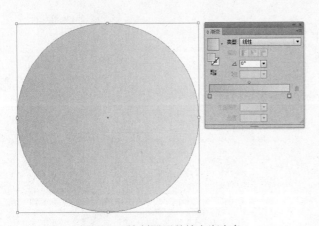

图 22-2 绘制圆形并填充渐变色

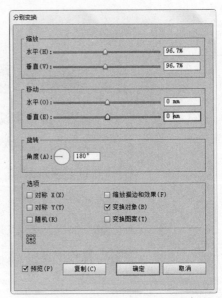

图 22-3 "分别变换"对话框

⑥ 单击"复制"按钮，这样会在原处复制一个大小为原来 96.7%并旋转 180°的圆形，如图 22-4 所示。

⑦ 保持复制得到的圆形的选中状态，再次打开"分别变换"对话框，将缩放比例改为 82.6%，并单击"复制"按钮再次复制一个圆形，其结果如图 22-5 所示。

图 22-4　复制得到的圆形

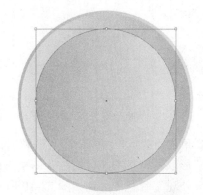

图 22-5　复制得到第 3 个圆形

⑧ 保持刚刚得到的第 3 个圆形的选中状态，在"渐变"面板中修改其渐变属性，如图 22-6 所示。角度设置为–90°，渐变滑块设置为左侧浅绿色（C=30，M=15，Y=85，K=0），右侧深绿色（C=70，M=25，Y=95，K=0），然后将描边设置为更深的绿色（C=75，M=45，Y=100，K=10）。

⑨ 下面为以上形状添加高光效果。选中绿色渐变的图形，按 Ctrl+3 将其暂时隐藏，然后选中余下的较小的圆形，按 Ctrl+C 将其复制到剪贴板，再选中这两个圆形，按 Ctrl+3 将其暂时隐藏，再按 Ctrl+F 将刚才复制的圆形粘贴到原位置的上层。如此一来，视图中现在只能看到复制得到的这一个圆形，如图 22-7 所示。

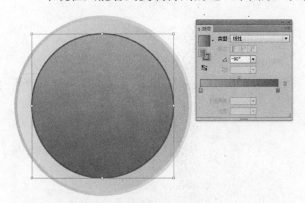

图 22-6　设置第 3 个圆形的渐变色

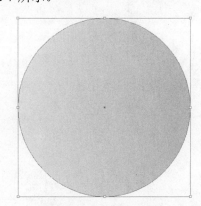

图 22-7　只余下一个圆形

⑩ 使用"直线工具"在圆形上方绘制一条水平直线，然后将直线与圆形的描边都设置为黑色，填色都设置为无，选中两个图形，单击控制面板中的"水平居中对齐"按钮将其水平居中，效果如图 22-8 所示。

⑪ 只选中直线，选择"效果"|"扭曲和变换"|"波纹效果"命令，选中"预览"复选框，适当调整大小，将"每段的隆起数"设置为 3，并选中下方的"平滑"单选钮，如图 22-9 所示。

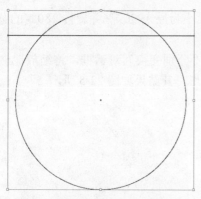

图 22-8 使两个图形水平居中对齐

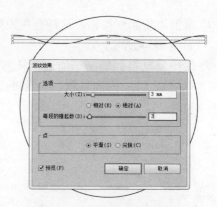

图 22-9 应用"波纹效果"

⑫ 单击"确定"按钮，适当调整所选图形的大小和位置，必要时可暂时显示出隐藏的圆形以作为参考（可通过"图层"面板控制其显示和隐藏），然后选择"对象"|"扩展外观"命令，得到如图 22-10 所示的一条规则曲线。

⑬ 保持曲线的选中状态，然后选择"对象"|"路径"|"分割下方对象"命令，将下方的圆形分割为上下两个部分，结果如图 22-11 所示。

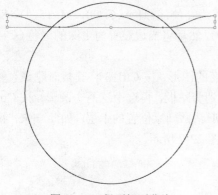

图 22-10 得到规则曲线

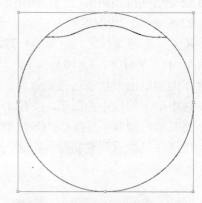

图 22-11 将圆形分割为两个部分

⑭ 使用"选择工具" 选中下方的形状，然后按 Delete 键将其删除，只余下上方的图形，如图 22-12 所示。

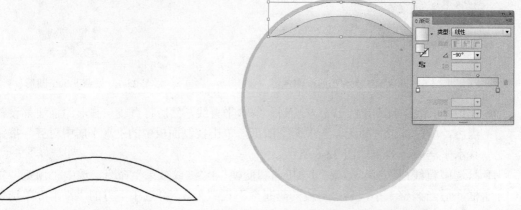

图 22-12 余下的图形　　　　　　　图 22-13 填充渐变

⑮ 显示出与其位置相应的隐藏的圆形，选中余下的图形，然后将其描边设置为无，填色设置为渐变色，渐变类型为线性，角度为–90°，颜色为白色到浅灰色，如图22-13所示。

⑯ 用类似的方法制作绿色渐变圆形上方的高光，形状略有不同，可根据前面学过的路径编辑知识进行调整，效果如图22-14所示。

⑰ 用"钢笔工具"绘制一个叶子形状的路径，并填充为白色，效果如图22-15所示。

图22-14　制作另一个高光效果　　　　　图22-15　绘制左侧叶子路径

⑱ 再用"钢笔工具"绘制右侧另一个叶子形状的路径，并填充为白色，效果如图22-16所示。

⑲ 在右侧叶子内部再绘制叶片路径，并填充渐变色，其中左侧滑块颜色值为C=75, M=40, Y=100, K=5；右侧滑块颜色值为C=45, M=5, Y=90, K=0，如图22-17所示。右击该图形，然后选择"排列"|"后移一层"命令。

图22-16　绘制右侧叶子路径　　　　　图22-17　绘制叶片路径

至此，标志主体便设计完毕。可再添加文字，完成最终效果，如图22-18所示。

图22-18　标志最终效果

22.2 DVD 盒封面与封底设计

本例为绿叶文化传播公司"辉煌十年纪念特辑"制作一款 DVD 盒封面与封底，其最终效果如图 22-19 所示。通过本例练习精确制作印刷制版用的源文件，在制作过程中可练习参考线在设计中的妙用、剪切蒙版的使用、裁切标记的创建等知识。

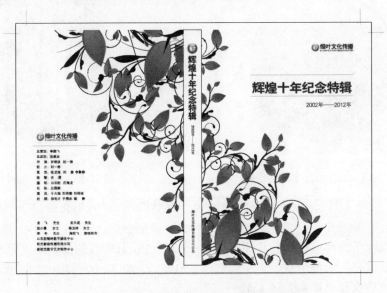

图 22-19 DVD 盒封面封底设计最终效果

下面介绍具体操作步骤。

① 新建文档，具体设置如图 22-20 所示。

② 选择工具箱中的"矩形工具"，使用默认的黑色描边和白色填色，在插图窗口中单击，此时会打开"矩形"对话框，按如图 22-21 所示输入宽度和高度数值，并单击"确定"按钮，得到一个矩形。

图 22-20 "新建文档"对话框

图 22-21 "矩形"对话框

③ 保持矩形的选中状态，选择"窗口"|"对齐"命令打开"对齐"面板，单击面板右下角按钮并从弹出菜单中选择"对齐画板"命令，然后单击"水平居中对齐"按钮和"垂直居中对齐"按钮，使矩形的位置正好处于画板中央，效果如图 22-22 所示。

图 22-22　将矩形与画板居中对齐

④ 保持矩形的选中状态，选择"视图"|"参考线"|"建立参考线"命令，将矩形转为如图 22-23 所示的参考线，此参考线标示的大小范围即 DVD 封面与封底的实际大小。

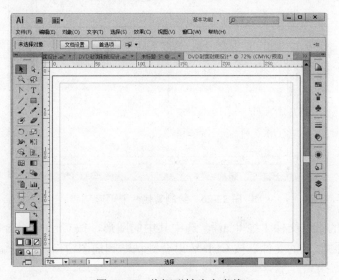

图 22-23　将矩形转为参考线

⑤ 选择工具箱中的"矩形工具"，在插图窗口中单击，此时会打开"矩形"对话框，按如图 22-24 所示输入宽度和高度数值。

⑥ 单击"确定"按钮，得到另一个矩形，然后用第 3 步的方法将其与画板水平和垂直居中对齐，效果如图 22-25 所示。

⑦ 选择"视图"|"智能参考线"命令，启用智能参考线，如果已经启用，则该命令左侧会有一个对勾。

图 22-24 "矩形"对话框

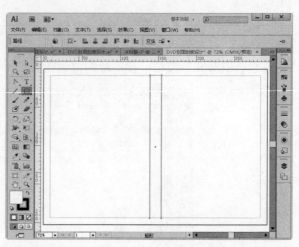

图 22-25 绘制另一个矩形并与画板居中对齐

⑧ 使用"矩形工具"在中间矩形的左侧和右侧各绘制一个矩形,如图 22-26 所示。两个矩形大小相同,以中间矩形为基准对称,因为已经打开了智能参考线,在绘制时可以很容易地与最先绘制的矩形参考线对齐。

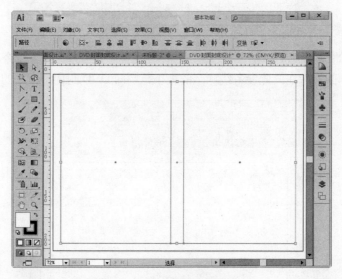

图 22-26 绘制其他两个矩形

⑨ 打开本章的素材文件"绿叶.ai",选中其中的图形,按 Ctrl+C 组合键复制到剪贴板,然后切换回原来的文件,按 Ctrl+V 组合键粘贴到插图窗口,适当调整其大小和位置,如图 22-27 所示。

⑩ 选中右侧的矩形和绿叶图形,在其上右击,然后选择弹出菜单中的"创建剪切蒙版"命令,创建剪切蒙版后的效果如图 22-28 所示。

⑪ 按住 Shift+Alt 组合键的同时拖动已经创建的剪切蒙版,将其水平复制到左侧矩形框中,这样左侧的矩形就用不到了。复制完毕,将其旋转 180°。

⑫ 最后加入标志、文字等内容,即可完成 DVD 封面与封底的设计制作如图 22-29 所示。制作完成后,可选中两个剪切蒙版以及中间的矩形,将其适当放大一下,以防止裁切时露出白边。

图 22-27　将绿叶图形粘贴到插图窗口

图 22-28　创建剪切蒙版

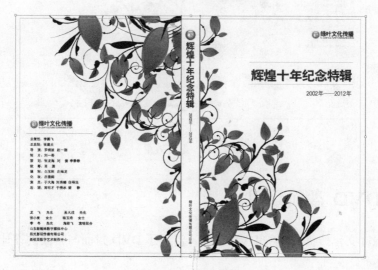

图 22-29　完成制作

⑬ 如果要创建裁切标记，则沿最初的矩形参考线绘制一个矩形，保持矩形的选中状态，选择"对象"|"创建裁切标记"命令，其效果如图 22-30 所示。

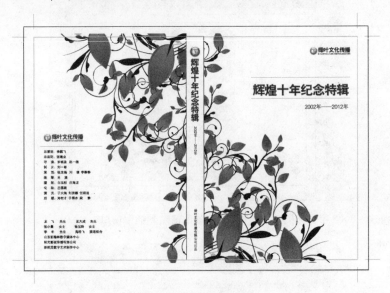

图 22-30　创建裁切标记

⑭ 创建裁切标记后，可选择"视图"|"隐藏参考线"命令将参考线隐藏，即可预览到完成后的最终效果，如图 22-31 所示。

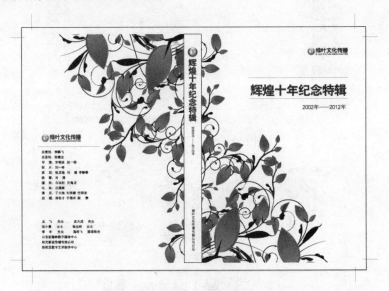

图 22-31　最终效果

22.3　DVD 盘面设计

本例制作绿叶文化传播公司的 DVD 盘面，沿用了 DVD 封面与封底的设计风格，最终效果如图 22-32 所示。

图 22-32　DVD 盘面设计最终效果

下面介绍具体操作步骤。

① 新建文档，具体设置如图 22-33 所示。
② 选择工具箱中的"椭圆工具" ，在插图窗口中单击，此时会打开"椭圆"对话框，按如图 22-34 所示输入宽度和高度值，创建一个圆形。
③ 为圆形填充线性渐变，描边为无，如图 22-35 所示。其中左侧渐变滑块颜色值如图 22-36 所示，右侧渐变滑块颜色值如图 22-37 所示。
④ 保持圆形的选中状态，按 Ctrl+C 组合键复制到剪贴板，然后按 Ctrl+F 组合键粘贴到原位置上层，并将新的圆形直径大小改为 45mm（即宽度和高度均为 45mm），如图 22-38 所示。

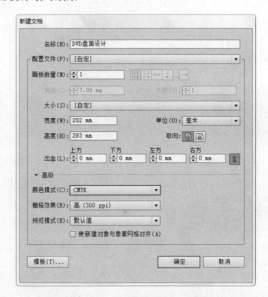

图 22-33　"新建文档"对话框

图 22-34　"椭圆"对话框

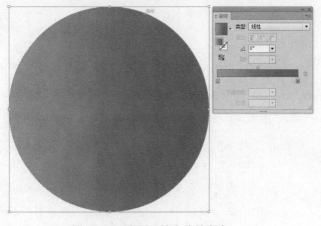

图 22-35　为圆形填充线性渐变

图 22-36　左侧渐变滑块颜色值

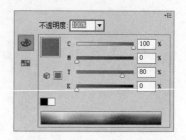

图 22-37　右侧渐变滑块颜色值

⑤ 选中两个圆形，选择"窗口"|"路径查找器"命令打开"路径查找器"面板，单击其中的"减去顶层"按钮，得到如图 22-39 所示的复合路径。

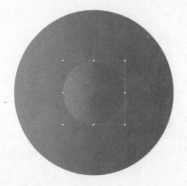

图 22-38　复制一个圆形并缩小

图 22-39　运算得到复合路径

⑥ 保持复合路径的选中状态，按 Ctrl+C 组合键复制到剪贴板，然后按 Ctrl+F 组合键粘贴到原位置上层，并将新的圆形直径大小改为 114mm（即宽度和高度均为 114mm），将填色改为白色，效果如图 22-40 所示。

⑦ 在这些复合路径的中心绘制更小的圆形，分别如图 22-41～图 22-43 所示，具体大小参看光盘中的源文件（"DVD 盘面设计.ai"）。

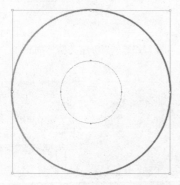

图 22-40　复制路径并填充白色

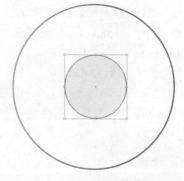

图 22-41　绘制更小的圆形（1）

⑧ 在这些小的圆形外围再绘制一个如图 22-45 所示的形状，这个形状可以通过先绘制一个如图 22-44 所示形状（可用一个大圆形与一个小圆形用路径查找器"联集"运算得到，并填充与第 3 步相同的渐变色，过程如图 22-45 和图 22-46 所示），然后绘制一个较小的圆形并使用"路径查找器"面板中的"减去顶层"按钮运算得到如图 22-47 所示的复合路径。

图 22-42　绘制更小的圆形（2）

图 22-43　绘制更小的圆形（3）

图 22-44　绘制一个环形

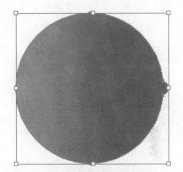

图 22-45　先绘制一个如此形状

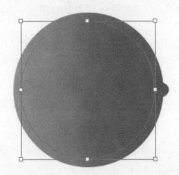

图 22-46　在形状内部再绘制一个圆形

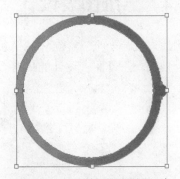

图 22-47　运算后得到的图形

(9) 打开素材文件"绿叶.ai"，将其中的绿叶图形复制到盘面文档中，适当调整其大小和位置，如图 22-48 所示，并用 22.2 节介绍过的方法创建剪切蒙版（可先复制一个第 6 步得到的白色环形，然后进行蒙版），得到如图 22-49 所示的效果。

图 22-48　复制素材

图 22-49　创建剪切蒙版

⑩ 最后加入标志和文字等元素，即可完成 DVD 盘面的设计，如图 22-50 所示。

图 22-50　完成 DVD 盘面的设计

22.4　三维图表设计

本例通过设计一个三维立体的销售图表，练习图表的创建方法，以及为图表应用 3D 效果的方法与技巧。三维图表设计的最终效果如图 22-51 所示。

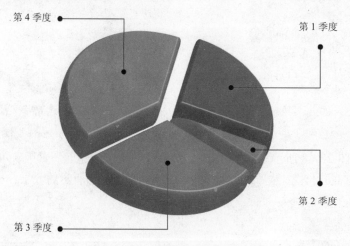

图 22-51　三维图表设计最终效果

下面介绍具体操作步骤。

① 新建文档，具体设置如图 22-52 所示。

② 选择工具箱中的"饼图工具"，按住 Shift 键和鼠标左键拖动鼠标在插图窗口中画出一个正方形，然后释放这些键，此时会出现"图表数据"对话框，按如图 22-53 所示输入数据，输入完毕单击右上角的对勾，在插图窗口中可以得到如图 22-54 所示的一个饼图。

第 22 章 综合实例

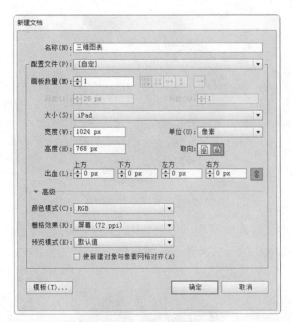

图 22-52 "新建文档"对话框

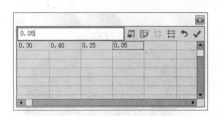

图 22-53 输入图表数据

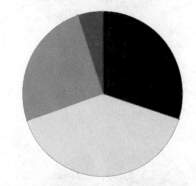

图 22-54 得到一个饼图

③ 使用"直接选择工具" 分别选中构成饼图的 4 个部分，并改变其填色，如分别改为橙色、粉红色、蓝色和绿色，并分别移动其位置（稍后应用 3D 效果后仍可以使用"直接选择工具" 调整其位置），效果如图 22-55 所示。

④ 选择"效果"|"3D"|"凸出和斜角"命令，打开"3D 凸出和斜角选项"对话框，按如图 22-56 所示进行设置。

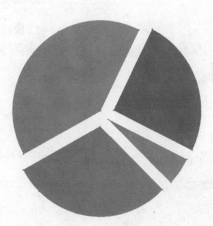

图 22-55 调整饼图

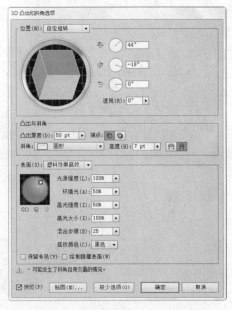

图 22-56 设置 3D 凸出和斜角选项

⑤ 单击"确定"按钮关闭该对话框，得到如图 22-57 所示的三维饼图。

⑥ 使用"钢笔工具" 绘制一条折线，并在"描边"面板中修改其选项，为其两端添加圆点，如图 22-58 所示。

343

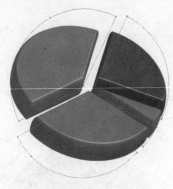

图 22-57　得到三维饼图

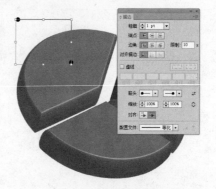

图 22-58　添加折线并修改描边选项

⑦ 用同样的方法在饼图的其他部分也添加这样的折线，效果如图 22-59 所示。

⑧ 在折线的一端加上文字说明，如图 22-60 所示。至此，三维饼图便制作完毕。

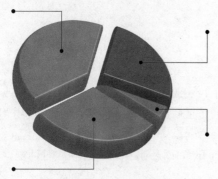

图 22-59　添加其他折线

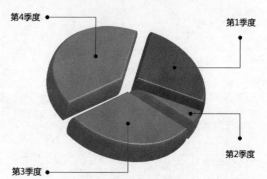

图 22-60　添加文字说明

22.5　三维厂房鸟瞰图设计

本例设计某公司生产基地的三维厂房鸟瞰图，其中用到基本图形的绘制、路径查找器的使用、图层面板组织图形、3D 凸出和斜角效果、透明度设置、直线的描边与端点设置等方法和技巧。三维厂房鸟瞰图设计最终效果如图 22-61 所示。

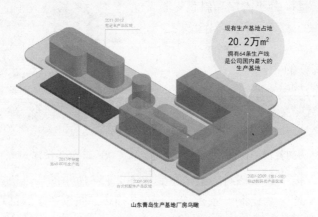

图 22-61　三维厂房鸟瞰图设计最终效果

① 首先依据厂区及厂房实际大小按比例绘制基础图形，完成后的路径如图 22-62 所示。具体绘制时分三步进行，即首先绘制地平面，将其放置在第 1 个图层，并命名该图层为"地平面"，其他两个图层的图形依此类推，这 3 个图层的图形分别如图 22-63～图 22-65 所示。

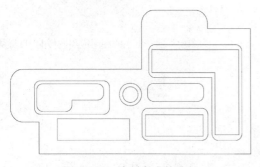

图 22-62　绘制完成的路径

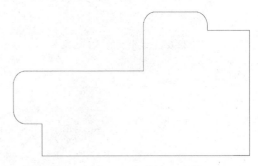

图 22-63　地平面（第 1 个图层）

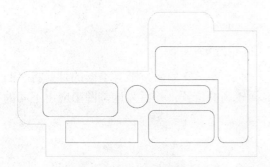

图 22-64　地基（第 2 个图层）

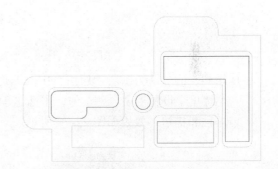

图 22-65　厂房（第 3 个图层）

提示　　较复杂图形的绘制可由多个基本图形经路径查找器运算得到。

② 在"图层"面板中单击图层"地平面"右侧的单环，此时单环变为双环，表示已经将该图层中的图形选中。选中后将其填色和描边改为灰色，并选择"效果"|"3D"|"凸出和斜角"命令，在"3D 凸出和斜角选项"对话框中对"凸出和斜角"效果的具体设置如图 22-66 所示，得到的 3D 效果如图 22-67 所示。后面两个图层中的图形也将应用同样的 3D 效果。

③ 用同样的方法为图层"地基"中的图形应用同样的 3D 效果，并适当修改这些图形的填色和描边，效果如图 22-68 所示。在这个过程中得到的 3D 图形可能并不像图中所示的样子，这时可以借助图层面板选中该图层的所有图形（图 22-69），然后使用"选择工具" 移动图形的位置。

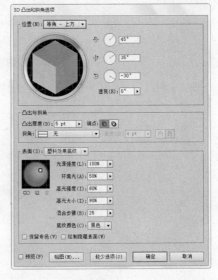

图 22-66　"凸出和斜角"效果具体设置

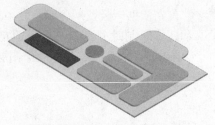

图 22-67　地平面的 3D 效果　　　　　图 22-68　为图层"地基"中的图形应用同样的 3D 效果

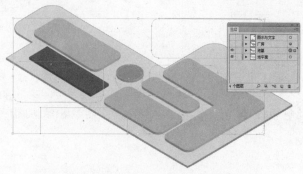

图 22-69　选中"地基"图层中的所有图形

④ 用同样的方法为图层"厂房"中的图形应用同样的 3D 效果，唯一不同的是要将"凸出厚度"设置得大一些，使厂房凸出于地面较高的位置，然后为这些图形应用不同的填色和描边，效果如图 22-70 所示。

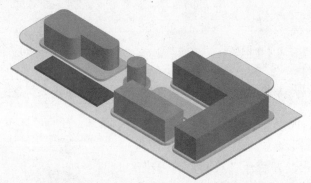

图 22-70　为图层"厂房"中的图形应用 3D 效果

⑤ 将图层"厂房"中的图形透明度设置为 80%，如图 22-71 所示。

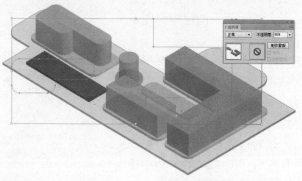

图 22-71　将图层"厂房"中的图形透明度设置为 80%

⑥ 添加文字、图示等内容，完成三维厂房鸟瞰图的制作，最终效果如图22-72所示。

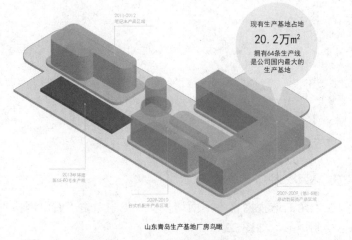

图22-72　最终效果

22.6　城市景观透视图设计

本例讲解如何利用Illustrator CS6提供的透视图工具绘制城市景观透视图，通过本例的学习可以掌握透视图制作的概念，以及制作过程中的一些实用技巧，具体操作步骤如下。

① 选择工具箱中的"透视网格工具"，此时在插图窗口中会出现透视网格，如图22-73所示。

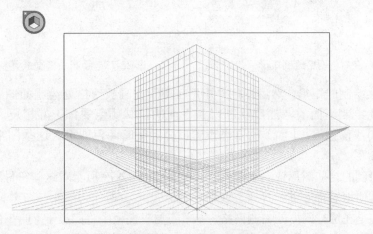

图22-73　出现透视网格

② 使用"透视网格工具"对透视网格进行适当地调整（拖动左侧或右侧的手柄），改变其透视角度，效果如图22-74所示。

③ 现在可以练习使用"矩形工具"在左侧的透视网格中绘制，观察矩形如何自动贴附到透视网格上，如图22-75所示。

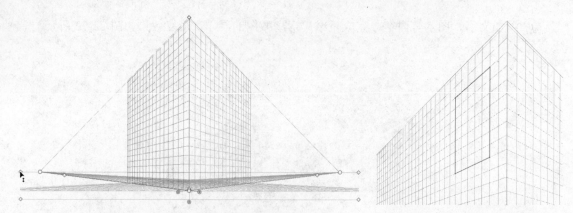

图 22-74 改变透视网格的透视角度　　　　　图 22-75 在左侧网格绘制矩形

(4) 在插图窗口左上角的透视网格"平面切换构件"中单击"右侧网格"按钮,并在右侧网格中练习绘制矩形,如图 22-76 所示。

(5) 再试着用常规的绘图方法绘制矩形并复制,得到如图 22-77 所示的效果。这是在透视网格中常规绘图的方法,但如果要制作较为复杂的透视图,这种方法比较慢,接下来我们借助符号快速地在透视网格中创建图形。

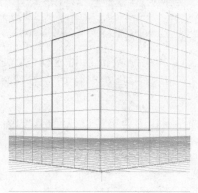 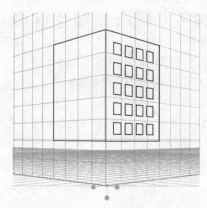

图 22-76 在右侧网格绘制矩形　　　　　图 22-77 绘制并复制出更多的矩形

(6) 删除以上绘制的矩形,然后使用"矩形工具"在画板空白处绘制如图 22-78 所示的矩形,先绘制上面的,然后复制得到下面的,其颜色安排正好相反(本例采用的是深蓝和浅蓝色)。具体颜色自己设置,分为明暗两色即可。这些图形将用来制作建筑物图形。

(7) 用刚才绘制的这些图形依次创建符号,并按如图 22-79 所示对这些符号进行命名,这样可以方便地对符号进行管理与使用。

(8) 确认现在是在透视网格的右侧网格,从"符号"面板中将归类为"暗"的符号拖放到透视网格中。这个过程分两步:第一步将符号拖放到插图窗口,第二步将其移动到网格上使其形成透视效果。向网格上拖动时需要使用"透视选区工具",结果如图 22-80 所示。

(9) 用同样的方法在左侧网格放置归类为"亮"的符号实例,如图 22-81 所示。图形的大小、位置自定。

第 22 章 综合实例

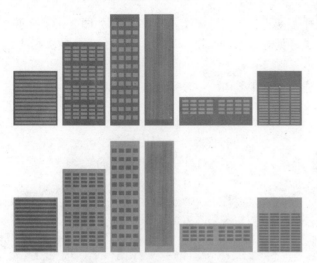

图 22-78 绘制明暗两类图形用于制作符号

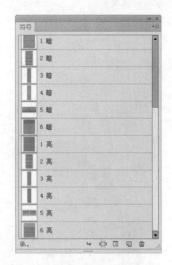

图 22-79 创建符号

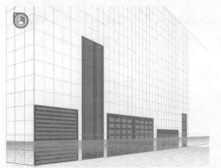

图 22-80 将符号拖放到透视网格中

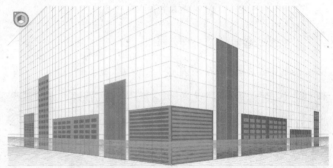

图 22-81 在左侧网格放置归类为"亮"的符号实例

(10) 接下来，单击"平面切换"控件中的"右侧网格"，使将要拖放到左侧透视网格的符号实例呈现与右侧网格一致的透视效果，然后拖放符号实例，形成建筑物的立体效果，如图 22-82 所示。

(11) 用同样的方法将其他图形也做类似处理，不过要注意，建筑物的这一面所用图形其顺序默认是在早前的图形上方，如图 22-83 所示，所以要在选中图形后按 Ctrl+[组合键多次将其移到正确的排列顺序。

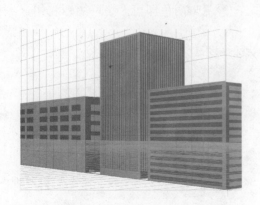

图 22-82 形成建筑物的立体效果

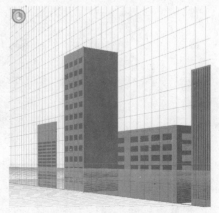

图 22-83 错误的排列顺序

⑫ 例如，我们将上图中的图形选中后更改其排列顺序，正确的结果如图 22-84 所示。

⑬ 对于图形的细节，可局部放大进行处理，如两个图形端点相接的位置，放大后再进行细微调整即可，如图 22-85 所示。

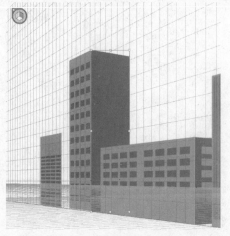

图 22-84　正确的排列顺序

图 22-85　局部放大调整细节

⑭ 又如图 22-86 所示为局部放大后调整细节前后的对比。

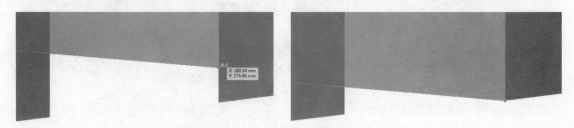

图 22-86　局部放大后调整细节前后的对比

⑮ 依次调整各图形，得到所有建筑物的立体透视效果如图 22-87 所示。

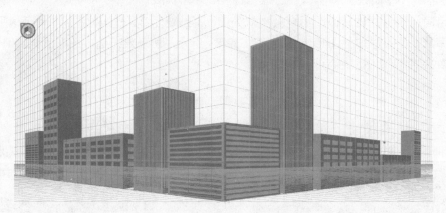

图 22-87　所有建筑物的立体透视效果

⑯ 选中所有透视图形，然后选择"对象"|"透视"|"通过透视释放"命令，将透视图形从透视网格释放为普通图形。

⑰ 选择"视图"|"透视网格"|"隐藏透视网格"命令,将透视网格隐藏。
⑱ 然后复制一些不沿街的建筑物图形,并适当添加其他点缀,如图22-88所示。

图22-88 添加其他建筑物图形与点缀

⑲ 选中所有图形,按 Ctrl+G 组合键将其编为一组。然后在图层面板中将编组拖放到"创建新图层"按钮上,复制一个编组,再创建一个新图层,并将编组副本移动到新的图层中。
⑳ 选中新图层中的编组,选择"对象"|"变换"|"对称"命令,打开"镜像"对话框,按如图22-89所示进行设置。
㉑ 单击"确定"按钮,得到该编组的一个水平镜像,效果如图22-90所示。此时将图层1锁定,以便于后面的操作。

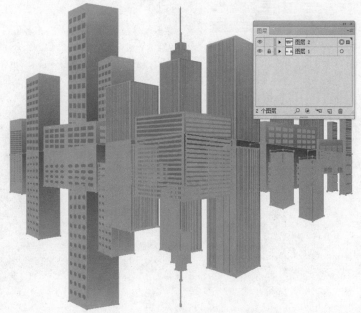

图22-89 "镜像"对话框　　　　图22-90 得到该编组的一个水平镜像

㉒ 将镜像编组中的图形细节删除,只余下大的轮廓,效果如图22-91所示。

图 22-91　去除细节只余轮廓

㉓ 使用"矩形工具"在能够覆盖新编组图形的位置绘制一个矩形，并填充如图 22-92 所示的黑白渐变。

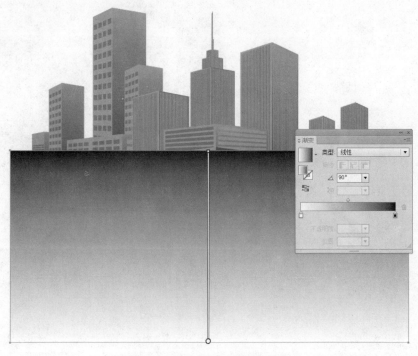

图 22-92　绘制矩形并填充渐变

㉔ 选中矩形与编组图形，在"透明度"面板中单击"建立蒙版"按钮，创建蒙版，如图 22-93 所示。

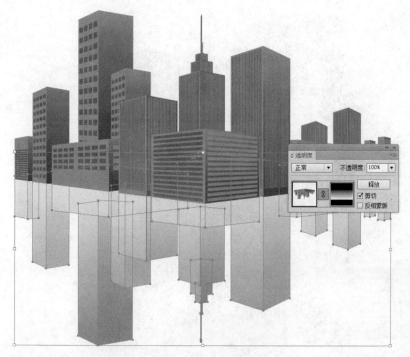

图 22-93　创建蒙版

㉕ 单击"透明度"面板中的蒙版（右侧显示渐变的图标）进入蒙版编辑状态，然后适当调整渐变，如图 22-94 所示。

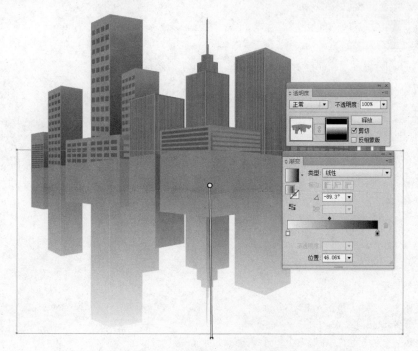

图 22-94　进入蒙版编辑状态并调整渐变

㉖ 单击"透明度"面板中蒙版图标左侧的图标退出蒙版编辑状态，然后将编组图形的透明度改为 80%，完成城市景观透视图的制作，效果如图 22-95 所示。

图 22-95　完成城市景观透视图的制作